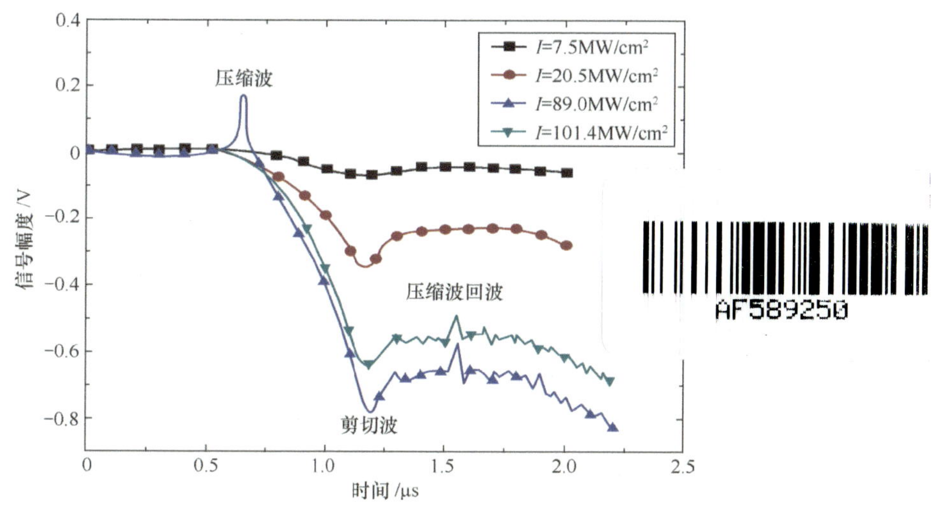

图 3.16　压缩波、剪切波的振幅随激光功率密度变化的实验结果图

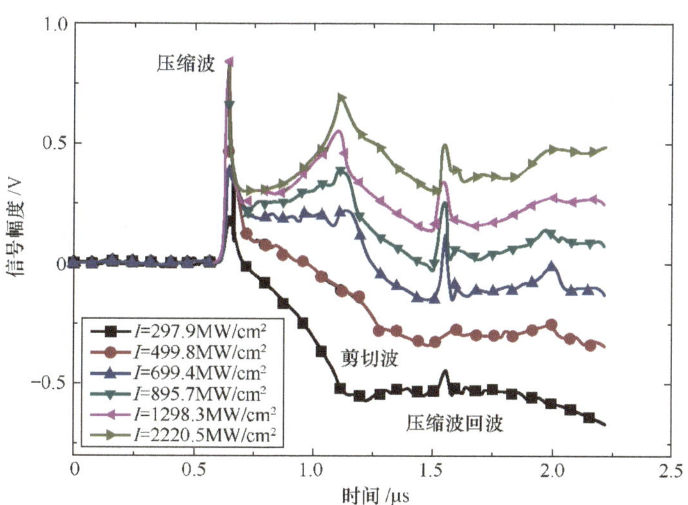

图 3.17　融蚀机制及等离子体存在时接收的对心波形，随入射激光功率密度增加而发生的变化

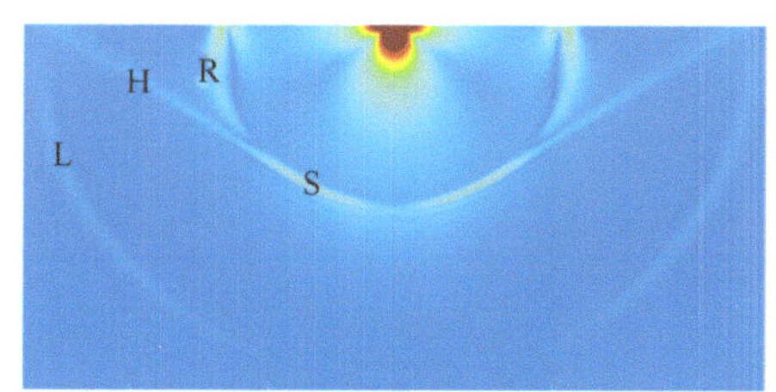

图 4.5　有限元计算得到的某一时刻的铝板中传播的激光超声波的全场波形图

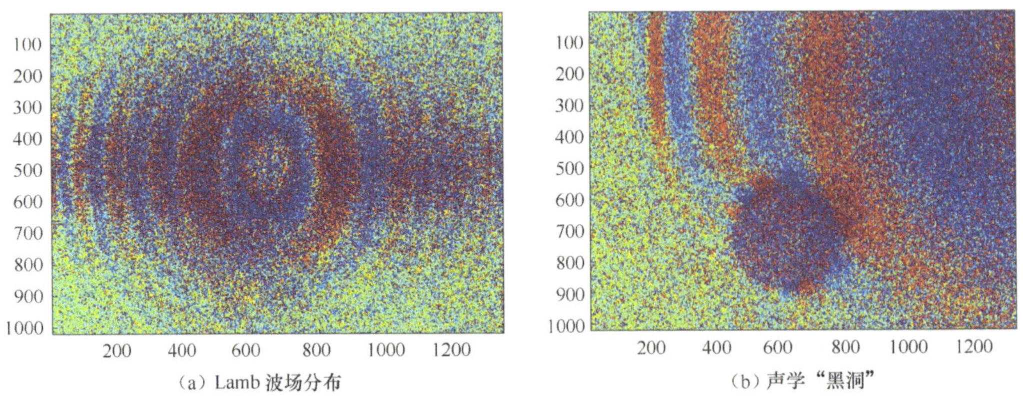

（a）Lamb 波场分布　　（b）声学“黑洞”

图 5.20　Lamb 波场和声学“黑洞”效应散斑图

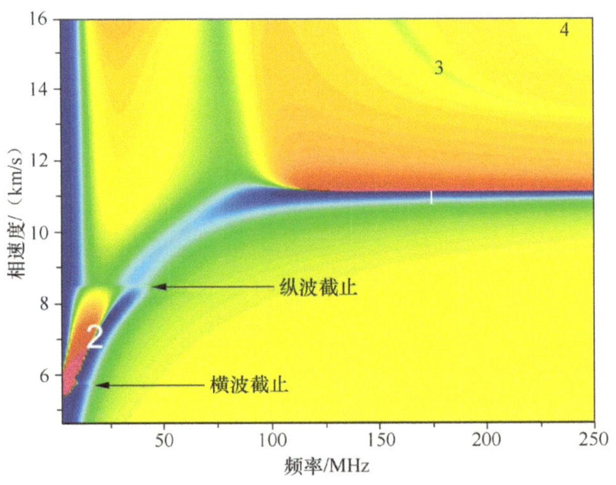

1—Rayleigh；2—伪表面波模态；3、4—高阶模态

图 6.11　金刚石 / 硅中的表面波模态

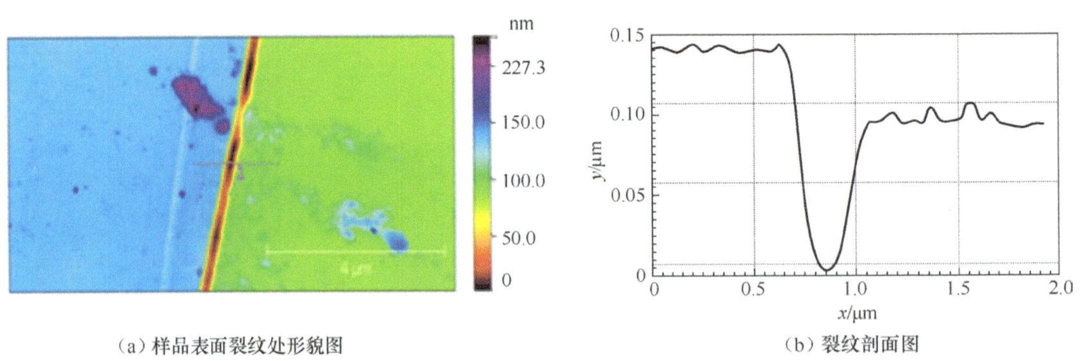

（a）样品表面裂纹处形貌图　　（b）裂纹剖面图

图 6.40　玻璃样品上裂纹的原子力显微图像

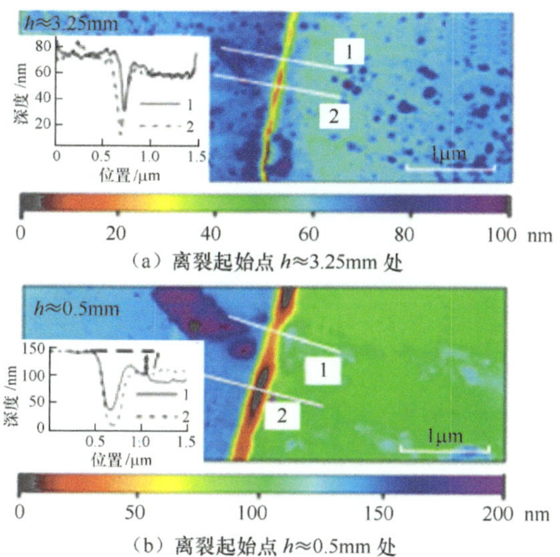

（a）离裂起始点 $h\approx3.25$mm 处

（b）离裂起始点 $h\approx0.5$mm 处

图 6.43 玻璃样品上裂纹两不同位置的原子力显微图像

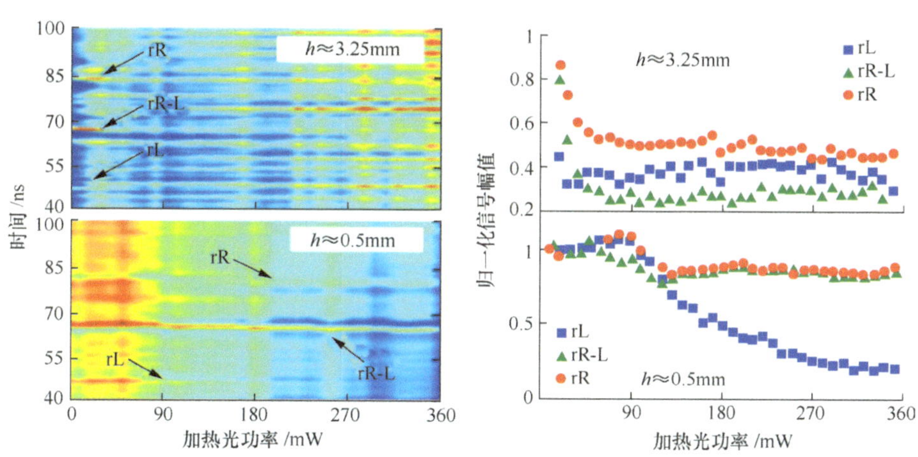

图 6.44 反射模式下超声信号随加热光功率增大的变化

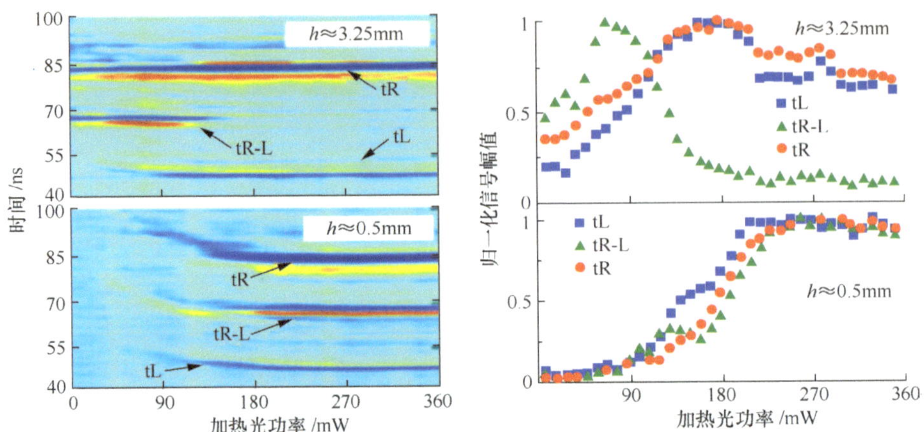

图 6.45 透射模式下超声信号随加热光功率增大的变化

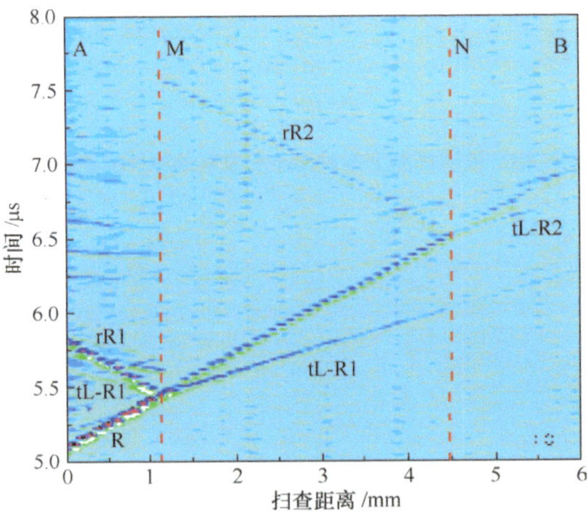

R—直达 Rayleigh 波；rR1—由裂纹反射的 Rayleigh 波；rL-R1—在裂纹处反射并模式转换成为 Rayleigh 波的掠面纵波分量；rR2—由突起反射的 Rayleigh 波；tL-R1—在裂纹处透射并模式转换成 Rayleigh 波的纵波；tL-R2—在突起处透射并模式转换成 Rayleigh 波的纵波

图 6.51 扫描激发光源法得到的时域 B 扫图

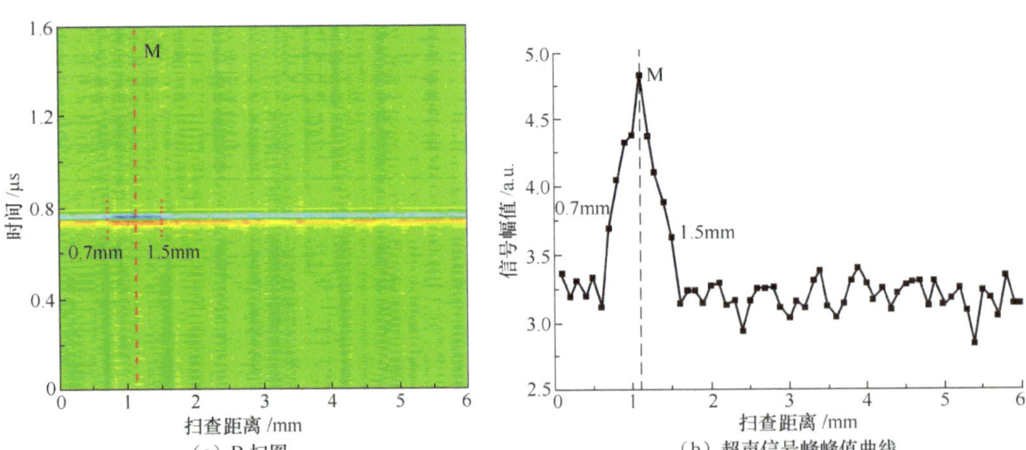

（a）B 扫图

（b）超声信号峰峰值曲线

图 6.52 扫描加热光源法获得的 B 扫图及超声信号峰峰值曲线

工业和信息化部“十二五”规划专著
21世纪高等学校规划教材

固体中的激光超声

沈中华　袁玲　张宏超　倪辰荫　著

人民邮电出版社
北京

图书在版编目（CIP）数据

固体中的激光超声 / 沈中华等著. -- 北京 : 人民邮电出版社, 2015.12
21世纪高等学校规划教材
ISBN 978-7-115-41203-4

Ⅰ. ①固… Ⅱ. ①沈… Ⅲ. ①激光检测－高等学校－教材②超声检测－高等学校－教材 Ⅳ. ①TN247 ②TB553

中国版本图书馆CIP数据核字(2015)第292664号

内容提要

本书对固体中的激光超声进行了较全面的论述和归纳总结。全书共分 6 章，系统地论述了激光激发超声的机理、特点，研究激光超声的有关理论模型和计算方法，探测超声的多种光学技术原理及特点，激光超声在材料性质检测、缺陷检测、在线过程监测等领域的相关应用研究及其最新进展。

本书可供高等院校物理学、光学工程、无损检测等相关专业的高年级本科生、研究生和教师使用，也可供从事相关研究的科研人员参考使用。

◆ 著　　　沈中华　袁　玲　张宏超　倪辰荫
责任编辑　张孟玮
责任印制　沈　蓉　彭志环

◆ 人民邮电出版社出版发行　北京市丰台区成寿寺路 11 号
邮编　100164　电子邮件　315@ptpress.com.cn
网址　http://www.ptpress.com.cn

◆ 开本：787×1092　1/16　彩插：2
印张：9.5　2015 年 12 月第 1 版
字数：233 千字　2015 年 12 月北京第 1 次印刷

定价：39.80 元

读者服务热线：(010)81055256　印装质量热线：(010)81055316
反盗版热线：(010)81055315

前　言 Forward

自20世纪60年代世界上第一台红宝石激光器发明以来，激光已在信息、医学、工业和军事技术各个部门得到了广泛应用。激光可以连续或脉冲发射，波长覆盖紫外到红外，这种高亮度的定向光束以其发散角小、单色性好等特点在包括光谱学、度量学、探伤检测、通信、核聚变研究、武器系统和外科医学等多个科学技术领域得到应用。当然，在不同的应用场合可能利用激光的不同特性，如激光加工利用的是激光的高亮度和能够精确聚焦的特性，而干涉测量则利用了激光光束良好的相干性。

毫无疑问，激光的发现首先对光学技术产生了巨大的影响，同时对其他领域也产生了愈来愈重要的贡献。比如，现在已经是一门应用广泛且为成熟技术的超声学。超声探测已经成为对工程材料和结构进行无损检测的常规方法，利用超声进行诊断也成为医学上的常规方法。传统的超声一般是利用压电传感器激发，是接触式激发，需要耦合剂，很多时候耦合剂的存在会对超声的产生和接收产生影响，在高温和一些较苛刻的环境下，甚至无法正常使用。一方面正是为了克服传统超声技术的这些缺点，另一方面，激光的多种优异特性和激光技术的发展，促使激光技术与超声学相结合，诞生了激光超声学。

脉冲激光或调制激光辐照固体、液体或气体，由于热弹效应或融蚀效应产生的超声波称为激光超声。激光超声的研究涉及激光激发超声的机理、方法和技术，超声在媒质中的传播特性，超声的光学接收原理、技术以及激光超声的应用原理和方法等内容，涉及光学、声学、电学、材料学等诸多交叉学科和技术。固体中的激光超声由于具有非接触、无需耦合剂、多模式同时激发、高频宽带等特点，成为近年来无损检测领域的一个发展新方向。

本书的目的是对固体中的激光超声进行相对系统和具体的理论阐述、实验总结以及研究进展介绍。第1章简要地介绍了本书的两个主题：超声和激光以及两者结合的激光超声；第2章介绍了固体中传播的超声波的基础理论知识；第3章则系统地阐述了激光激发超声的机理、激光超声源的方向性和激发方式等；第4章归纳和总结了激光激发超声及其传播的理论研究方法、数值模拟方法和结果；第5章则重点介绍超声的光学探测方法和技术及其特点；第6章对激光超声在材料性质、缺陷检测、过程监测等领域的应用研究中涉及的原理、方法及研究进展情况进行了较为全面的归纳和总结。

本书所涉及的研究工作长期以来得到了国家自然科学基金委员会的支持，先后获得了 6 项国家自然科学基金青年和面上项目（60208004, 60778006, 60878063, 11274175, 61405093, 61108013）的资助。本书的有关学术思想与作者在南京大学声学研究所、德国海德堡大学的学习工作经历是分不开的，作者对张淑仪院士、章肖融教授、Peter Hess 教授多年来的指导和学术影响表示诚挚的谢意。本书的很多研究工作是作者和同事们共同完成的，他们是本书的共同作者袁玲博士、倪辰荫博士，还有许伯强博士、王纪俊博士、关建飞博士、赵艳博士、石一飞博士、董利明博士、李加博士等，在此对他们一并表示感谢。书中所涉及的研究工作还得益于与法国缅因大学 Vitali Goussev 教授和俄罗斯科学院通用物理研究所 Alexey Lomonosov 博士的长期合作研究和建设性的讨论。本书的出版工作得到南京理工大学研究生院、教务处、理学院的大力支持，借此向所有关心和支持作者工作的同事们表示衷心的感谢。

本书中的内容既有我们十多年来的相关研究成果，也参考了国内外相关研究小组的成果。作者尽可能地参考和引用了国内外相关小组的最新研究成果，鉴于作者水平有限，疏漏之处在所难免，书中在内容和文字方面也难免存在不妥之处，欢迎广大读者不吝指正。

沈中华

2015 年 8 月

目　录 Content

第1章 激光超声概述

当液体、固体或气体受到强的激光束（脉冲的或连续调制的）照射时会产生激波和声波。激光激发的超声波有伴随激光激发激波而后产生的超声波，也有没有伴随激波直接由激光激发的超声波两种。不管属于哪一种，凡遇激光导致的超声均叫作激光超声。研究激光激发超声的机理、方法和技术，激光超声在媒质中的传播特性，激光超声的接收原理、方法以及激光超声检测技术的应用等的学科称为激光超声学，是涉及光学、声学、电学、材料科学、生物学、医学等多学科交叉的学科和技术，有着非常诱人的科学和应用的前景。限于篇幅，本书中涉及的主要是固体中的激光超声技术及其在无损检测中的应用。本章我们先简要地回顾一下有关超声和激光方面的知识，然后再介绍激光超声的特点。

1.1 超声

声波是一种机械波，由物体（声源）振动产生，能量能够以声波的形式在固体、液体和气体中传播。流体中声波的传播一般只有纵波一种模式，其质点位移方向与传播方向平行，也被称为压缩波。而在弹性固体中，包括绝大部分的金属中，声波的传播情况就要复杂得多。除了纵波外，还有水平剪切和垂直剪切两种横波模式，其位移方向与传播方向垂直，这些不同模式的波的传播速度是不同的。在各向同性固体中，两种模式的横波的传播速度一样。

声波的频谱范围是相当广的。可听声的范围大概为20Hz～20kHz，当然这个频率界限是粗略的，依赖于个体的年龄等因素。低于 20Hz 的是次声波，地震波的大部分能量为次声。超声是指频率高于 20kHz 的声波。自然界中超声是广泛存在的，人们听到的声音，只是实际声音的一部分，即可听声部分，而实际声音还带有超声成分，只是人们听不到。例如，日常生活中两个金属片的相撞，管道上小孔的漏气，其中都有超声成分。需要说明的是，本书涉及的超声频率上限为 GHz 量级，因为这是可以用经典力学处理的范围。频率高于 GHz 以上的为晶格振动，即声子，一般固体中的声子频率可以达到 10^{13}Hz。目前工业超声检测中常用的频率范围是50kHz～20MHz，当然也有高达 100MHz 的，声显微镜中超声频率甚至高达 200MHz～2GHz。

超声波的应用可分为功率超声和检测超声两大领域。功率超声是利用超声振动形式的能量使物质的一些物理、化学和生物特性或状态发生改变，或者使这种改变的过程加快的一门技术，是利用超声能量来对物质进行处理、加工。最常见的频率范围从几千赫到几十千赫，而功率由几瓦到几万瓦。功率超声应用主要有超声清洗、超声加工、超声塑料、金属焊接和超声金属成型等。超声检测技术是利用超声来进行各种检验和测量的技术。广义地讲，超声检测包括超声工业检测和超声医学检测。超声医学是研究超声波与生物组织（主要指人体组织）的相互作用机理、规律及其应用的学科。本书涉及的是固体中的超声波，对应于工业中的超声检测。这类检测大致可分为两类，一类是利用超声进行介质和部件内部缺陷的探测，通常称为超声无损探测。声波在物理介质（如被检测材料或结构）中传播时，通过被检测材料或结构内部存在的缺陷处，声波会改变原来的传播规律，如产生折射、反射、散射或剧烈衰减等，通过分析这些规律的变化，就可以建立缺陷（被检测物理量）与声波的幅度、相位、频率特性、声速、传播时间、衰减特性等之间的相关关系，因而可定量地检测出材料中的缺陷，如气孔、裂缝、夹杂等。另一类是利用待测的与介质特性有关的非声学量与某些描述介质声学特性的超声量之间存在的关系，通过测定这些超声量来分析介质的特性，如可通过测量超声量来得到材料的杨氏模量和泊松比等。

1.1.1 超声的压电激发和接收

产生和接收超声的方法有很多种。因为超声是一种机械波，为了产生这种波，需要在激发源处激发机械振动，自然想到可以利用单纯的机械方式，如历史上最早靠手摇齿轮来打击的方法，只能勉强产生很低频率的微弱超声，随后又产生了利用高速流体喷注来激发流体的机械振荡的方法。不过，利用这种方法难以产生近兆赫的超声。随着压电效应被发现，加上电子学的发展，利用压电换能器产生超声已成为最常用的方式。压电换能器是一种可逆超声换能器，它在发射和接收中都占有独特的地位。压电换能器原理是利用某些晶体具有压电性，即当这些晶体沿一定方向受到应力或压力作用时，会在表面产生一定数量的电荷，从而形成电势差。反之，如果在其表面施加电势差，那么就可以在材料中产生应力和（或）应变。压电材料正是以这两种方式分别被做成超声的接收和产生器件。超声换能器常用的一些压电材料包括压电单晶体以及多晶的压电陶瓷。石英单晶是最熟知的压电单晶之一，铌酸锂单晶则可算是较新压电单晶的代表。多晶的压电陶瓷的压电性能可以很强，比起单晶来，生产和机械加工又方便，因此目前被大量使用，如锆钛酸铅（PZT）就是其代表。而一些高分子材料同样会呈现出一定的压电效应，如聚偏二氯乙烯（PVDF），可以把其制成较薄的膜用来接收超声信号。

要把换能器发出的超声传输（或耦合）到样品中必须要借助于一定的介质，即耦合剂，反之亦然，因此这是一种接触式的激发和探测方式。如果超声测试是浸在水中或其他液体中进行，那么这些流体本身就是耦合剂，因此这是非常方便的。事实上，除非在非常高频的情况下，水由于对超声的吸收很小，是超声传播的一种非常好的液体。对于固体中的超声测试来说一般可以有两种选择，一种是所谓的“干接触”，即在换能器和样品之间涂上一层薄薄的液体、油或油脂作为耦合剂，另外一种是样品直接浸没在耦合液体箱中，即水浸法等浸没式检测。

1.1.2 压电换能器的缺点

压电换能器是一种接触式换能器，而接触式超声换能器的最大问题来源于耦合剂。耦合层的存在会对超声的灵敏度和带宽带来很大的不确定性。一种极端的情况是某些接触地方由于没有耦合剂而使得耦合效率很低，而另一个极端是耦合层太厚而导致超声波在耦合层和（或）形成共振损失很多能量。另外，换能器在流体耦合剂加载和固体加载情况下的性能差别很大。特别是当换能器需要在表面以任意速度扫描时，所有这些不确定性问题会更突出，尤其是样品表面是粗糙的情况下。要保证良好的耦合就要严格限制扫描的速度。因此，在实际情况允许的条件下，可以通过浸没法来改善上述耦合问题和灵敏度变化问题。但是，接触式换能器加载在样品表面上总是会影响到超声的传播。接触式超声换能器的另外一个缺点是很难在足够宽的温度范围内适用，在 500℃以上很难找到合适的液体耦合剂。而且，很多耦合剂会对研究的样品表面产生影响。比如有时因为水会带来腐蚀而无法用水作为耦合剂使用，一些商用的耦合剂中含有的微量氯化物和硝酸盐对样品表面的化学接触对某些样品来说也是不允许的，对一些特殊的材料来说，因为有可能存在的降解而不允许任何液体接触样品表面。

压电换能器的带宽比较窄，这在很多需要带宽比较宽的应用中也是不利因素。另外，大部分压电换能器的尺寸比较大，在一些空间分辨率要求比较高的场合就很难满足要求。尽管采用聚焦或者综合孔径技术能够提高分辨率,但也很难将分辨率提高到毫米以上并保证足够的效率。换能器的尺寸也会使其在一些受限制的孔径区域很难使用，包括一些非常小的样品上。同时，换能器的直径直接决定了近场区域的大小，在接触模式下，样品表面下的这部分相应的区域就会形成探测盲区。

1.1.3 非接触式换能器

由于接触式换能器中液态耦合剂的存在带来的一系列问题，因此人们一直孜孜以求非接触式的方法来产生和接收超声。空气耦合式超声波换能器主要是从传统的压电陶瓷超声换能器出发，通过增加耦合层的方法，制作适应以空气做介质的换能器。采用低特性声阻抗、低衰减率、具有足够机械 Q 值的耦合材料，比如聚醚砜（Polyethesulfone）和尼龙（Nylon）等，将其加工成厚度合适的薄膜耦合层，并将其应用到压电陶瓷制作的超声波换能器上。目前在商品化产品中占大多数的空气耦合声换能器是 1-3 连接结构的压电陶瓷复合晶片换能器结构，这种结构能减小传感器材料阻抗，具有更高的效率和更好的耦合性能。但是，由于空气与金属材料往返透射率极小（10^{-5}），因此无法使用传统接触式超声常用的脉冲反射法检测，发射探头和接收探头必须为专用探头。另外，超声波在空气中衰减剧烈，目前主要在上限为 1MHz 的低频率领域使用。当然，从另一个方面讲，可以使用空气耦合式低频超声波检测传统超声波检测困难的材料，如软质材料、高衰减材料等不能用耦合剂和水等做介质的材料，所以也可以说空气耦合超声波是对传统超声波（指一般的接触式检测或水浸检测方法）不能检测领域的补充。

另一种常见的非接触式传感器是电磁声换能器（Electromagnetic Acoustic Transducer，EMAT），洛仑兹力式 EMAT 的基本原理是通有高频电流的线圈放置在金属物体附近，金属物体表层产生感生电流，若在同一时间施加一强磁场，与涡流相互作用后产生交变洛仑兹力。金属原子在交变洛仑兹力的作用下产生往复振动，当振动以一定方式传播出去就可以产生超声波。该过程的逆效应过程就是利用 EMAT 接收超声的原理。铁磁材料中 EMAT 产生超声的耦合机理还有磁致伸缩力和磁化力等。通过改变外加偏转磁场的大小和方向、高频电流的大小和频率、线圈的形状和尺寸可以控制 EMAT 产生超声的类型、强弱、频率及传播方向等参数。EMAT 可以克服接触式换能器中耦合剂所带来的一系列问题，可以做到非接触，具有不需要耦合介质、可应用于自动、高速检测、高温状态检测等特点。但 EMAT 也有其局限性。首先 EMAT 的工作原理决定了它只能用于导电样品或者样品具有导电表面层。其次，EMAT 也有共振和带宽的问题，其灵敏度要比压电系统低得多。电磁声换能器中感应线圈的阻抗随着频率的增大而增大，因此要得到几 MHz 以上的高频换能器相对比较困难。另外，与接触式换能器一样，EMAT 换能器由于尺寸限制，其空间分辨率要做到毫米及以下量级比较困难，而且很难在一些空间受限的结构中使用。

光学方法是另一种非接触式的超声激发和探测方法。虽然在超声场的探测和可视方面，条纹照相技术先于激光在超声学中得到应用，但是激光的出现却使超声的激发、探测技术和应用得到了全新的发展。正如我们在本章 1.3 节中所列的那样，激光激发和探测超声可以克服上面所述的绝大部分缺点，因此，虽然要比传统的换能器代价昂贵且使用复杂，激光超声的研究还是受到越来越多的重视，某些应用研究已经逐渐开始从实验室走向工业应用，比如航空工业中的聚合物基复合材料检测、钢管厚度在线检测等。

1.2 激光

1.2.1 激光基本原理

物质是由原子、分子、离子等大量粒子组成，按照量子力学揭示的规律，这些粒子存在着一些不同的分立的能量状态结构，称之为能级。粒子在一定的物理条件下处于某个特殊的能级，如果粒子从一个高能级 E_2 跃迁到一个低能级 E_1，它就会释放对应于这两个能级的能量差值 $\Delta E = E_2 - E_1$，该能量差如果以发光的方式放出，那么就将产生光发射。这种光发射为自发辐射，发射出的光子能量为

$$h\nu = \Delta E = E_2 - E_1 \tag{1.1}$$

粒子系统在常温下处于热力学平衡态时，它们的能量分布在宏观上满足玻尔兹曼分布。假设某粒子系统中处于高能级的粒子数为 N_2、低能级的粒子数为 N_1，那么

$$\frac{N_2}{N_1} = \mathrm{e}^{-(E_2-E_1)/kT} = \mathrm{e}^{-h\nu/kT} \tag{1.2}$$

可见，在常温粒子体系，大量的粒子处于低能态。在受到光辐射时，粒子也可能选择吸收光辐射中的适合的光子 $h\nu = E_2 - E_1$，从低能态 E_1 跃迁到高能态 E_2。

1917 年，爱因斯坦在研究黑体辐射时，发现存在第三种跃迁：处在高能态 E_2 的粒子发生自发辐射之前，受到外来的，能量为 $h\nu = \Delta E = E_2 - E_1$ 的光子的刺激作用，高能态 E_2 跃到低能态 E_1，同时发出一个和激发光子同频率、同相位、同偏振态的光子 $h\nu = E_2 - E_1$，这种光发射称为受激辐射。而自发辐射和受激辐射的概率之比为

$$R = \mathrm{e}^{h\nu/kT} - 1 \tag{1.3}$$

在室温下，对波长为 600nm 的光，这个概率之比 $R \approx 10^{35}$。可见，在室温下可见光范围内，受激辐射几乎可以忽略。所以一般光源的发光都是自发辐射。

为了使受激辐射取得主导地位，必须使高能级的粒子数超过低能级的粒子数，这就要颠倒热平衡系统中由式（1.2）给出的粒子分布，即要实现 $N_2 > N_1$，这可以在非平衡系统中实现，该条件通常简记为粒子数反转。要实现粒子数反转，第一，必须选取适当的工作物质，这些物质必须具有亚稳态能级结构；第二，必须要有外来激励能量，为实现粒子数反转分布提供所需能源。

产生激光除了要实现粒子数反转以外，还有一个重要条件是要建立一个谐振腔，使受激辐射产生的光子在粒子数反转的工作物质中传播时，不断得到光放大。

因此，由形成激光的技术条件分析，激光器的基本结构由工作物质、泵浦源和光学谐振腔三部分构成。任何激光器件可以有设计的不同，但都必须有以上三大部件。激光器基本结构如图 1.1 所示。

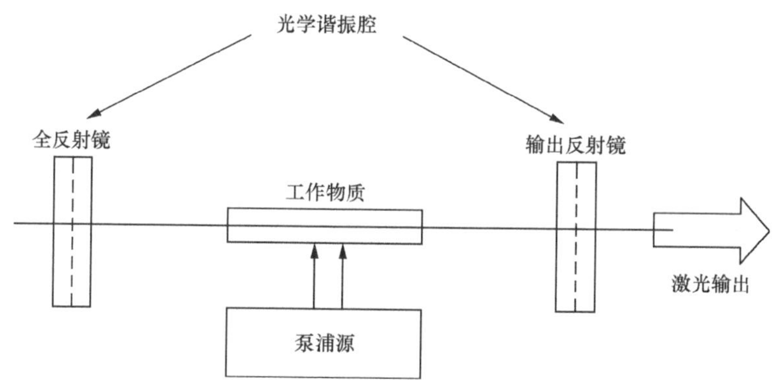

图 1.1　激光器基本结构示意图

1. 激光工作物质

激光工作物质是激光器的核心，是激光器产生光的受激辐射放大作用的源泉。它是一种可以用来实现粒子数反转和产生光的受激发射作用的物质体系。它接受来自泵浦源的能量，对外发射光波并保持能够强烈发光的活跃状态，因此也称其为工作介质。

2. 泵浦源

泵浦源为在工作物质中实现粒子数反转分布提供所需能源。工作物质的类型不同，采用的泵浦方式也不同。提供泵浦源可以是光能、电能、化学能及原子能等。

3. 光学谐振腔

光学谐振腔则为激光振荡的建立提供正反馈，同时，谐振腔的参数影响输出激光束的质量。光学谐振腔由两个面向工作物质的反射镜组成，一个为全反射镜，一个为部分透射镜（输出反射镜）。在光学谐振腔内，工作物质吸收能量发射光波，沿谐振腔轴线的那一部分光波在谐振腔内来回振荡，多次通过处于激活状态的工作物质，“诱发”激活的工作物质发光，光被放大。当光达到极高的强度，就有一部分放大的光通过输出反射镜输出，这就是激光。可见，谐振腔的作用是将被放大的光中的一部分输出，即发射激光；另一部分反射回工作物质中进行再放大，即正反馈作用。

光学谐振腔除了形成受激发射和提供光学正反馈外，还对振荡光束的方向和频率进行限制，以保证输出激光的高单色性和高定向性。

1.2.2　激光的特性和参数

与普通光源相比，激光光源有很多独特的光学特性，主要的光学特性有 4 个——单色性、相干性、方向性和高亮度，这些特性之间也是相互联系的。比如，相干长度是和激发的腔模数成反比的，也和激光的有效带宽成反比，因此理想的单色光应该有无限长的相干长度，而激光的高亮度的主要原因就是激光的方向性好。激光的参数包括波长、脉宽、能量、功率等。在激光超声研究中，激光既是激发光源，同时也可以是探测光源，比如光偏转探测、光干涉探测等。作为激发源或探测源时需要考虑的激光特性和参数是不同的。下面我们结合激发和探测超声的需要来简要分析一下激光的这些特性和参数。

1. 单色性

激光的产生来源于原子从亚稳态能级到低能级的跃迁，辐射的波长应该是一定的。但是，由于各种因素（主要是光的多普勒效应）的影响，实际上发出的激光波长具有一定的宽度，但由于谐振腔的选频和增益稳定效应，使激光光谱线具有很小的线宽。比如氦氖激光器光谱线 632.8nm 的线宽 $\frac{\Delta\lambda}{\lambda}=10^{-11}$。固体激光器的线宽相对要大一些。

单色性在一些超声应用中是非常重要的。特别是在超声场的光学干涉测量中，一方面是为了得到高的相干性，另一方面是便于对超声位移进行精确的绝对测量，因为这种位移测量是以光波长进行校准的。对于作为激发源的激光来说，对单色性的要求相对低一些，但如果单色性好的话，便于用窄带光学滤波器减少激发光对探测光的干扰。

2. 相干性

简单地说，相干性是描述时间或空间上某点的光场振动与另一点的光场振动之间相关情况的物理量。t 时刻 P_1 点的光场矢量 $\boldsymbol{E}(P_1,t)$ 和 $t+\tau$ 时刻 P_2 点的光场矢量 $\boldsymbol{E}(P_2,t+\tau)$ 之间的相关性可以由它们的互相关的统计平均，即下面的互相干函数来表示：

$$\Gamma_{12}(\tau)=<\boldsymbol{E}(P_1,t)\boldsymbol{E}^*(P_2,t+\tau)> \tag{1.4}$$

相干性可以用归一化的互相干函数 $\gamma_{12}(\tau)$ 来表示：

$$\gamma_{12}(\tau)=\frac{\Gamma_{12}(\tau)}{[\Gamma_{11}(0)\Gamma_{22}(0)]^{1/2}}=\frac{\Gamma_{12}(\tau)}{\sqrt{I_1 I_2}} \tag{1.5}$$

该函数包含了空间和时间相干性，其模量满足 $0<|\gamma_{12}(\tau)|<1$。其中 $\gamma_{12}(0)$ 体现了空间相干性，$\gamma_{12}(0)=0$ 表示 P_1 点和 P_2 点的光场之间空间完全不相干，$\gamma_{12}(0)=1$ 表示空间完全相干；$\gamma_{11}(\tau)$ 或者 $\gamma_{22}(\tau)$ 体现了时间相干性，$\gamma_{11}(\tau)=0$ 表示某一点在 t 和 $t+\tau$ 时刻的光场完全不相干，而 $\gamma_{11}(\tau)=1$ 表示这两个时刻光场完全相干。

时间相干性是由光源的波长展宽决定的，近似的相干长度表达式为

$$L_c=\frac{c}{\delta\upsilon}=\frac{\lambda^2}{\delta\lambda} \tag{1.6}$$

式中，$\delta\upsilon$ 和 $\delta\lambda$ 分别是频率展宽和波长展宽。白炽灯的 $\delta\lambda$ 是波长量级，因此相干长度很小，为波长量级。钠蒸气灯，相干长度在毫米量级。对于单模 He-Ne 激光，其 $\delta\upsilon$ 约为 50kHz，其相干长度约为 6km，对于多模振荡的激光器，其相干性取决于模数。如多模的 He-Ne 激光，频率展宽约为 1.5GHz 时其相干长度约为 20cm。与传统的“单色光”不同的是，多模气体激光器的相干和非相干特性是以激光谐振腔长往返长度为周期重复的。假设多模激光器的腔长为 30 cm，那么该多模激光器的光束会在 60cm、120cm、180cm 等处恢复其相干性。

在利用激光来探测超声场的时候，相干性往往是非常重要的，因为很多场合是利用干涉法探测，这时就需要考虑信号光和参考光之间的相干性。除非在一些特殊需要高度准直或需要非常细的聚焦情况下，激发超声时对激光的时间相干性几乎没有要求，对空间相干性的要求也很低。这一点对激光超声来说是至关重要的，因为对用作激发光源的脉冲固体激光器来说，通常是多模激光，其相干长度也就在厘米量级。

3. 方向性

激光是沿着谐振腔的轴线发出的，光束的平行度很高，一般发散角在毫弧度量级。因此可以将激光聚焦成很小的光斑，这样在激光超声应用中，一方面可以保证高空间分辨率，另一方面，在用干涉仪测量超声位移场时，可以收集粗糙表面散射的大部分激光能量，从而提高探测灵敏度。另外，其优良的方向性也使得远程激发和探测成为可能。

除了上述激光的特性以外，作为激发超声的激光，还需要考虑的主要参数有波长、脉冲宽度、能量和重复频率。选择什么样的激光参数特性作为激发超声波的源，取决于在其中产生超声的材料的特性和期望的超声频率范围。

激光波长的选择主要取决于材料的吸收，可以从紫外到红外甚至更长。激光的脉冲宽度主要决定了产生超声的频率范围，当然，有时激发光斑的大小也会影响到频率范围，比如在讨论激光激发表面波的时候。通常情况下，用脉宽为 10ns 左右的激光脉冲激发出的超声频率在几十 MHz 量级。对于更高频率的要求，需要的激光脉冲宽度则更短，100ps 量级（100MHz 量级）甚至飞秒激光（GHz 量级）都有可能。从第 2 章的分析我们可以发现，调制的连续激光只有在较低的超声频率要求下（几十千赫兹）有可能作为激发源。激光能量的选择取决于要测试的材料性质、所用激光的脉冲宽度、激发光斑的大小以及能否容许材料表面的损伤等，可以从纳焦、微焦到几百毫焦甚至更高。利用激光超声进行无损检测时若对检测的速度有要求的话，则需要考虑激发激光的重复频率。

1.2.3 超声中常用激光光源

自 1960 年世界上第一台激光器诞生到现今，各种各类激光器层出不穷，如以激光工作物质进行分类就有气体激光器、液体激光器、固体激光器、化学激光器和半导体激光器等。同样，也可以按激光波长进行分类，或以激光器工作方式、输出功率等方式进行分类。在各种激光器中，用以激光超声研究的激光工作物质通常是固体（如 Nd:YAG 晶体、红宝石晶体或钕玻璃）和气体（He-Ne、CO_2 等）。下面我们结合超声的激发和探测来介绍几种在激光超声领域用得比较多的固体和气体激光器。

固体激光器是以绝缘晶体或玻璃作为工作物质，将能起受激发射作用的激活离子镶嵌在基质中，具有输出能量或功率高的特点。世界上第一台激光器就是红宝石固体激光器，最初的激光超声实验也是用红宝石激光器完成的，其工作物质是在 Al_2O_3 中掺入 Cr^{3+} 离子的红宝石。自从第一台激光器产生以后，数以百计的晶体、玻璃、甚至可塑性材料作为基质与各种跃迁金属离子和稀土离子结合用来产生激光。然而最终成为商用的激光材料却很少，Nd:YAG 是迄今使用最为广泛的激光晶体。表 1.1 给出的是 3 种常用固体激光工作物质的性能比较。目前激发超声领域常用的光源是 Nd:YAG 固体激光器，激发用调 Q 的脉冲 Nd:YAG 固体激光器，探测则用连续 Nd:YAG 固体激光器。Nd:YAG 固体激光器的输出波长为 1.06μm，加上倍频晶体、二倍频、三倍频可以实现 532nm、355nm、266nm，覆盖从紫外到红外的波长输出范围。

表 1.1 3 种常用固体激光工作物质的性能比较

工作物质	红宝石	Nd:YAG	钕玻璃
折射率	$n_0=1.764$ $n_e=1.756$	1.82	1.52
吸收光谱带	宽	较窄	较宽
能级系统	三能级	四能级	四能级
亚稳态寿命/s	3×10^{-3}	0.23×10^{-3}	～0.8×10^{-3}
荧光谱线宽度/cm^{-1}	11	6.5	100
激光波长/nm	694.3	1064	1064
光电转换效率/%	0.1～0.3	3～7	4～6

Nd:YAG 称为掺钕钇铝石榴石，就是在基质晶体 YAG（钇铝石榴石的英文缩写，化学式为 $Y_3Al_5O_{12}$）中掺入 Nd_2O_3（Nd^{3+} 作激活离子）。YAG 是一种光学、力学和热学性能优良的固体激光基质。Nd:YAG 激光器属于四能级系统，具有量子效率高、受激辐射界面大的优点，其阈值比红宝石和钕玻璃激光器小得多，而且钇铝石榴石还具有较高的热导率，易于散热。Nd^{3+} 适合于不同的工作状态，能有效地被宽带光源（闪光灯）和窄带光源（二极管）所激发。

固体激光器一般采用光激励方式使粒子数反转，传统的固体激光器主要采用气体放电灯——弧光灯和脉冲灯作为泵浦源。这主要是因为：①制作工艺较为简单，使用方便；②适用范围广，能在脉冲或连续状态下工作。脉冲方式工作的激光器通常采用脉冲氙灯，连续输出的激光器则采用氪灯。这类激光器的特点是相对体积较大，但脉冲能量比较高。20 个世纪 80 年代末，由于大功率激光二极管和阵列型激光二极管成为理想的泵浦源，固体激光器在制作工艺方面发生了质变，在此基础上出现了二极管泵浦固体激光器（Diode Pump Solid State Laser，DPSSL），目前在中小功率范围内已逐步取代灯泵的固体激光器。

目前在激光超声的光学干涉探测技术中用的光源很多就是连续的 DPSSL，其功率一般在几百 mW。激光二极管泵浦相比于传统灯泵技术，具有以下的一些优点。

（1）转换效率高。泵浦灯是宽带泵浦，灯的辐射光谱只有极小部分被晶体棒吸收并转换成激光能量，转换效率仅为 3%～6%；激光二极管的辐射光谱与固体激光工作物质的吸收光谱基本重合，并且泵浦光模式可以很好地与激光振荡模式相匹配，因此光转换效率很高，达到 50% 以上，比灯泵浦固体激光器高出 1 个数量级。

（2）激光系统的体积小。使用灯泵浦的固体激光器需要庞大的电源和水冷系统，激光系统的体积大。激光二极管体积小、质量轻、结构紧凑，在平均输出功率 200mW 的情况下，耗散在管子上的功率只有瓦级，采用自然风冷即可，因而大大地简化了机械装置，为激光系统的小型化提供了有利条件。

（3）光束质量好。泵浦灯中注入的大部分电功率转换成热能，造成激光晶体不可消除的热透镜效应，使激光光束质量变差，而激光二极管避免了激光介质热效应，泵浦光的能量稳定性好，改善了光束质量。

（4）性能可靠、寿命长。泵浦灯的寿命为 300～1000h，换灯要中断系统工作，而激光二极管性能可靠，寿命大大长于泵浦灯，达 15000h。二极管泵浦固体激光器为全固化器件，是无需维护的激光器。

以自由振荡方式工作的脉冲固体激光器输出的激光脉冲有着复杂的时间结构，是由许多振幅、脉宽和间隔作随机变化的尖峰脉冲组成。每个尖峰的宽度为 0.1～1μs。间隔为数微秒，脉冲序列的长度大致与闪光灯泵浦时间相等。激光器的输出能量分散在这样一串脉冲中，因而不可能有很高的峰值功率。这是因为通常的激光器的损耗是不变的，一旦光泵浦使反转粒子数达到或略超过阈值时，激光器便开始振荡，于是上能级的粒子数因受激辐射而减少，致使上能级不能累计很大的反转粒子数，只能被限制在阈值反转数附近，这是普通激光器峰值功率不高的原因。因此，要使上能级积累大量的粒子，可以设法通过改变激光器的阈值来实现，而这可以通过改变谐振腔的品质因数 Q 值（或损耗）来实现改变。在输出波长和腔长一定的条件下，Q 值与谐振腔的损耗成反比，即损耗大，Q 值就低，阈值高，不易起振；当损耗小，Q 值就高，阈值低，易于起振。调 Q 技术就是通过某种方法使腔的 Q 值按一定程序变化的技术。不同的调 Q 技术就是用不同的方法控制不同类型的损耗变化。如电光调 Q 技术是控制反射损耗变化，声

光调 Q 技术是控制衍射损耗变化，染料调 Q 技术控制吸收损耗变化。总体来说就是，在泵浦开始使腔处于低 Q 值状态，即提高振荡阈值使振荡不能形成，上能级的反转粒子数就可以大量积累，能量可以储存的时间决定于上能级的寿命；当积累到最大值（饱和值）时，突然使腔的损耗减小，Q 值突增，激光振荡迅速建立起来，在极短的时间内上能级的反转粒子数被消耗，转变为腔内的光能量，从腔的输出端以单一脉冲形式释放出来，于是就获得峰值功率很高的巨脉冲。作为工业应用中的激发超声光源，由于激发出超声所需的激光峰值功率的需要和超声脉冲频率的需要，一般采用的就是调 Q 的固体激光器。

气体激光器与固体激光器不同的不仅是工作物质为气体，而且激励方法常采用放电方式。通常由气体放电管组成，在其两端放置形成谐振腔的不透明和部分透明的反射镜。由于气体的密度比固体小，所以为了得到大功率，其尺寸较大。

He-Ne 激光器是典型的惰性气体原子激光器，Ne 为工作物质，He 为辅助气体。He-Ne 激光器输出连续光，主要工作波段在可见光到近红外区域，其中，最常用的工作波长为 632.8nm（红光），其次是 1.15μm 和 3.39μm 以及 1.52μm、543.5nm 等。He-Ne 激光器输出光束质量很高，表现为单色性好（$\Delta\upsilon < 20$ Hz）和方向性好（$\theta<10^{-3}$rad）。由于增益低，输出功率一般为毫瓦量级（0.5～100mW）。器件结构简单，造价低廉。He-Ne 激光器主要用于激光超声的实验室研究工作，比如在超声的光偏转探测中。

CO_2 是能得到较高功率输出的气体激光器的工作物质，能产生波长为 10.6μm 的激光，但也可以有其他波长的振荡。由于是远红外输出，所以在一些复合材料中超声的激光激发中使用脉冲 CO_2 激光器。

1.3 激光超声

激光超声，就是利用激光来激发和探测超声，这种方式可以克服传统超声换能器的大部分缺点。简单地说，激光激发超声是将部分激光能量转化成热能，再转化成机械能的一个过程。当一束脉冲激光入射到固体表面时，部分激光能量被固体吸收并转化成热能，辐照区域附近产生局部迅速的温升，导致局部快速的热膨胀从而产生超声，这是热弹机制激发超声。如果入射激光功率较高，有可能在固体表面引起熔融、气化、等离子体等现象，而表面材料的融蚀、喷溅等引起对材料表面的反冲力，从而激发超声，这是融蚀机制激发超声。热弹和融蚀是两种主要的激光激发超声机制。激光探测超声，是连续或脉宽足够长（能够捕获到所有感兴趣的信号）的激光入射样品表面，散射或者反射的光携带了超声信息，再由干涉型或非干涉型的光学接收器收集后进行信号解调分析处理。

其实无论哪种机制激发超声，在这里待测样品或材料本身就是超声的发射换能器，而压电类传统超声中的超声源是与待测样品分开的压电元件。正是这种不同使得激光超声与压电换能器相比，具有如下的特点。

（1）激光激发超声是激光直接照射样品产生，激光与样品之间无须耦合剂，也不必用水浸法作检测，是非接触式的，可消除因耦合剂引起的附加影响。

（2）激光源和激光接收系统可放在远离样品的地方，因此有远距离激发和接收的特点，能在酸、碱、高温高压及辐射等恶劣环境下进行检测，具有向工业上在线检测和质量监控发展的潜力。

（3）可以在非压电体（金属、绝缘体、陶瓷、有机材料等）中直接激发超声。

（4）激光激发超声，能一次同时在体样品中激发出多种模式的超声波，在体材料中激发出体波、表面波和头波，在板中激发出板波。而在电超声技术中一种换能器只能激发一种波型，不同模式波需用不同的超声换能器。

（5）脉冲激光激发出的超声脉冲的脉宽与激光脉冲宽度相近而略宽些，其加宽程度与材料特性有关。一般调 Q 脉冲激光器的脉宽在纳秒到几十纳秒，锁模激光器在皮秒到亚纳秒量级。所以激发出的声脉冲也很窄，具有频带宽的特点。因而，激光超声技术检测材料特性的时间和空间分辨率可大大地高于电超声的分辨率。

（6）激光声源十分灵活，声源的形状、大小取决于光学元件、系统及其调节情况，可以聚焦成点、盘、线、环及栅状源等。微小点源或细线源具有很好的局域性，可对电超声法难以实现检测的薄样品或有固定形状（如航空构件）的试样表面实现检测，包括缺陷、声速、衰减和各向异性特性的检测等。

因此脉冲激光激发超声是一种既方便又灵活的方法，但是激光超声也有其缺点。建立激光超声系统的价格比电超声的贵，激发效率比较低，声源性质与激光功率密度有关，在实行检测时要针对使用全过程的需求调节激光器的工作状态及光学系统，使其在整个实验过程中相对稳定，另外，对强激光需要注意安全防护。

第 2 章 固体中的超声波

利用激光超声波在固体介质中的传播特性来检测材料和结构，首先要掌握超声波在固体介质中的传播特征。在不同几何结构的固体中超声波有不同的类型，常见的是体波和导波等。体波是指在无限介质中传播的波，而导波则是指由于介质边界的存在而产生的波，如表面波、Lamb 波和界面波。事实上，当固体中激励的声波长与固体的厚度相比很小时，固体可以作为半空间或半无限介质来处理。本章对常用于无损评估的几种类型的超声波在固体中的传播特性进行讨论[1][2]。

2.1 无界固体中的超声体波

在讨论声波的传播问题之前，先要做个假设。假设讨论仅限于振幅足够小和波长足够长的声波。振幅足够小的含义是，声波强度不是很大，因此声波中的扰动量是小量；波长足够长的含义是，声波的频率不是极高，因此声波的波长远大于组成介质的微观粒子（如原子、分子）间的距离，这些微观粒子于是以大集团作整体的运动，从而介质宏观上可以看作是连续的。这个假设的基础在于，一般情况下这种近似理论能够解释实际的现象。

在开始本节的讨论前，先来回忆一下弹性理论中的下列公式：

三个运动方程
$$\sigma_{ij,j} + f_i = \rho \ddot{u}_i \tag{2.1}$$

六个独立应变位移方程
$$\varepsilon_{ij} = \frac{1}{2}(u_{i,j} + u_{j,i}) \tag{2.2}$$

六个独立本构方程（各向同性材料）
$$\sigma_{ij} = \lambda \varepsilon_{kk} \delta_{ij} + 2\mu\varepsilon_{ij} \tag{2.3}$$

上述各式中，$i, j = 1,2,3$，u_i 是位移分量，ε_{ij} 是应变张量分量，σ_{ij} 是应力张量分量，λ 和 μ 为各向同性固体材料的拉梅常数，f 是单位体积中的力。前两个方程适用于任何连续介质。如果在上面三个方程中消去应力和应变项，则可得到

$$\mu u_{i,jj} + (\lambda + \mu) u_{j,ji} + f_i = \rho \ddot{u}_i \tag{2.4}$$

这就是波动控制方程。该式中含有质点位移，是关于位移的偏微分方程。如果求解域是无限的，则这些方程已经可以求解了；但如果求解域是有限的，那么还需要边界条件。边界条件以确定的应力和（或）位移的形式给出，在下一节讨论有界弹性体中的超声波时会涉及这些边界条件。

各向同性弹性固体介质中的波动方程的矢量形式可写为

$$(\lambda + \mu)\nabla\nabla\cdot \boldsymbol{u} + \mu\nabla^2 \boldsymbol{u} + \boldsymbol{f} = \rho \ddot{\boldsymbol{u}} \tag{2.5}$$

式中，$\boldsymbol{u} = u_1\boldsymbol{i} + u_2\boldsymbol{j} + u_3\boldsymbol{k}$。若不考虑体力影响，则上式可写成

$$(\lambda+\mu)\nabla\nabla\cdot\boldsymbol{u}+\mu\nabla^2\boldsymbol{u}=\rho\frac{\partial^2\boldsymbol{u}}{\partial t^2} \tag{2.6}$$

以上的运动方程可以通过将位移矢量 $\boldsymbol{u}$ 表示为一个标量势 $\boldsymbol{\Phi}$ 的梯度和一个零散度矢量势 $\boldsymbol{\Psi}$ 的旋度而进一步简化。即

$$\boldsymbol{u}=\nabla\boldsymbol{\Phi}+\nabla\times\boldsymbol{\Psi} \qquad \nabla\cdot\boldsymbol{\Psi}=0 \tag{2.7}$$

将式（2.7）代入式（2.6），经过进一步简化可以得到以下方程：

$$\nabla^2\Phi-\frac{1}{c_{\mathrm{L}}^2}\frac{\partial^2\Phi}{\partial t^2}=0 \tag{2.8}$$

$$\nabla^2\boldsymbol{\Psi}-\frac{1}{c_{\mathrm{T}}^2}\frac{\partial^2\boldsymbol{\Psi}}{\partial t^2}=0 \tag{2.9}$$

这就把波动方程分解成了两个简单的独立的波动方程，其中 $c_{\mathrm{L}}=\left[(\lambda+2\mu)/\rho\right]^{1/2}$ 和 $c_{\mathrm{T}}=(\mu/\rho)^{1/2}$，分别表示纵波和横波的波速。

现在假设式（2.7）中旋度部分 $\nabla\times\boldsymbol{\Psi}$ 为零，则

$$\boldsymbol{u}=\nabla\Phi \tag{2.10}$$

此时波为膨胀波（纵波），可得

$$\nabla^2\boldsymbol{u}=\frac{1}{c_{\mathrm{L}}^2}\frac{\partial^2\boldsymbol{u}}{\partial t^2} \tag{2.11}$$

类似地，假设式（2.7）位移中只有旋度部分，则

$$\boldsymbol{u}=\nabla\times\boldsymbol{\Psi} \qquad \nabla\cdot\boldsymbol{\Psi}=0 \tag{2.12}$$

此时波为横波（等容波、剪切波），可得

$$\nabla^2\boldsymbol{u}=\frac{1}{c_{\mathrm{T}}^2}\frac{\partial^2\boldsymbol{u}}{\partial t^2} \tag{2.13}$$

式（2.11）和式（2.13）两者相互独立，说明在无界弹性固体中纵波和横波是独立传播的。在有界弹性体中，这两种类型的波为满足边界条件而相互耦合。

各向异性介质中的波动问题则可从著名的 Christoffel 方程出发来研究。与各向同性介质不同的是，各向异性介质中，波不是纯纵波和纯横波，我们称之为准纵波和准横波，只有在某些特定的方向才存在一个纯纵波和两个纯横波。

2.2 有界固体中的超声导波

在上一节中，我们对无限大固体中的体波特性进行了讨论，当波长远小于板厚时可以认为板是无限大的，但很多实际应用中都必须考虑边界的影响。不同种边界的存在使得超声场表现出不同的特征，在边界处通常需要满足特定的应力应变条件。通过对超声波场的修正，可以使

这些条件得到满足。

有界固体中传播的超声波，包括仅有一个边界的半无限大固体中的声表面波，两个边界的薄板中的 Lamb 波，以及在不同介质界面中传播的各种界面波，如固—固界面的 Stonley 波和固—液界面的 Scholte 波等。本书主要介绍应用较多的表面波和薄板中的 Lamb 波，有关 Stonley 波和 Scholte 波可以参考相关文献[1][3][4][5]。

2.2.1 声表面波

声表面波在半无限弹性固体介质自由表面上传播，表面波的存在首先是由 Lord Rayleigh 在 1885 年提出的，因此这种波被称为瑞利波（Rayleigh wave）。

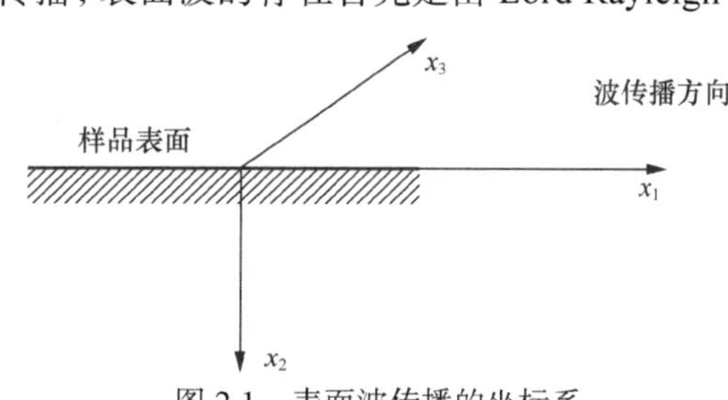

图 2.1　表面波传播的坐标系

从前面对体波的讨论知道，利用势函数可以将各向同性固体中的波动控制方程分解成两个简单的波动方程式（2.8）和式（2.9）。考虑二维平面情况（参见图 2.1 中的坐标系），波沿 x_1 方向传播。此时，矢量势函数 $\boldsymbol{\Psi}$ 中沿 x_1 和 x_2 方向的分量为零或常数，因此只需要考虑沿 x_3 的分量，假设为 ψ 。

设式（2.8）和式（2.9）代表沿 x_1 方向传播的谐波解为

$$\Phi = D_1(x_2)\mathrm{e}^{\mathrm{i}(kx_1 - \omega t)} \tag{2.14}$$

$$\psi = D_2(x_2)\mathrm{e}^{\mathrm{i}(kx_1 - \omega t)} \tag{2.15}$$

将式（2.14）、式（2.15）代入式（2.8）和式（2.9）（舍去解中沿 x_2 方向不衰减的部分），可得

$$\Phi = A_1\mathrm{e}^{-k\alpha x_2}\mathrm{e}^{\mathrm{i}k(x_1 - ct)} \tag{2.16}$$

$$\psi = B_1\mathrm{e}^{-k\beta x_2}\mathrm{e}^{\mathrm{i}k(x_1 - ct)} \tag{2.17}$$

式中，$\alpha = \sqrt{1-\left(c/c_{\mathrm{L}}\right)^2}$ ，$\beta = \sqrt{1-\left(c/c_{\mathrm{T}}\right)^2}$ ，$c = \dfrac{\omega}{k}$，而 A_1、B_1 为任意常数。k 是波数，ω 是圆频率。

由式（2.16）和式（2.17）及位移的势函数表达式，可得

$$u_1 = k\left(\mathrm{i}A_1\mathrm{e}^{-k\alpha x_2} - \beta B_1\mathrm{e}^{-k\beta x_2}\right) \tag{2.18}$$

$$u_2 = -k\left(\alpha A_1\mathrm{e}^{-k\alpha x_2} - \mathrm{i}B_1\mathrm{e}^{-k\beta x_2}\right) \tag{2.19}$$

由式（2.18）和式（2.19）及本构关系可导出应力表达式为

$$\sigma_{22} = k^2\mu(rA_1\mathrm{e}^{-k\alpha x_2} + 2\mathrm{i}\beta B_1\mathrm{e}^{-k\beta x_2}) \tag{2.20}$$

$$\sigma_{12} = k^2\mu(-2\mathrm{i}\alpha A_1\mathrm{e}^{-k\alpha x_2} + rB_1\mathrm{e}^{-k\beta x_2}) \tag{2.21}$$

式中，$r = 2-(c/c_{\mathrm{T}})^2 = 1+\beta^2$ 。

现在考虑表面自由的边界条件，即当 $x_2 = 0$ 时

$$\sigma_{22} = \sigma_{12} = 0 \tag{2.22}$$

由式（2.20）～式（2.22），可得

$$rA_1 + 2\mathrm{i}\beta B_1 = 0 \quad -2\mathrm{i}\alpha A_1 + rB_1 = 0 \tag{2.23}$$

利用式（2.23）可得到求解相速度的方程，为

$$r^2 - 4\alpha\beta = 0 \tag{2.24}$$

由式（2.23），也可得

$$A_1 = -\frac{\mathrm{i}r}{2\alpha}B_1 = -\frac{2\mathrm{i}\beta}{r}B_1 \tag{2.25}$$

将式（2.25）代入式（2.18）或式（2.19），可找到满足边界条件的 u_1 和 u_2 的表达式，即

$$u_1 = A\left(r\mathrm{e}^{-k\alpha x_2} - 2\beta\alpha\mathrm{e}^{-k\beta x_2}\right) \tag{2.26}$$

$$u_2 = \mathrm{i}A\alpha\left(-r\mathrm{e}^{-k\alpha x_2} + 2\mathrm{e}^{-k\beta x_2}\right) \tag{2.27}$$

式中，$A = kB_1/2\alpha$。

式（2.24）是这类表面波问题的特征方程，为求解该方程，引入新的变量

$$\eta = \frac{k_{\mathrm{T}}}{k} = \frac{c}{c_{\mathrm{T}}} \quad \zeta = \frac{k_{\mathrm{L}}}{k_{\mathrm{T}}} = \frac{c_{\mathrm{T}}}{c_{\mathrm{L}}} \quad (k = \omega/c) \tag{2.28}$$

则有 $r = 2-\eta^2$，$\alpha = \sqrt{1-\eta^2\zeta^2}$ 和 $\beta = \sqrt{1-\eta^2}$。特征方程改为

$$\eta^6 - 8\eta^4 + 8\eta^2(3-2\zeta^2) + 16(\zeta^2-1) = 0 \tag{2.29}$$

此即为 Rayleigh 波的波速方程。

注意到

$$\zeta = \frac{c_{\mathrm{T}}}{c_{\mathrm{L}}} = \sqrt{\frac{1-2\nu}{2(1-\nu)}} \tag{2.30}$$

因 $\eta = c/c_{\mathrm{T}}$，故当 $c = c_{\mathrm{R}}$ 时，有 $\eta = c_{\mathrm{R}}/c_{\mathrm{T}}$（$c_{\mathrm{R}}$ 即 Rayleigh 波的波速）。η 只是泊松比 ν 的函数，与频率无关。所以，Rayleigh 波是非频散的。在这个三次方程中，当 $\nu > 0.263$ 时有两个共轭复根和一个实根，当 $\nu \leqslant 0.263$ 时有三个实根，但只有一个有效根。Viktorov 给出了一个该方程的近似解：$\eta = \dfrac{(0.87+1.12\nu)}{(1+\nu)}$，可以用来估算 Rayleigh 波速度。另外，Rayleigh 波速的近似值也可以由下式来表示：

$$c_{\mathrm{R}} = \frac{c_{\mathrm{T}}}{1.14418 - 0.25771\nu + 0.12661\nu^2} \tag{2.31}$$

对于铝（$\nu = 0.34$）和铁 ($\nu = 0.29$)，其瑞利波速分别是剪切波速度的 0.9335 和 0.9258 倍。

下面来看看表面波的位移有什么特点。因为位移矢量的分量为实向量，由式（2.26）和式（2.27），可得

$$\tilde{u}_1 = \frac{u_1}{A} = \left(r\mathrm{e}^{-k\alpha x_2} - 2\alpha\beta\mathrm{e}^{-k\beta x_2}\right)\cos k\left(x_1 - ct\right) \tag{2.32}$$

$$\tilde{u}_2 = \frac{u_2}{A} = \alpha\left(r\mathrm{e}^{-k\alpha x_2} - 2\mathrm{e}^{-k\beta x_2}\right)\sin k\left(x_1 - ct\right) \tag{2.33}$$

式中，$\tilde{u}_1$、$\tilde{u}_2$ 是关于未知常数 A 的归一化位移。

由式（2.32）和式（2.33）可知，对于任意 x_2 值，具有坐标（$\tilde{u}_1$，$\tilde{u}_2$）的矢量的运动轨迹

为一椭圆（如图 2.2 所示），即

$$\frac{\tilde{u}_1^{\,2}}{\left(r\mathrm{e}^{-k\alpha x_2}-2\alpha\beta\mathrm{e}^{-k\beta x_2}\right)^2}+\frac{\tilde{u}_2^{\,2}}{\alpha^2\left(r\mathrm{e}^{-k\alpha x_2}-2\mathrm{e}^{-k\beta x_2}\right)^2}=1 \tag{2.34}$$

注意到原始表达式（2.18）和式（2.19）给出了表面波的纵波分量和横波分量，在边界上，这两个分量耦合在一起形成表面波。可以证明，质点的椭圆运动轨迹是深度的函数，实际上到达特定的深度后有反向位移。

如图 2.3 所示，Rayleigh 波的离面位移随深度成指数衰减，其能量主要集中在表面附近波长范围区域内，因此 Rayleigh 波对材料的表面性质比较敏感，特别适合对材料表面力学性质的评估，也可以用于表面裂纹的检测等。另外，在表层非均匀介质中，比如薄膜/基底结构、冲击硬化后的表面等，Rayleigh 波的传播会产生色散，因此可以利用其色散特性将其用于薄膜性质表征、冲击硬化的评估[6]等。

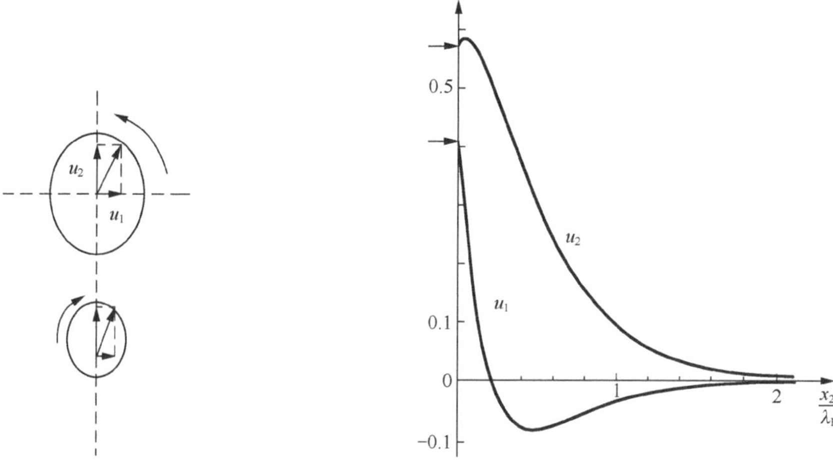

图 2.2　随时间和深度变化的质点位移矢量的椭圆运动　　图 2.3　Rayleigh 波的纵向和横向分量幅值随深度的分布

2.2.2　板中的导波

由前面的讨论可知体波在介质体内传播远离边界，在无限大介质中传播时互不影响。在一般情况下，介质内部可以传播偏振方向相互垂直波的一个平面纵波（L 波）和两个平面横波（位移偏振方向为水平的波称为 SH 波，位移偏振方向为垂直的波称为 SV 波）。在有界弹性体内，波的传播常常以反射与折射的形式与边界发生相互作用，且纵波与横波间发生模态转换，形成导波。尽管体波与导波有本质上的区别，但它们受同一组偏微分波动方程控制。在数学上两者的主要区别是：对于体波，所得到的解无须满足边界条件；与此相反，导波问题的解在满足控制方程的同时必须满足实际的边界条件，正是由于边界条件的引入使得求解导波问题的解析解显得十分困难，在很多问题中甚至找不到解析解。与体波只有有限个模态（主要是 L 波、SH 波、SV 波）不同，导波问题中通常存在无数种模态。

对于自由板中的波的传播问题，仍然受控于式（2.4）所示的波动方程及自由边界条件。在板的某点上激发超声波，激发区域的超声波传播到板的上、下表面会发生模式转换（如纵波转换为横波，反之亦然），经过在板内一段时间的传播之后，因叠加而产生“波包”，即常说的导波模态。

1. Lamb 波

研究各向同性薄板中的导波模态的坐标系如图 2.4 所示。这里我们考虑平面应变情况。Achenbach（1984）的研究表明：从一般的应变状态出发导出的解与考虑平面应变问题得出的一组解（Lamb 波模态）相同，只是另外附加了一些其他模态（在数量上是无限的），如水平剪切波 SH 波，它独立于其他波的模态而存在。

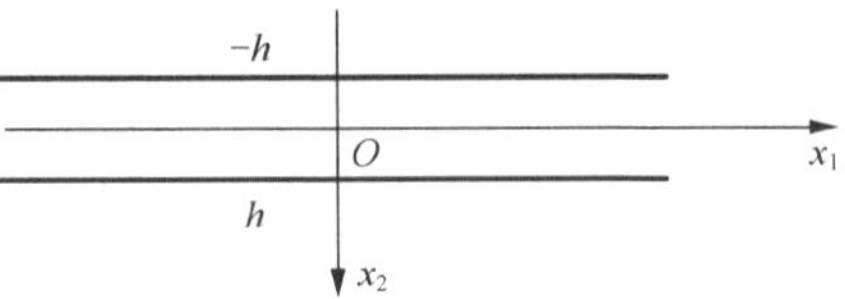

图 2.4　研究各向同性薄板中导波的坐标系

本节中我们主要讨论薄板的上下边界共同作用下薄板中传播的导波——Lamb 波，对于各向同性薄板，最简单的方法是位移势函数法。

同前所述，利用势函数可用两个独立的方程式（2.8）和式（2.9）来描述波动方程。波沿 x_1 方向传播，如图 2.4 所示。势函数 Φ 和 $\Psi \equiv \psi$ 满足下面等式：

$$\frac{\partial^2 \Phi}{\partial x_2^2} + p^2 \Phi = 0 \tag{2.35}$$

$$\frac{\partial^2 \psi}{\partial x_2^2} + q^2 \psi = 0 \tag{2.36}$$

式中，$p^2 = \dfrac{\omega^2}{c_{\mathrm{L}}^2} - k^2$，$q^2 = \dfrac{\omega^2}{c_{\mathrm{T}}^2} - k^2$，式（2.35）和式（2.36）的解必须满足薄板的上下表面法向应力 σ_{22} 和切向应力 σ_{12} 为零的边界条件。

位移分量可表示为

$$u_1 = \frac{\partial \Phi}{\partial x_1} + \frac{\partial \psi}{\partial x_2} = \mathrm{i}k\Phi + \frac{\partial \psi}{\partial x_2} \tag{2.37}$$

$$u_2 = \frac{\partial \Phi}{\partial x_2} - \frac{\partial \psi}{\partial x_1} = \frac{\partial \Phi}{\partial x_2} - \mathrm{i}k\psi \tag{2.38}$$

对于各向同性固体，由应力、应变及位移之间的关系，可以得到法向应力：

$$\sigma_{22} = (\lambda + 2\mu)\nabla^2 \Phi - 2\mu \frac{\partial u_1}{\partial x_1} = (\lambda + 2\mu)\nabla^2 \Phi + 2\mu \left(k^2 \Phi + \mathrm{i}k \frac{\partial \psi}{\partial x_2} \right) \tag{2.39}$$

由式（2.8）知：$(\lambda + 2\mu)\nabla^2 \Phi = -\rho\omega^2 \Phi$，再结合 q 的表达式，有

$$(\lambda + 2\mu)\nabla^2 \Phi = -\mu(k^2 + q^2)\Phi$$

代入式（2.39）可将法向应力表示成下式：

$$\sigma_{22} = \mu \left[(k^2 - q^2)\Phi - 2\mathrm{i}k \frac{\partial \psi}{\partial x_2} \right] \tag{2.40}$$

切向应力为

$$\sigma_{12} = \mu \left(\frac{\partial u_1}{\partial x_2} + \frac{\partial u_2}{\partial x_1} \right) = \mu \left(\frac{\partial^2 \psi}{\partial x_2^2} + k^2 \psi + 2\mathrm{i}k \frac{\partial \Phi}{\partial x_2} \right) \tag{2.41}$$

由式（2.36）可知 $\nabla^2 \Phi = -q^2 \psi$，则切向应力可表示为

$$\sigma_{12} = \mu \left[(k^2 - q^2)\psi + 2\mathrm{i}k \frac{\partial \Phi}{\partial x_2} \right] \tag{2.42}$$

在 $x_2=\pm h$ 边界上应满足应力边界条件 $\sigma_{22}=\sigma_{12}=0$。

式（2.35）、式（2.36）的解表示为

$$\Phi=B\cos(px_2+\alpha),\quad \psi=A\sin(qx_2+\alpha) \tag{2.43}$$

式中，$\alpha=0$ 或 $\pi/2$。忽略传播因子 $\exp[\mathrm{i}(kx_1-\omega t)]$，可得到位移：

$$\begin{cases}u_1=\mathrm{i}kB\cos(px_2+\alpha)+qA\cos(qx_2+\alpha)\\ u_2=-pB\sin(px_2+\alpha)-\mathrm{i}kA\sin(qx_2+\alpha)\end{cases} \tag{2.44}$$

这样，就存在以下两种模式的 Lamb 波（如图 2.5 所示）。

（1）对称模态：此时 $\alpha=0$，纵向分量是 x_2 的偶函数，剪切分量是 x_2 的奇函数。

（2）反对称模态：此时 $\alpha=\pi/2$，纵向分量是 x_2 的奇函数，剪切分量是 x_2 的偶函数。

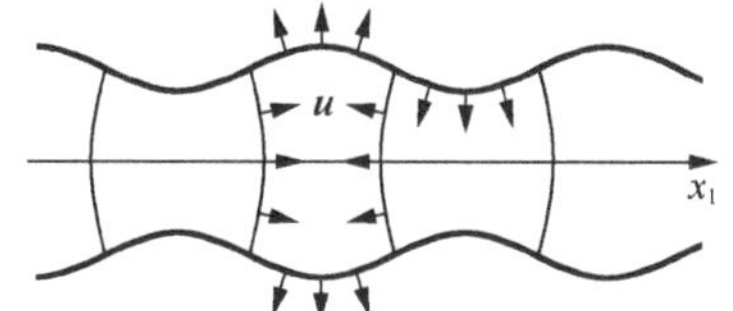

（a）对称模态：纵向分量相等，横向分量相反

（b）反对称模态：纵向分量相反，横向分量相等

图 2.5　对称模态与反对称模态的 Lamb 波

当 $\alpha=0$ 或 $\pi/2$ 时，由前面所述的上下表面应满足的应力边界条件可得

$$\begin{cases}(k^2-q^2)B\cos(ph+\alpha)-2\mathrm{i}kqA\cos(qh+\alpha)=0\\ -2\mathrm{i}kpB\sin(ph+\alpha)+(k^2-q^2)A\sin(qh+\alpha)=0\end{cases} \tag{2.45}$$

为了得到该方程组的解，须令系数矩阵的行列式为零，可得

$$(k^2-q^2)^2\cos(ph+\alpha)\sin(qh+\alpha)+4k^2pq\sin(ph+\alpha)\cos(qh+\alpha)=0 \tag{2.46}$$

经过适当的变换可得

$$\frac{\omega^4}{{c_\mathrm{T}}^4}=4k^2q^2\left[1-\frac{p\tan(ph+\alpha)}{q\tan(qh+\alpha)}\right]，其中\ \alpha=0\ 或\ \alpha=\pi/2 \tag{2.47}$$

这就是众所周知的、于 19 世纪末首次被推导出来的 Rayleigh-Lamb 频散方程，由此方程可得薄板中传播的波的速度色散特性。

下面我们对薄板中的 Lamb 波的色散特性进行进一步的讨论。

（1）低频区域

当 k 值较小，即当板厚远小于波长或 $kh<<1$ 时，板波模态有很重要的特性。下面根据当频率趋近于零时模态是否存在截止频率分以下两种情况讨论。

① 低阶模态。在此情况下，当 $k\to 0$ 时，$\omega\to 0$，分别讨论对称模态和反对称模态。

a. 对于对称模态，$\alpha=0$，由式（2.47）可得

$$\frac{\omega^4}{c_\mathrm{T}^4}\cong 4k^2(q^2-p^2)=4k^2\omega^2\left(\frac{1}{{c_\mathrm{T}}^2}-\frac{1}{{c_\mathrm{L}}^2}\right) \tag{2.48}$$

可以看出相速度 $V_\mathrm{P}=\omega/k$，趋近于极限速度 V，该极限速度位于 $\sqrt{2}c_\mathrm{T}$ 和 c_L 之间：

$$V = 2c_{\mathrm{T}}\left(1-\frac{{c_{\mathrm{T}}}^2}{{c_{\mathrm{L}}}^2}\right)^{1/2} = c_{\mathrm{T}}\sqrt{2}\sqrt{1+\frac{\lambda}{\lambda+2\mu}} = c_{\mathrm{L}}\sqrt{1-\frac{\lambda^2}{(\lambda+2\mu)^2}} \tag{2.49}$$

并且有

$$q^2 = k^2\left(\frac{V^2}{c_{\mathrm{T}}^2}-1\right) = k^2\left(1+\frac{2\lambda}{\lambda+2\mu}\right);\quad p = \sqrt{k^2\left(\frac{V^2}{c_{\mathrm{L}}^2}-1\right)} = \mathrm{i}k\frac{\lambda}{\lambda+2\mu}$$

式中，q 为实数，p 为虚数。

将式（2.45）的第一式中的 B 代入式（2.44）中得

$$\begin{cases} u_1 = qA\left[\cos(qx_2+\alpha) - \dfrac{2k^2}{k^2-q^2}\dfrac{\cos(qh+\alpha)}{\cos(ph+\alpha)}\cos(px_2+\alpha)\right] \\ u_2 = -\mathrm{i}kA\left[\sin(qx_2+\alpha) + \dfrac{2pq}{k^2-q^2}\dfrac{\cos(qh+\alpha)}{\cos(ph+\alpha)}\sin(px_2+\alpha)\right] \end{cases} \tag{2.50}$$

对于式（2.50），由 $\alpha=0$，且 $ph\to 0$，$qh\to 0$，$q^2-k^2 = 2k^2\lambda/(\lambda+2\mu)$ 可得到质点位移：

$$\begin{cases} u_1 = qA\left(1-\dfrac{2k^2}{k^2-q^2}\right) = qA\left(1+\dfrac{\lambda+2\mu}{\lambda}\right) \\ u_2 = -\mathrm{i}qA\left(1+\dfrac{\lambda}{\lambda+2\mu}\right)kx_2 \end{cases} \tag{2.51}$$

可以看出，不同于纵向分量，横向分量在上下边界处，也就是 $x_2=\pm h$ 处存在最大值，有

$$\frac{|u_2(\pm h)|}{u_1} = \frac{\lambda}{\lambda+2\mu}kh \leqslant kh \leqslant 1 \tag{2.52}$$

当 $kh \ll 1$ 时，该对称模态没有截止频率，称为最低阶的 S_0 模态，纵向分量占主导地位。

b. 对于反对称模态，$\alpha=\pi/2$，且随着 $kh\to 0,\ V\to 0$，式（2.47）可近似表示为

$$\frac{\omega^4}{c_{\mathrm{T}}^4} \cong 4k^2q^2\left(1-\frac{1+q^2h^2/3}{1+p^2h^2/3}\right) \cong \frac{4}{3}q^2(p^2-q^2)k^2h^2 \tag{2.53}$$

相对于 k 而言 ω 更快趋近于零，因此 $q^2\approx -k^2$，相速度为

$$V_{\mathrm{P}} = \frac{\omega}{k} \cong \frac{2c_{\mathrm{T}}}{\sqrt{3}}\sqrt{1-{c_{\mathrm{T}}}^2/{c_{\mathrm{L}}}^2}\,kh = \frac{V}{\sqrt{3}}kh \tag{2.54}$$

考虑到 $ph\to 0$ 和 $qh\to 0$ 及 $\alpha=\pi/2$，由式（2.50）可以得到质点位移：

$$\begin{cases} u_1 = q^2A\dfrac{k^2+q^2}{k^2-q^2}x_2 \cong -kA\dfrac{k^2+q^2}{k^2-q^2}kx_2 \\ u_2 \cong -\mathrm{i}kA\dfrac{k^2+q^2}{k^2-q^2} \end{cases} \tag{2.55}$$

可以看出，纵向分量在上下边界处，也就是 $x_2=\pm h$ 处存在最大值，有

$$\frac{|u_1(\pm h)|}{u_2} = kh \tag{2.56}$$

当 $kh \ll 1$ 时，该反对称模态没有截止频率，称为最低阶的 A_0 模态，是一个弯曲波模态。

② 高阶模态。在这种情况下，当 k 趋近于零时，ω 趋近于截止频率 ω_c，波数 p 和 q 分别趋近于 ω_c/c_L 和 ω_c/c_T。此时式（2.45）可简化为

$$\begin{cases} B\cos\left(\dfrac{\omega_c h}{c_L}+\alpha\right)=0 \\ A\sin\left(\dfrac{\omega_c h}{c_T}+\alpha\right)=0 \end{cases} \tag{2.57}$$

当系数 A 或者 B 仅有一个是非零时，以上方程组存在两种解。仍然考虑以下两种模态的 Lamb 波。

a.对于对称模态，$\alpha=0$。$A\neq 0$，偶数解 $S_{2n}(n=1,2,\cdots)$ 由式（2.57）可得

$$\frac{\omega_c h}{c_T}=n\pi \Rightarrow f_c\times 2h=nc_T \tag{2.58}$$

当 k 趋近于零时，由式（2.44）知，$B=0$ 对应于纵向位移：

$$u_1=qA\cos\left(n\pi\frac{x_2}{h}\right),\ u_2=0 \tag{2.59}$$

$B\neq 0$，奇数解 S_{2m+1}（m 是整数）由式（2.57）可得

$$\frac{\omega_c h}{c_L}=(2m+1)\frac{\pi}{2}\Rightarrow f_c\times 2h=\left(m+\frac{1}{2}\right)c_L \qquad m=0,1,2,\cdots \tag{2.60}$$

由式（2.44）知，$A=0$ 对应于横向位移：

$$u_2=-pB\sin\left[(2m+1)\frac{\pi}{2}\cdot\frac{x_2}{h}\right],\ u_1=0 \tag{2.61}$$

b.对于反对称模态，$\alpha=\pi/2$，偶数解 $A_{2n}(n=1,2,\cdots)$ 由式（2.57）可得

$$\frac{\omega_c h}{c_L}=n\pi \Rightarrow f_c\times 2h=nc_L \qquad n=1,2,3,\cdots \tag{2.62}$$

当 k 趋近于零时，由式（2.44）知，$A=0$ 对应于横向位移：

$$u_2=-pB\cos\left(n\pi\frac{x_2}{h}\right),\ u_1=0 \tag{2.63}$$

奇数解 A_{2m+1}（m 是整数）由式（2.57）可得

$$\frac{\omega_c h}{c_T}=(2m+1)\frac{\pi}{2}\Rightarrow f_c\times 2h=\left(m+\frac{1}{2}\right)c_T \qquad m=0,1,2,\cdots \tag{2.64}$$

此时 $B=0$ 对应于纵向位移：

$$u_1=-qA\sin\left[(2m+1)\frac{\pi}{2}\cdot\frac{x_2}{h}\right],\quad u_2=0 \tag{2.65}$$

由以上分析可知，当板厚等于半波长的偶数或奇数倍时，Lamb 波的高阶模态存在截止频率，即

$$2h=p\lambda/2,\quad p=2n \text{ 或 } p=2m+1\text{，并且声波长 } \Lambda=c_T/f_c \text{ 或 } c_L/f_c \tag{2.66}$$

图 2.6 给出了前四阶对称模态和反对称模态的波结构。

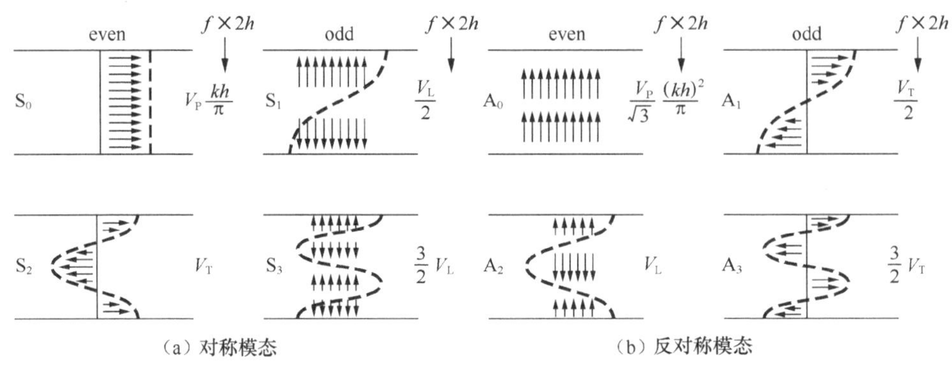

（a）对称模态　　　　（b）反对称模态

图 2.6　前四阶对称模态和反对称模态的波结构

（2）高频区域

当 $kh>>1$ 时，从式（2.46）中可以得到高频区域的 Lamb 波的色散特性。

当 p 是虚数时，由 $kh\to\infty$ 可得

$$\begin{cases} q_n h = n\pi, & \text{对称模态，}\alpha=0 \\ q_n h = (2n+1)\pi/2 & \text{，反对称模态，}\alpha=\pi/2 \end{cases}$$

高阶模态 S_n、$A_n(n>>1)$ 的速度趋近于 c_T。

若 p、q 均为虚数，当 $kh\to\infty$ 时，S_0 和 A_0 模态的速度趋近于 c_R。

图 2.7 为钢板中的 Lamb 波的色散曲线。同一种模态（如对称模态）的高阶模态的速度色散曲线不互相交叉，不同种模态的速度色散曲线可能相互交叉，即对称模态和反对称模态会互相交叉。模态的阶数，即 m 和 n 的大小，依赖于 c_L/c_T。例如，S_2 是在 S_1 的上方还是下方依赖于 c_T 比 $c_L/2$ 大还是小。对于 S_1 模态，当 kh 较小时，ω 随 k 的增大而减小。对此模态群速度 $V_g=\mathrm{d}\omega/\mathrm{d}k$ 是负值，也就是超声波的能量传播方向同波矢方向是相反的。

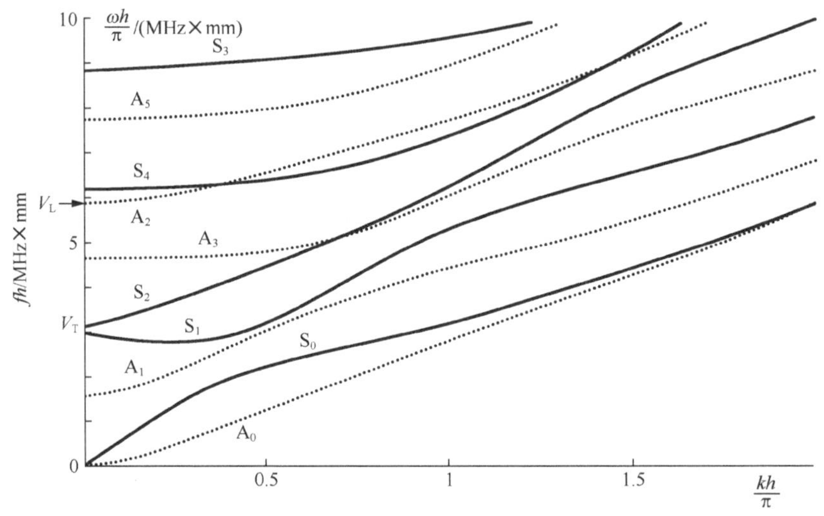

图 2.7　钢板中的 Lamb 波的色散曲线

由上所述，Lamb 波是由于薄板的上下表面运动耦合而形成的。Lamb 波衰减小、传播距离远、信号强、模态丰富等特征决定了其在无损检测和评估中的广泛应用。如测定薄板的厚度[7]、

弹性模量的评估[8]、各向异性材料的检测、板状材料中的缺陷、界面的结合强度[9]等。

2. SH 波

在板中除了存在 Lamb 波外，还有一系列水平剪切振动，称为 SH 波。SH 波意味着由任何 SH 模态引起的质点振动（位移和速度）都位于平行于板面的平面中。如图 2.8 所示，波的传播方向为 x_1 方向，而质点的位移为 x_3 方向。

事实上，任何模态的 SH 波都可以认为是沿 x_3 方向偏振的体剪切波上下反射叠加的结果，这些体剪切波，其波矢量位于 x_1-x_2 平面，并倾斜某一角度，使得波系统满足层表面的自由边界条件。

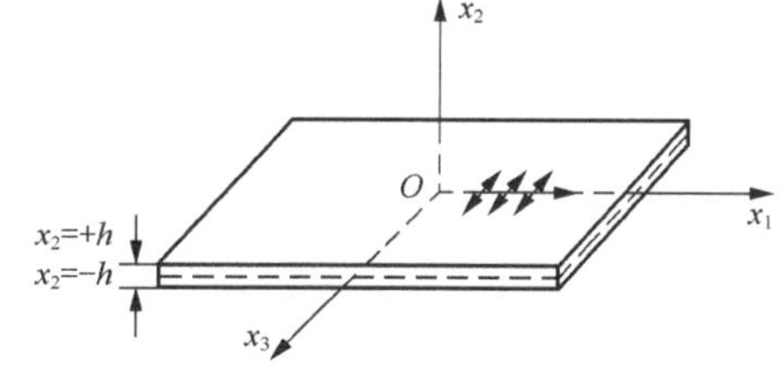

图 2.8　SH 波的传播

由于 SH 模态具有较简单的物理性质，求解问题的最直接的方式是解运动方程。对于 SH 模态，认为只有 x_3 方向的位移不为零，即 $u_1(x,t)=u_2(x,t)=0$，对于 x_3 方向的位移分量，假设其形式为

$$u_3(x_1,x_2,t)=f(x_2)\mathrm{e}^{\mathrm{i}(kx_1-\omega t)} \tag{2.67}$$

注意，u_3 是独立于 x_3 的，其波前在 x_3 方向是无限扩展的。

如果质点的位移场只有 u_3 分量不为零，且 u_3 独立于 x_3，则式（2.13）简化为

$$\frac{\partial^2 u_3}{\partial x_1^2}+\frac{\partial^2 u_3}{\partial x_2^2}=\frac{1}{c_{\mathrm{T}}^2}\frac{\partial^2 u_3}{\partial t^2} \tag{2.68}$$

将假设解式（2.67）代入式（2.68）中，有

$$\frac{\partial^2 f(x_2)}{\partial x_2^2}+\left(\frac{\omega^2}{c_{\mathrm{T}}^2}-k^2\right)f(x_2)=0 \tag{2.69}$$

方程的通解为

$$f(x_2)=A\sin(qx_2)+B\cos(qx_2) \tag{2.70}$$

其中，$q=\sqrt{\dfrac{\omega^2}{c_{\mathrm{T}}^2}-k^2}$，$A$、$B$ 为任意常数。则位移场的一般形式为

$$u_3(x_1,x_2,t)=\left[A\sin(qx_2)+B\cos(qx_2)\right]\mathrm{e}^{\mathrm{i}(kx_1-\omega t)} \tag{2.71}$$

这里，仍然将整个位移场分解成对称分量和反对称分量，分别用 $\cos(qx_2)$ 和 $\sin(qx_2)$ 表示。考虑以下两个独立位移场

$$\begin{cases} u_3^{\mathrm{s}}(x_1,x_2,t)=B\cos(qx_2)\mathrm{e}^{\mathrm{i}(kx_1-\omega t)} \\ u_3^{\mathrm{a}}(x_1,x_2,t)=A\sin(qx_2)\mathrm{e}^{\mathrm{i}(kx_1-\omega t)} \end{cases} \tag{2.72}$$

上标 s 代表对称模态，a 代表反对称模态。

对于这两种模态，其边界条件是板表面为自由表面，即

$$\sigma_{22}(x_1,x_2,t)\big|_{x_2=\pm h}=\sigma_{12}(x_1,x_2,t)\big|_{x_2=\pm h}=\sigma_{23}(x_1,x_2,t)\big|_{x_2=\pm h}=0 \tag{2.73}$$

应力 σ_{22} 和 σ_{12} 恒等于零。余下唯一非平凡边界条件为

$$\sigma_{23}(x_1,x_2,t)\big|_{x_2=\pm h}=0 \tag{2.74}$$

与位移场等式（2.72）相应的应变场只有两个非零分量

$$\begin{cases}\varepsilon_{13}=\dfrac{1}{2}\dfrac{\partial u_3}{\partial x_1}\\ \varepsilon_{23}=\dfrac{1}{2}\dfrac{\partial u_3}{\partial x_2}\end{cases} \tag{2.75}$$

则应力分量 σ_{23} 由下式给出：

$$\sigma_{23}=2\mu\varepsilon_{23}=\mu\frac{\partial u_3}{\partial x_2} \tag{2.76}$$

具体形式将取决于是采用对称模态还是反对称模态。计算 σ_{23} 得

反对称模态 $$\sigma_{23}(x_1,x_2,t)=\mu Aq\cos(qx_2)\mathrm{e}^{\mathrm{i}(kx_1-\omega t)} \tag{2.77}$$

对称模态 $$\sigma_{23}(x_1,x_2,t)=-\mu Bq\sin(qx_2)\mathrm{e}^{\mathrm{i}(kx_1-\omega t)} \tag{2.78}$$

利用边界条件式（2.74），有频散方程：

反对称模态 $$\cos(qh)=0 \tag{2.79}$$

对称模态 $$\sin(qh)=0 \tag{2.80}$$

其显式解可表示为

$$qh=n\pi/2 \tag{2.81}$$

式中，$n\in\{0,2,4,\cdots\}$ 为对称模态，$n\in\{1,3,5,\cdots\}$ 为反对称模态。

将 q 的表达式代入式（2.81），利用波数的定义 $k=\dfrac{\omega}{V_{\mathrm{P}}}$，频散方程可以进一步写成

$$\frac{\omega^2}{c_{\mathrm{T}}^2}-\frac{\omega^2}{V_{\mathrm{P}}^2}=\left(\frac{n\pi}{2h}\right)^2 \tag{2.82}$$

该频散方程有无限多个解。对于单一 SH 波模态，由整数 n 来定义，对于对称模态，n 为偶数，对于反对称模态，n 为奇数。

图 2.9 所示是铝板中前 8 个 SH 模态在频厚积（fd）函数（d=2h，$\omega=2\pi f$）为 0～15MHz·mm 范围内相速度频散曲线。

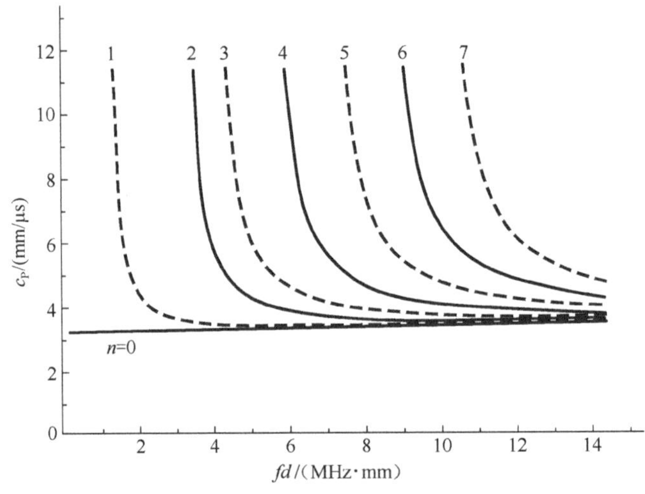

图 2.9　自由铝板中 SH 模态的频散曲线

不同于声表面波在表面以下迅速衰减的特性，SH 波能渗透进材料很深的位置，能达到几百个波长而不发生衰减，表面条件对 SH 波的影响很小，并且 SH 波不像纵波那样容易和其他的波发生耦合，故其利于表面裂纹的成像。因而利用 SH 波进行无损评估越来越受到关注[10]。近期又有学者成功地利用 SH 波实现了对两金属板界面粘结刚度的评估[11]，以及利用垂直于多层介质界面传播的 SH 波成功实现了对多层介质中的初始应力的评估[12]。

参 考 文 献

[1] J. L.罗斯. 固体中的超声波[M].何存富，吴斌，王秀彦，译. 北京：科学出版社，2004.

[2] Royer D, Dieulesaint E. Elastic Waves in Solids I: Free and Guided Propagation[M]. Springer Science & Business Media, 2000.

[3] Han Q B, Qian M L, Wang H. Investigation of solid/solid interface waves with laser ultrasonics[J]. Ultrasonics, 2006, 44: e1323-e1327.

[4] Sinev A V, Podberezhnyy M Y. Absorption characteristics of a Stoneley wave in multilayered media and the logging method for estimating permeability[J]. Russian Geology and Geophysics, 2013, 54(7): 734-742.

[5] Duflo H, Tinel A, Duclos J. Scholte wave propagation and diffraction on a fluid-solidperiodic rough surface[J]. IEEE, 1994, 1051: 719-722.

[6] Ling Yuan, Zhonghua Shen, Xiaowu Ni, Jian Lu. Theoretical analysis of acoustic wave propagation in materials with continuous variations of near-surface elastic constants[J]. Journal of Applied Physics, 2009, 106:023529-1-5.

[7] Hayashi Y, Ogawa S, Cho H, et al. Non-contact estimation of thickness and elastic properties of metallic foils by the wavelet transform of laser-generated Lamb waves[J]. NDT&E International, 1999, 32: 21-27.

[8] Basri R, Chiu W K. Numerical analysis on the interaction of guided Lamb waves with a local elastic stiffness reduction in quasi-isotropic composite plate structures[J]. Composite Structures, 2004, 66: 87-99.

[9] Heller K, Jacobs L J, Qu J. Characterization of adhesive bond properties using Lamb waves[J]. NDT&E International, 2000, 33: 555-563.

[10] Kimoto K, Ueno S, Hirose S. Image-based sizing of surface-breaking cracks by SH-wavearray ultrasonic testing[J]. Ultrasonics, 2006, 45: 152-164.

[11] Michel C. SH ultrasonic guided waves for the evaluation of interfacial adhesion[J].Ultrasonics, 2014, 54: 1760-1775.

[12] Qian Z, Jin F, Kishimoto K, Wang Z. Effect of initial stress on the propagation behavior of SH-waves inmultilayered piezoelectric composite structures[J]. Sensors and Actuators, 2004, 112: 368-375.

第3章 超声的激光激发

激光激发超声的机理可以概括如下：当一束脉冲激光入射到固体表面时，部分激光能量被固体吸收并转化成热能，辐照区域附近产生局部迅速的温升，导致局部快速的热膨胀从而产生超声。如果入射激光功率较低，固体材料未发生熔融和融蚀现象，这是热弹机制激发超声。如果入射激光功率较高，在固体表面引起熔融、气化、等离子体等现象，而表面材料的融蚀、喷溅等会引起对材料表面的反冲力，从而激发超声，这是融蚀机制激发超声。融蚀机制激发超声的问题可以简化为由动量传递引起的一个垂直力作用下的弹性动力学问题。对于无损检测来说，要求非破坏性检测，因此通常采用热弹机制激发超声。但是，融蚀机制在某些情况下也是很有用的，因为它能产生很强的垂直于表面的冲击力。在某些需要很强的超声信号但又不能对检测样品有损的情况下，可以在表面加涂层，通过附加涂层的融蚀产生较强的超声信号，同时又不对待测样品产生损伤。

本章从激光的吸收开始，讨论激光能量转化为热源情况下的热传导问题和由热膨胀引起的弹性动力学问题，并对激光产生的热力源及相应的超声源的辐射模式的特征进行讨论和分析。为讨论方便又不失问题本质，我们这里涉及的固体是各向同性、均匀的介质，并且对整个问题的分析是去耦的、线性的，即激光能量的吸收、温度的升高不会改变材料的力学、热学等性质，形变不会改变材料的热分布等。

3.1 激光的吸收

激光入射到固体材料表面时，一部分能量被材料反射或散射，一部分被材料吸收，另一部分透射。用 E_i 表示入射激光的能量，E_r 表示反射的激光能量，E_a 表示被材料吸收的激光能量，E_t 表示透射的激光能量，则由能量守恒定律：

$$E_i = E_r + E_a + E_t \tag{3.1}$$

假设 R 是反射率，A 为吸收率，则

$$R = \frac{E_r}{E_i}\text{，并 } A = \frac{E_a}{E_i} \tag{3.2}$$

对于不透明材料，$E_t = 0$，则 $E_i = E_r + E_a$，$A + R = 1$。

激光在材料内部传播过程中，光强按指数规律衰减，激光在距表面 z 处的光强度 I 为

$$I(z) = I(0)e^{-\gamma z} \tag{3.3}$$

这里 γ 是吸收系数。若将激光在材料内的透入深度定义为光强降至 $I(0)$ 的 1/e 时的深度，

则透入深度 δ 为 $1/\gamma$。由于金属中自由电子的密度较大，因而金属对光的吸收系数比较大，对应的透入深度很小。不同金属对不同波长的光的反射率 R 和透入深度是不同的。比如，典型的金属铝对 1.06 μm 的 Nd:YAG 激光的理论反射率约为 0.94，而铁的约为 0.63。同一种金属对不同波长的光的反射率和透入深度也不同。金属铝对 1.06 μm 的光的透入深度大约为 10 nm，反射率高达 94%，其对于波长更长的 10.6 μm 红外光反射率增加至 98%，而其对于光子能量大的 0.25 μm 短波长紫外光反射率降低到 92%，透入深度减小，约 8 nm。与金属相比绝缘体和大部分半导体在红外区的透入深度常在 1 μm 以上，而且非金属的结构特征决定了它对激光波长有强烈的选择性。许多半导体材料对可见光不透明，但对红外光区相对透明，这是因为其带间吸收发生在可见光区，而在红外区只存在较弱的自由载流子吸收。一些固体有机物，比如有机玻璃，则在红外区强烈吸收而在短波长下相对透明。表 3.1 给出了一些典型材料对各种不同波长的光的反射率和透入深度[1]。

表 3.1　　室温下物质的反射率和光透入深度

波长 λ_0/μm		0.25		0.5		1.06		4.0		10.6	
物质 \ 光学性质		δ/nm	R/%	δ/nm	R/%	δ/nm	R/%	δ/nm	R/%	δ/nm	R/%
金属膜	Ag	20	30	14	98	12	99	11	99	12	99
	Al	8	92	7	92	10	94	11	98	12	98
	Au	18	33	22	48	13	98	15	98	14	98
	Cu	13	37	14	62	13	98	14	99	13	99
	Ni	11	38	12	55	15	67	33	86	37	97
	W	7	51	13	49	23	58		> 95	20	98
电介质	KCl	> 1cm	0.05	> 1cm	0.04	> 1cm	0.04		0.04	> 50cm	0.03
	SiO_2	> 1cm	0.06	> 1cm	0.04	> 1cm	0.04		0.2	40μm	0.2
	CaF_2		0.04		0.03	> 1cm	0.03	> 1cm	0.03	0.56cm	0.02
半导体	CaAs 晶体	6	60	100	39	70μm	31	0.52cm	≈29	> 1cm	28
	Ge 晶体	7	42	15	49	200μm	38	> 1cm	≈39	> 1cm	36
	Ge 非晶体	10	48	50	47	1μm	42	> 1cm	≈39	> 1cm	34
	Si 晶体	6	61	500	36	200μm	33	> 1cm	≈30	1mm	30
	Si 非晶体	10	75	100	48	1μm	35	> 1cm	≈30	> 1cm	32

需要说明的是，除了材料种类、激光波长外，金属对激光的反射还与温度、表面情况、激光的偏振特性等诸多因素有关。金属表面出现氧化和污染时，对红外激光的吸收率影响要大得多，而对可见光的吸收率影响相对较小。如表 3.2 中所示，对于 10.6 μm 的红外光，粗糙表面较之于抛光镜面的吸收率有显著提高[1]。除此之外粗糙度也会显著影响金属表面对可见光的吸收率。因此在讨论材料对激光的吸收时要综合考虑以上因素。

表 3.2　室温下金属材料表面粗糙度对 10.6 μm 正入射激光的吸收率的影响

材料＼表面状况	理想状况（理论计算值）	抛光	自然	磨毛
Al	0.013	0.030	0.04	0.115
Au	0.006	0.01	0.02	0.14
Cu	0.011	0.013		0.06
2024Al		0.033	0.07	0.25
304 不锈钢		0.11	0.37	

根据入射激光在材料中的透入深度的不同，入射激光能量被材料的表层吸收，或被材料体吸收。其中大部分能量转化为热能，该热量通过热传导在材料内扩散，形成瞬态不均匀温度场。温度的梯度分布导致应力和应变，从而在固体中激发弹性波，这种弹性波可能是低频的声波，也可能是高频的超声波。当然，如果入射激光的能量超过一定的值，有可能在特定的固体表面引起熔融、气化、等离子体等现象，表面融蚀、喷溅会在材料表面产生反冲力，从而激发超声，有时这种压力的形成也足以引起材料的塑性变形或裂纹的形成。

这些过程中哪种现象会发生，哪种现象占主要地位，依赖于入射激光的特性（如平均入射功率、峰值功率是连续激光、周期性调制的还是脉冲激光）以及材料的性质。例如，功率密度为 $1\ \mathrm{W\cdot cm^{-2}}$ 的低功率连续激光入射到固体表面上，唯一的影响是引起温度的稳定上升。但是，如果用机械斩波器或声光调制器对入射激光进行调制，就可以激发热波，通过求解带有周期性热源的热传导方程可以得到这些热波解。热波也可以用于材料的无损检测，有关热波检测有兴趣的读者可以参考相应的文献[2][3]。

3.2 激光辐照下的温度场分布

假设入射激光能量很低，激光脉冲作用使材料产生温升，但不引起相变。同时，为了分析的方便，假设材料的热学性质不随温度变化。

半无限大的板（半空间）中的热传导方程为

$$\nabla^2 T+\frac{Q}{K}=\frac{1}{\kappa}\frac{\partial T}{\partial t} \tag{3.4}$$

式中，$T(x,y,z,t)$ 是温升分布，K 和 κ 分别是热传导率和热扩散系数，$\kappa=K/\rho C$，ρ 是密度，C 是材料的比热容。$Q(x,y,z,t)$ 是体热源项，在这里就是激光作用下单位时间单位体积内产生的热量。初始条件为 $T(x,y,z,0)=0$，边界条件之一是当 $z\to\infty$ 时 $T\to 0$。

3.2.1 金属中的温度场

对于金属来说，激光的吸收发生在表面，因此激光照射过程属于表面加热过程，可按一定的边界条件处理，热传导方程式（3.4）中的体热源 $Q=0$。若激光照射材料时，激光光斑的尺寸大于激光作用时间内热量的传播深度，则可近似地按一维热传导问题处理。式（3.4）可表示为

$$\frac{\partial^2 T(z,t)}{\partial z^2}=\frac{1}{\kappa}\frac{\partial T(z,t)}{\partial t} \tag{3.5}$$

激光作用面的边界条件为

$$-K\frac{\partial T(z,t)}{\partial z}\bigg|_{z=0}=AI_0(t) \tag{3.6}$$

式中，I_0是入射激光功率。

假设作用于金属表面的是一个矩形脉冲，即

$$I_0(t)=\begin{cases}I_0 & 0\leqslant t\leqslant t_0\\ 0 & t>t_0\end{cases} \tag{3.7}$$

则式（3.5）的解为

$$T(z,t)=\begin{cases}\dfrac{2AI_0(\kappa t)^{1/2}}{K}\operatorname{ierfc}\left(\dfrac{z}{2(\kappa t)^{1/2}}\right) & 0\leqslant t\leqslant t_0\\ \dfrac{2AI_0\sqrt{\kappa}}{K}\left[\sqrt{t}\operatorname{ierfc}\left(\dfrac{z}{2(\kappa t)^{1/2}}\right)-\sqrt{t-t_0}\operatorname{ierfc}\left(\dfrac{z}{2\sqrt{\kappa}(t-t_0)^{1/2}}\right)\right] & t>t_0\end{cases} \tag{3.8}$$

这里

$$\operatorname{ierfc}(\zeta)=\frac{1}{\sqrt{\pi}}\mathrm{e}^{-\zeta^2}-\frac{2\zeta}{\sqrt{\pi}}\int_{\zeta}^{\infty}\mathrm{e}^{-\zeta^2}\mathrm{d}\zeta \tag{3.9}$$

图3.1和图3.2给出了一个10ns矩形激光脉冲作用下，根据式（3.8）计算得到的铝的温升情况（吸收光功率密度相同的情况下）。由图3.1可见，在激光持续时间内，即前10ns内，表面温度升高到最大值。一旦激光脉冲停止，温度就会因热量传入体内而降低。离表面距离越远，能达到的最大温度越低，所需时间也越长。从图3.2中可以看到，快速温升主要出现在金属表面下几微米的薄层内，对应的就是一个表面瞬态热弹力源。因此，在大多数情况下，可以将其作为表面力源考虑。

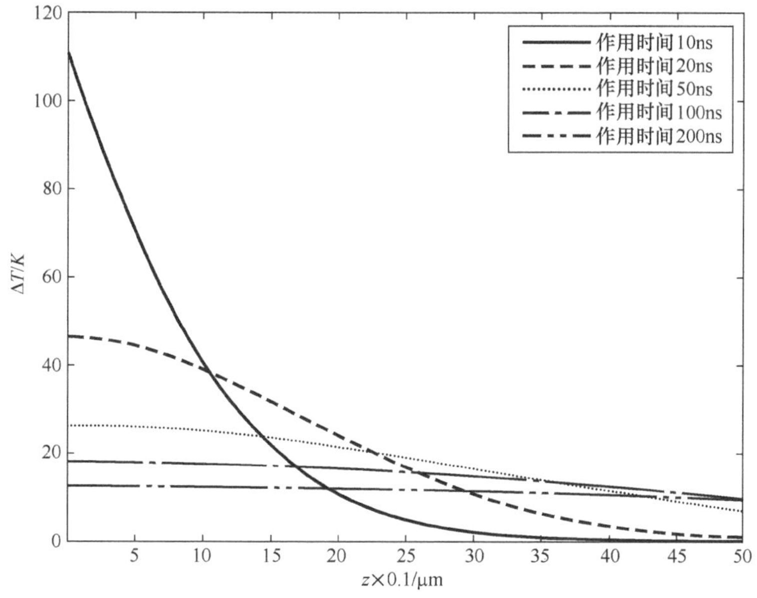

图3.1　脉宽为10ns的矩形脉冲照射下铝中不同时刻温升随深度的分布

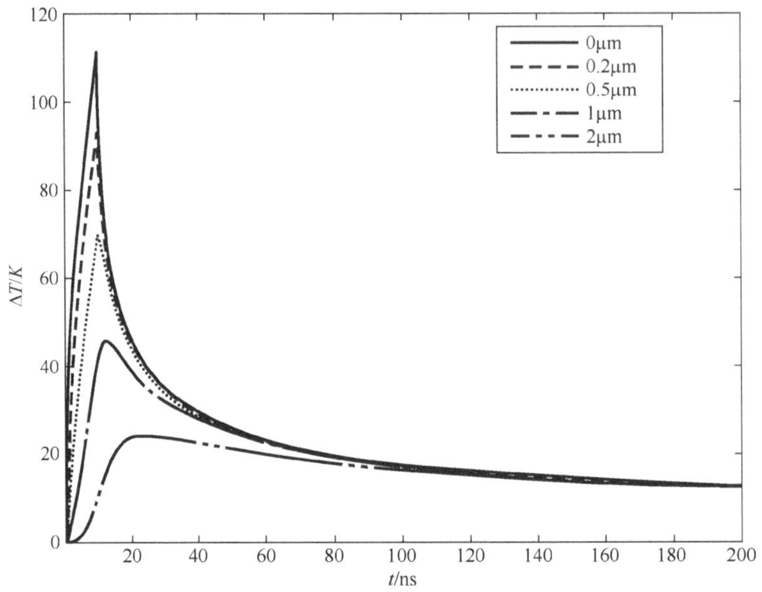

图 3.2 脉宽为 10ns 的矩形脉冲照射下铝中不同深度处温升随时间的变化

对于更加典型的激光脉冲形状，温升分布可以通过 Duhamel's 定理得到：

$$T(z,t)=\int_z^{\infty}\int_0^{t}\frac{I(t')}{I_0}\frac{\partial}{\partial t}\left(\frac{\partial}{\partial z}\left[T'(z',t-t')\right]\right)\mathrm{d}z'\mathrm{d}t' \tag{3.10}$$

式中，$T'(z,t)$ 是在阶跃脉冲作用下的解，把式（3.8）的前半式代入式（3.10）得到：

$$T(z,t)=\frac{\kappa^{1/2}}{\pi^{1/2}K}\int_0^{t}\frac{AI(t-t')\exp\left(-z^2/4\kappa t'\right)}{t'^{1/2}}\mathrm{d}t' \tag{3.11}$$

实际上，激光脉冲的时间分布、一定脉冲能量下的峰值功率主要影响近表面区域短时间内的温升分布，而在长时间和较大的距离处，脉冲能量是决定性的因素。

一般而言，激光的空间分布也是不均匀的，假设激光光强呈高斯分布，脉冲时空分布函数为 $I(r,t)=I_{\max}\exp\left(-r^2/a^2\right)f(t)$ ，$I_{\max}$ 是光斑中心处光强的最大值，a 是高斯光束的半径，则有

$$T(r,z,t)=\frac{AI_{\max}\kappa^{1/2}a^2}{\pi^{1/2}K}\int_0^{t}\frac{f(t-t')\mathrm{d}t'}{t'^{1/2}\left(4\kappa t'+a^2\right)}\exp\left(\frac{-z^2}{4\kappa t'}-\frac{r^2}{4\kappa t'+a^2}\right) \tag{3.12}$$

3.2.2 非金属中的温度场

先假定非金属中的吸收系数 γ 相对比较小，因此激光会穿透样品体内一定距离。这样就要考虑式（3.4）中的体热源项，即

$$Q=A\gamma I_0\mathrm{e}^{-\gamma z} \tag{3.13}$$

激光辐照面的边界条件为：表面没有热流。I_0 为辐照在非金属表面的激光的功率密度。式（3.8）中的温升可以表示为

$$T(z,t)=\frac{2AI_0(\kappa t)^{1/2}}{K}\mathrm{ierfc}\left(\frac{z}{2(\kappa t)^{1/2}}\right)-\frac{I_0}{\gamma K}\mathrm{e}^{-\gamma z}$$
$$+\frac{AI_0}{2\gamma K}\exp\left(\gamma^2\kappa t-\gamma z\right)\mathrm{erfc}\left\{\gamma(\kappa t)^{1/2}-z/\left[2(\kappa t)^{1/2}\right]\right\} \quad (3.14)$$
$$+\frac{AI_0}{2\gamma K}\exp\left(\gamma^2\kappa t+\gamma z\right)\mathrm{erfc}\left\{\gamma(\kappa t)^{1/2}+z/\left[2(\kappa t)^{1/2}\right]\right\}$$

非金属固体（如陶瓷和塑料）中的热扩散系数的范围约为$10^{-7}\sim10^{-6}\,\mathrm{m^2s^{-1}}$，在时间$t$内的热扩散距离$\Lambda_\mathrm{d}$由$2(\kappa t)^{1/2}$得到，对于纳秒级激光脉冲辐照，比如一个 10ns 激光脉冲，脉冲作用时间内的热扩散长度量级是$10^{-7}\,\mathrm{m}$，即 0.1μm 。大部分的绝缘体的光透入深度要比这个值大得多，因此，热传导的影响可以忽略。这样温升可以简单地通过辐射吸收强度对时间的积分求得：

$$T(z,t)=\int_0^t\frac{\gamma AI(z,t')}{\rho C}\mathrm{d}t'$$
$$=\frac{A\gamma\mathrm{e}^{-\gamma z}}{C\rho}\int_0^t I(0,t')\mathrm{d}t' \quad (3.15)$$

图 3.3 给出了 10ns 的矩形脉冲作用下，根据式（3.15）计算得到的陶瓷中的温升。

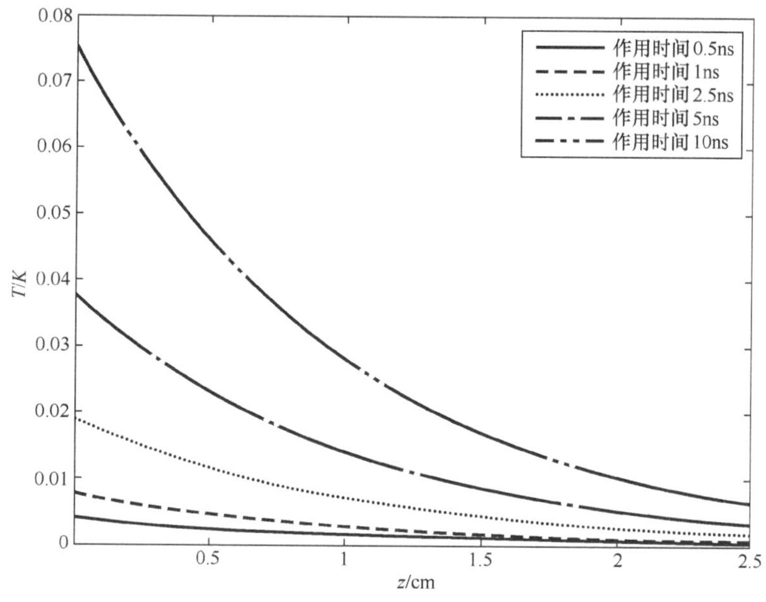

图 3.3 脉宽为 10ns 矩形脉冲辐照下陶瓷中不同时刻温升随深度的分布

3.3 激光辐照下的力源

3.3.1 热弹应力

如果控制激光的入射功率只引起材料表层的温升，这样一个瞬态局部温升必然引起热膨胀从而引起应力和应变，激发出弹性波。本节我们先讨论热弹应力及基于热弹应力对远场位移的估算，而对弹性波特性的讨论放在下一节。

激发超声的激光光斑直径很多情况下可能远远小于超声传播的距离，因此需要一个三维模型来讨论这个问题。但是，可以先从 White 考虑激光均匀地辐照一个半无限大材料整个表面时提出来的一维模型[4]入手来讨论，一方面可以用来估算激光辐照产生的表面位移的量级，另一方面，若光束直径比声波长大得多，则也可作一维近似。

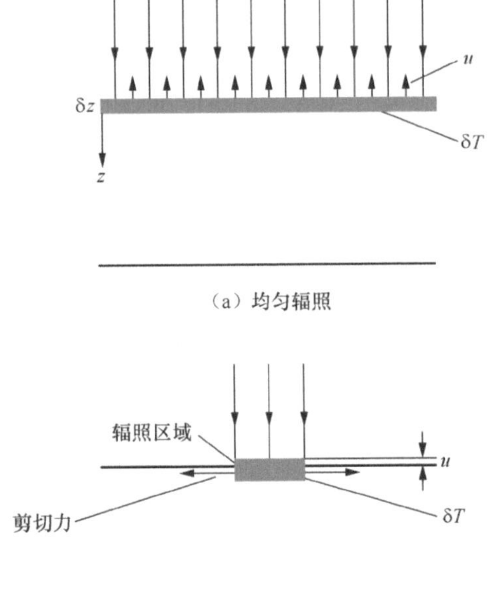

图 3.4 均匀辐照和局域辐照的比较

1. 激光辐照下应力应变的估算

一维模型首先是由 White[4]考虑激光均匀地辐照一个半无限大材料的整个表面时提出来的，如图 3.4（a）所示，辐照面定义为 $z=0$。由温度上升 $\delta T(z,t)$ 引起的应变 ε_{zz} 为

$$\varepsilon_{zz}=\frac{\partial u(z,t)}{\partial z}=\alpha\delta T(z,t) \tag{3.16}$$

式中，u 是 z 方向的质点振动位移分量；α 是线性热膨胀系数。这个一维模型中 x 和 y 方向的应变为 0，即 $\varepsilon_{xi}=\varepsilon_{yi}=0$。意味着这个源只产生与表面垂直的平面压缩波，没有剪切波产生。

当只有部分表面被加热时，如图 3.4（b）所示，那么其余部分就会产生横向的约束。在这种情况下，根据热弹理论，应力-应变关系为

$$\sigma_{zz}=(\lambda+2\mu)\varepsilon_{zz}-3B\alpha\delta T \tag{3.17}$$

式中，$B=\lambda+\frac{2}{3}\mu$ 是体积弹性模量。

若表面没有垂直方向的外部约束时，表面应力为零，即 $\sigma_{zz}(z=0)=0$。由式（3.17）可知，表面的非零应变 ε_{zz} 为

$$\varepsilon_{zz}(z=0)=\frac{3B\alpha\delta T}{\lambda+2\mu} \tag{3.18}$$

假设 δz 是表面下有温升区域的深度，并且这个区域的温升 δT 是个常数[如图 3.4（a）所示]，则表面位移为

$$u=\frac{3B\alpha}{\lambda+2\mu}\delta z\delta T \tag{3.19}$$

假设入射激光脉冲很短，忽略热传导，且激光在表面下 δz 范围内均匀吸收，则温升与沉积的能量密度 δe 的关系为

$$\delta T=\frac{\delta e}{\rho C\delta z} \tag{3.20}$$

将式（3.20）代入式（3.19），可得

$$
\begin{aligned}
u &= \left(\frac{3\lambda+2\mu}{\lambda+2\mu}\right)\left(\frac{\alpha}{\rho C}\right)\delta e \\
&\approx 2(\alpha/\rho C)\delta e
\end{aligned}
\tag{3.21}
$$

由式（3.21）估算得到的值是由式（3.16）积分得到的值的两倍。原因是对于式（3.16）所示的情况，考虑固体没有受到任何约束，因此向各个方向膨胀，而在式（3.21）情况下考虑了固体的未加热区域的约束。对于一个激光脉冲照射在很大样品的局部区域上时，式（3.21）的这种情况更符合物理事实[如图 3.4（b）所示]。

下面简单地估算一下表面位移大小。假设激光脉冲能量是100mJ，均匀照射在面积为100mm^2的区域上，表面反射率为 0.9，则吸收能量密度为$100\text{J}\cdot\text{m}^{-2}$。对典型的金属铝来说，$\alpha = 2.31\times10^{-5}\text{K}^{-1}$，$\rho = 2700\text{kg}\cdot\text{m}^{-3}$，$C = 880\text{J}\cdot\text{kg}^{-1}\cdot\text{K}^{-1}$，则$\alpha/\rho C \approx 10^{-11}\,\text{m}^3\text{J}^{-1}$，所以位移为 2nm。

当激光脉冲照射在金属表面时，三维模型更加接近于物理事实。此时，平行于表面的应力和应变也必须考虑在内（也就是当 i=1，2 或 3 时，$\varepsilon_{1i} \neq 0$，$\varepsilon_{2i} \neq 0$，$\sigma_{1i} \neq 0$，$\sigma_{2i} \neq 0$）。虽然表面的非零应力分量只有σ_{11}和σ_{22}，但是固体内部除了压缩应力外，也会产生切向应力。

为了计算由激光源产生的热应力场，可以将其看作是在一个点（或者至少是一个很小体积V）发生的膨胀或扩张的中心。如果这个膨胀中心是埋在固体（假设是各向同性的）内部的，这就等同于在该点插入一个额外小体积δV。这样产生的应变为

$$
\varepsilon_{11} = \varepsilon_{22} = \varepsilon_{33} = \frac{1}{3}\frac{\delta V}{V} = \alpha\delta T \tag{3.22}
$$

相应的应力场：

$$
\sigma_{11} = \sigma_{22} = \sigma_{33} = B\frac{\delta V}{V} \tag{3.23}
$$

这个点膨胀等效于突然产生的三个相等的正交力偶（力偶极子），如图 3.5（a）所示。偶极子的强度等于力的大小与相距的距离乘积，也即应力和体积的乘积，因此

$$
D_{11} = D_{22} = D_{33} = B\delta V \tag{3.24}
$$

如果热弹激光源不是埋藏在样品的体内，而是在表面上的，那么可以认为膨胀中心源接近于表面［如图 3.5（b）所示］。平面应力边界条件意味着没有垂直表面方向的净应力，即$\sigma_{i3} = 0, i = 1,2,3$。如果 z 方向上源的厚度是零，则意味着$D_{33} = 0$，只有水平偶极子D_{22}和D_{11}［如图 3.5（b）所示］。事实上，如果源有一个非零的小厚度，并且材料能在垂直于表面的方向上膨胀［如图 3.5（b）和图 3.5（c）所示］，就有可测量的位移。

D_{33}
D_{22}
D_{11}

（a）体内

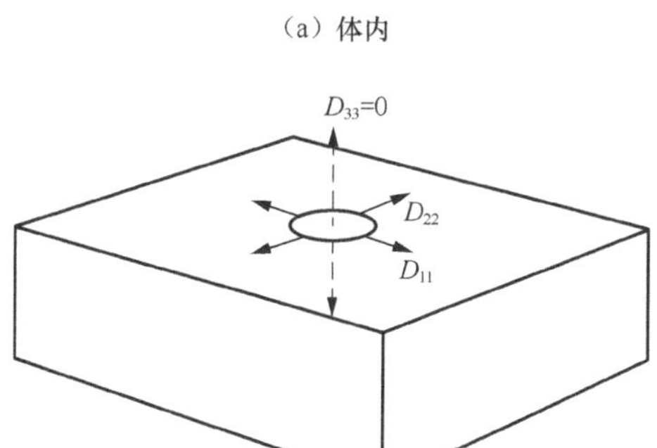

（b）表面内

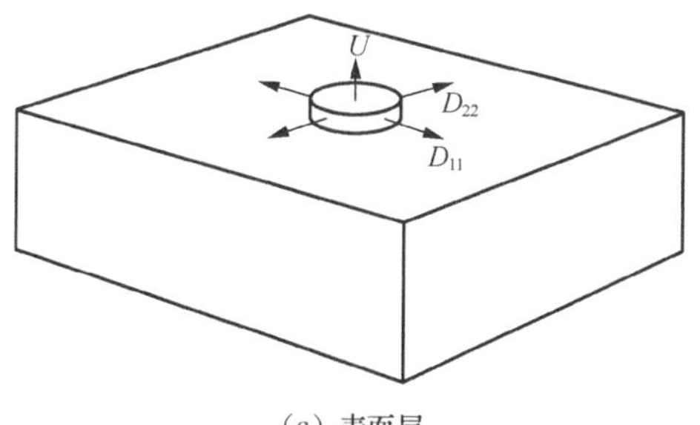

（c）表面层

图 3.5　膨胀中心和相应的偶极子的示意图

根据上面的公式，我们可以估算一下热弹应力与激光功率的关系。假如来自激光脉冲的部分能量 $\delta E=(1-R)E$ 在体积 V 内被吸收，使温度上升了 δT，忽略热传导，由式（3.20）和式（3.22）可以得到体应变大小为

$$\frac{\delta V}{V}=3\alpha\delta T=\frac{3\alpha\delta E}{\rho CV} \tag{3.25}$$

激光的作用等价为下式表示的一个小的体积变化引起的：

$$\delta V=\frac{3\alpha}{\rho C}\delta E \tag{3.26}$$

当 1mJ 的能量均匀地照射金属铝表面 10mm^2 面积上时，得到的值为 $\delta V\approx 3\times10^{-14}\,\text{m}^3$。

从式（3.23）中可以看出，要计算应力就必须要知道体积 V。但这实际是比较困难的，因为由于热传导，V 是随着时间变化的。从前面的温升讨论中可以看到，铝中有温升的区域主要集中在 2μm 深度内，因此我们假设源的厚度为 2μm。则 $V\approx 2\times10^{-11}\,\text{m}^3$，$\delta V/V\approx 2\times10^{-3}$。这样，铝中每吸收 1mJ 能量产生的热弹应力的量级是 $B\delta V/V\approx 10^8\,\text{Pa}\cdot\text{mJ}^{-1}$。

以上的讨论，无论是一维模型还是三维模型，可以在不需要定量的波形讨论或拟合的场合，用来简单地估算应力或位移的量级。

2．远场位移的估算

上面估算了激光辐照区域的热弹应力的量级，激光的作用下，辐照区域吸收激光的能量产生的膨胀中心，激光作用等效为式（3.24）给出的三个正交力偶极子的作用。无限大固体在中心膨胀源的作用下产生的弹性波场可以表示为

$$u_i=\frac{1}{4\pi c_{\text{L}}^2}\frac{\partial}{\partial x_i}\left(\frac{1}{r}f\left(t-r/c_{\text{L}}\right)\right) \tag{3.27}$$

这里假设力偶极子由相距为 h 的力构成，则每个力偶极子的强度为 $h^{-1}\rho f(t)$，ρ 是密度，则有

$$\rho f(t)=D_{ij}=B\delta V(t) \tag{3.28}$$

将式（3.28）代入式（3.27）后可以得到

$$\begin{aligned}u_r&=\frac{1}{4\pi c_{\text{L}}^2}\frac{\partial}{\partial r}\left(\frac{B}{\rho r}\delta V\left(t-r/c_{\text{L}}\right)\right)\\&=\frac{B}{4\pi(\lambda+2\mu)}\left(\frac{\delta V'\left(t-r/c_l\right)}{c_{\text{L}}r}-\frac{\delta V\left(t-r/c_{\text{L}}\right)}{r^2}\right)\\&\approx\frac{B}{4\pi(\lambda+2\mu)c_{\text{L}}r}\delta V'\left(t-r/c_{\text{L}}\right)\end{aligned} \tag{3.29}$$

在 r 很大时，以 $\frac{1}{r^2}$ 变化的第二项是可以忽略的一个小的变化项。

假如热传导影响可以忽略，那么将式（3.26）中的 δV 代入式（3.29），可以得到

$$u_r=\frac{B}{4\pi(\lambda+2\mu)c_{\text{L}}r}\frac{3\alpha}{\rho C}\delta E'\left(t-r/c_{\text{L}}\right) \tag{3.30}$$

从式（3.29）可以看出，波场位移正比于体积应变的变化率。在热传导影响可以忽略的情况下［式（3.30）］，位移就与激光脉冲的能量变化率成正比，即与功率（$\text{d}E/\text{d}t$）成正比。

对于大部分金属来说，有 $\lambda \approx 2\mu$ ，因此

$$u_r = \frac{1}{6\pi c_L r}\frac{\delta V}{\delta t} \tag{3.31}$$

$$= \frac{\alpha}{2\pi\rho C c_L r}\frac{\delta E}{\delta t} \tag{3.32}$$

由前面给出的典型金属铝的热学参数及金属铝中传播的纵波速度 c_L=6400m·s^{-1}，代入式（3.32）可以得到

$$u_r = \frac{2.42\times 10^{-16}}{r}\frac{\delta E}{\delta t} \tag{3.33}$$

根据式（3.33）估算，要激发一个 100 mm 远处振幅为 $1\mathring{A}(10^{-10}\,\mathrm{m})$ 的超声波，需要的瞬时激光功率达到 $10^5\,\mathrm{W}$ 。如果用这么高输出功率的连续激光来激发超声，那么样品将很快过热，这是不现实的。假如用较低能量的连续激光并且以超声频率调制激发，就需要用锁相放大器来实现窄带高灵敏度的测量。

因此，用于激发超声的激光既要有较高的瞬时功率来保证激发出的超声具有合理的振幅，又要避免材料产生过热现象，这样，短脉冲激光是一种最有效的方法。脉冲激光通常只在脉冲持续时间内发出超过1MW 的瞬时光功率，因此，除非脉冲重复频率非常高，否则入射到样品上的平均功率仍然是很低的，通常为 1 W 或更低，所以可以忽略整体加热。

要激发频率超过 5 MHz 的超声，就需要非常短的激光脉冲，我们来估算一下这个脉冲宽度。忽略由于热传导等引起的脉冲展宽，假设激发出的超声脉冲分布与激发用的激光脉冲一样，为高斯分布 $\exp(-t^2/2s^2)$ ，这里 s 是脉冲宽度，以标准偏差计，其傅里叶变换正比于 $\exp(-2\pi^2 s^2 f^2)$ 。因此，幅度降低到最大值的一半对应的频率是

$$f = \frac{0.1874}{s} \tag{3.34}$$

假设这个 $f = 10\mathrm{MHz}$ ，这个脉冲宽度（以标准偏差 s 计）大约为 20ns 。要得到更高频率的超声脉冲，就需要更短的脉冲宽度。

3.3.2 其他效应

当入射功率密度增大时，除了加热效应外还会有其他效应发生。前面的计算表明，调 Q 激光脉冲的辐照会在金属表面产生很高的温度，会出现熔融、气化、等离子体等现象，这些现象的出现直接影响了超声波激发源的特性，因此有必要简单地讨论一下这些效应的作用。在此之前，先简要地讨论一下辐射压强。

当脉冲激光作用在样品表面时，样品因反射或吸收激光能量而使其动量发生改变并产生辐射压强。压强 p 与作用激光的参数和样品的反射率 R 有关：

$$p = \frac{(1+R)\delta E}{cS\delta t} \tag{3.35}$$

式中，c 是光速，δE 为入射能量、δt 为激光脉冲的持续时间，S 为照射面积，当样品的反射率为 0.8 时，由此可算出若一个能量为 100mJ 、时间为 10ns 的脉冲入射到面积为 $10\mathrm{mm}^2$ 的区

域上将产生的辐射压强为 6000N·m^{-2}。表面在脉冲期间受到的平均作用力为 0.06N。辐射压强和由此在固体样品中产生的力和应力比热弹和融蚀等效应产生的要小几个数量级，因此激光激发超声中可以忽略该效应。

当入射光功率密度增大时，表面温度可能会上升直到达到固体的熔点（假设为金属）。表面熔融很可能伴随着损伤或者材料性质的永久性改变，这在无损评估中是需要避免的，而且对于调 Q 短脉冲激光辐照金属而言，只产生熔融而没有气化的功率范围非常窄，因此实际意义也是不大的，不做过多的讨论。

当入射激光功率继续增大，表面温度升高到达材料的熔点，部分材料气化，电离，产生等离子体。对一般的金属和典型调 Q 脉冲激光来说，一般功率密度高于 10^7W·cm^{-2} 就可能产生气化，而当入射功率密度达到约 5×10^8W·cm^{-2}，此时样品表面除了气化外，还可能伴随等离子体产生（参见图 3.6）。这种情况同前面描述的单纯的加热机制相比，激发源的特性会发生明显的改变，将在后面的章节中做详细的讨论。

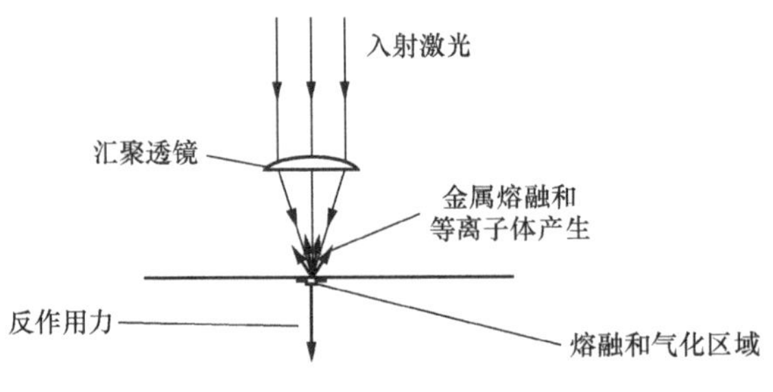

图 3.6 材料表面融蚀和作用于样品上的反冲压力示意图

Ready[5]给出了不考虑热传导时，脉冲激光作用下典型金属气化所需的近似功率密度 I_c：

$$I_c \geqslant 2L\rho\kappa^{1/2}\tau^{-1/2} \tag{3.36}$$

式中，τ 是脉冲宽度；L 是金属气化潜热。对于脉宽为 ns 量级的调 Q 激光，典型金属气化所需的激光的功率密度 $I_c \approx 10^9$ W·cm^{-2}。

对于脉宽较大的激光脉冲，可以假设表面处于熔融平衡状态，材料迁移速率 ξ 由下式给出：

$$\xi = \frac{I}{\rho\left[L + C\left(T_V - T_0\right)\right]} \tag{3.37}$$

式中，T_0 和 T_V 是初始和气化温度，I 是入射功率密度，C 是比热容。简单估算一下，当 $I = 10^8$ W·cm^{-2}时，铝样品表面的气化物质迁移速率是 $\xi \approx 130$ m·s^{-1}，在铁中约为 70m·s^{-1}。

气化物质（见图 3.6）产生的反冲压强可以用牛顿第二运动定律计算得到：

$$\sigma = \rho\xi^2 = \frac{I^2}{\rho\left[L + C\left(T_V - T_0\right)\right]^2} \tag{3.38}$$

当入射功率密度为10^8 W·cm^{-2}时，在铝中的压强估计为 $\approx$ 50MPa 。对于高功率的调 Q 激光，考虑气化的同时还可能存在的等离子体产生的影响。等离子体向外迅速膨胀能产生激光维持吸收波，波在传播的过程中对固体表面产生反向压力，压力的大小与等离子体的特性有关。这种作用的激发源的特性更加复杂，与上面融蚀产生的反冲力相比，等离子体、冲击波膨胀和扩散产生的反冲力要高两个数量级左右，并且会引起激发源的展宽。

3.4 激光辐照下的超声场及其方向性

激光辐照，由于热弹或者融蚀等效应，在固体内某一区域产生一个瞬态应力分布，这就是产生弹性波的力源。前面第 3 节的讨论在不需要定量的波形讨论或拟合时可以用来简单地估算应力或位移的量级。弹性波的传播使整个样品中的应力发生重新分布，激发出的超声（即弹性）场的性质，例如振幅、频率、指向性等都依赖于源的尺寸和性质，即应力场的变化。

下面就来研究在两种最典型的激发机制（即前面讨论的热弹机制下的中心膨胀源和融蚀机制下的垂直力源）的作用下，激发的激光超声波的位移波场以及超声场的指向性。

3.4.1 热弹性机制下超声场及其方向性

1. 压缩波和剪切波

对于热弹源的作用，在不考虑源的尺寸和热传导效应时，可以看作是作用在表面的一个点扩展源。Hutchins 给出了热弹机制下计算远场波场方向性的方法[6]，激发源可以用图 3.7 所示的沿表面切向无限长带状作用力来等价，其中 u_r 表示压缩波的振幅，u_θ 表示剪切波的振幅，θ表示传播方向与表面法向的夹角。当忽略该切向力宽度（$a \to 0$），且假设该力随时间正弦变化时，压缩波的振幅与角度的关系为

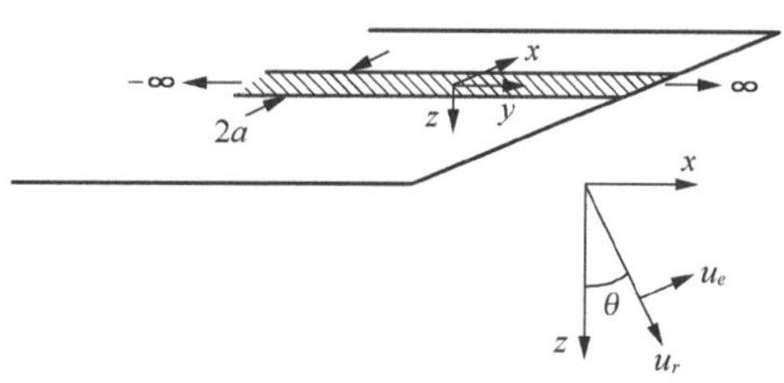

图 3.7　表面切向无限长带状力的作用示意图

$$u_r(\theta) \propto \frac{\sin 2\theta\left(k^2 - \sin^2\theta\right)^{1/2}}{\left(k^2 - 2\sin^2\theta\right)^2 + 4\sin^2\theta\left(1-\sin^2\theta\right)^{1/2}\left(k^2 - \sin^2\theta\right)^{1/2}} \tag{3.39}$$

式中，k 表示压缩波和剪切波的波速之比。

对于该切向力作用下的剪切波的方向性为

$$u_\theta(\theta) \propto \frac{k\sin(4\theta)}{k\left(1-2\sin^2\theta\right)^2 + 4\sin^2\theta\left(1-\sin^2\theta\right)^{1/2}\left(1-k^2\sin^2\theta\right)^{1/2}} \tag{3.40}$$

Hutchins 用以上两个表达式计算了金属铝中的压缩波[如图 3.8（a）所示]和剪切波[如图 3.8（b）所示]的方向性，得到的理论结果同实验结果[如图 3.8（c）、（d）所示]进行了比较，发现尽管这个表达式的计算是基于将激发源视为如图 3.7 所示的一个沿表面的切向力而不是一个真正的偶极子，然而结果与实验结果吻合很好。可以看出，波的方向性是关于表面的法向对称的[6]。纵波在法线的两侧以单瓣的形式向外辐射，约在 65° 角的振幅最大。而横波在法线两侧以双瓣的形式向外辐射，主瓣约在 30° 角最大，约 45° 时消失。

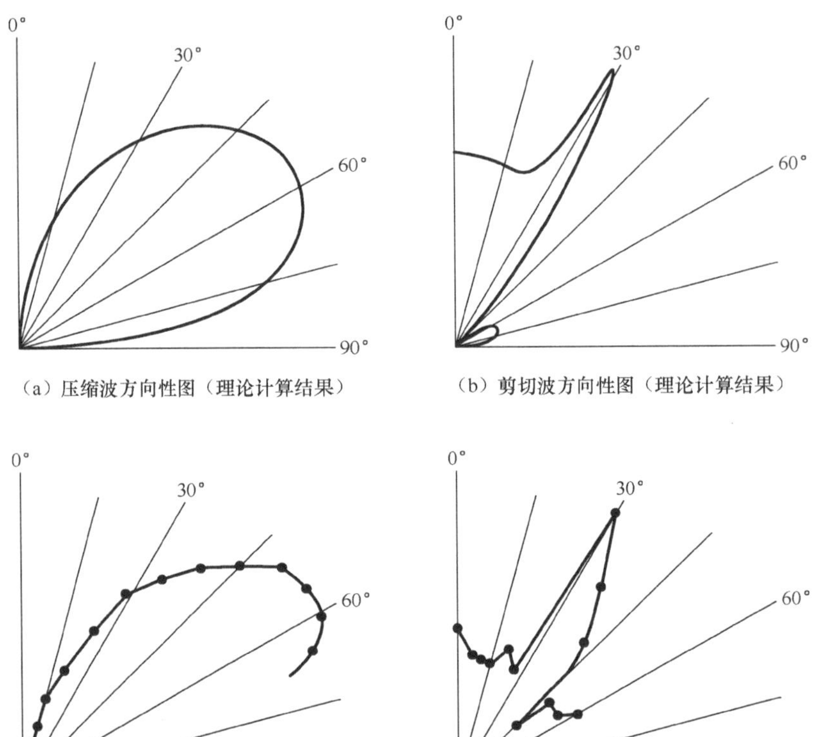

图 3.8　热弹机制下，脉冲激光在金属铝中激发的超声波方向性图

以上是基于热弹机制下的面内中心膨胀源考虑的，即忽略了热扩散效应，且由于金属材料对光的吸收系数较大，透入深度小，也未考虑光透入深度的影响。Zhang 基于热传导方程和热弹耦合方程，利用积分变换法研究了热弹机制下，考虑热传导效应时压缩波和剪切波的方向性[7]。与 Hutchins 的研究结果相比，考虑热扩散时，位移势函数包含两项，其中一项与 Hutchins 的结果相符，而增加的一项对于剪切波的方向性几乎没有影响，它影响了压缩波的方向性。此项正是由于热扩散引起的，热扩散使得面内中心膨胀源向体内扩展，形成了有一定厚度的中心膨胀源［如图 3.5（c）所示］，激发源在厚度方向的扩展对压缩波的影响要远大于剪切波。

对于典型的金属可以忽略光的穿透深度的影响。而对于非金属，热扩散率一般比金属小，因而热扩散长度小，可以忽略热扩散效应。而其光透入深度一般较大，可达百微米甚至更大，不能忽略，此时激光激发源则应视作体源，由此激发的超声波的方向性同金属中相比也会发生变化。图 3.9 所示是典型的中性玻璃在激光辐照下压缩波的方向性图[8]。

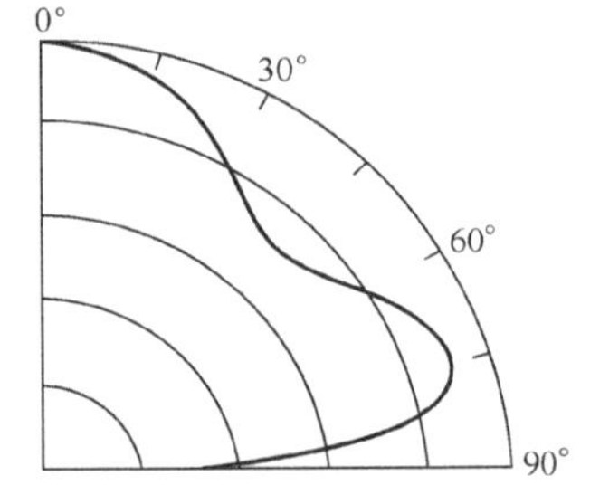

图 3.9　中性玻璃在激光辐照下的压缩波的方向性图

图 3.10 所示是方启平等计算的压缩波的方向性随着相对透入深度（即光透入深度与声波波长之比）的变化情况[9]。由于大的光透入深度只影响了体内膨胀中心源的形成，因此对剪切波影响小，如图 3.11

所示[9]，随着相对透入深度的增加，剪切波的方向性变化不大。

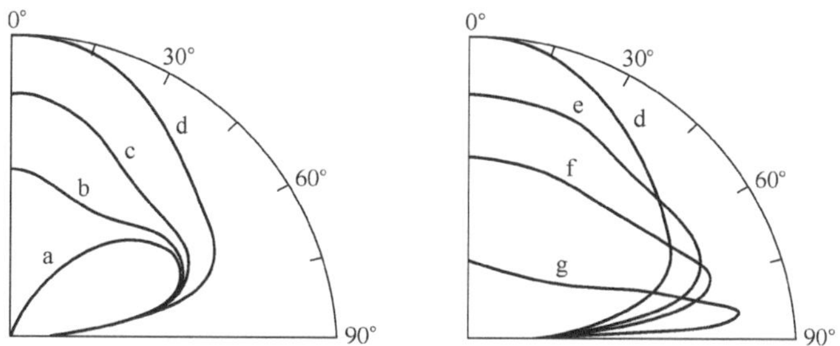

图 3.10　压缩波的方向性随相对透入深度（即光透入深度与声波波长之比）的变化

曲线分别表示相对透入深度为：a：0.01，b：0.3，c：0.5，d：1，e：2，f：3，g：10

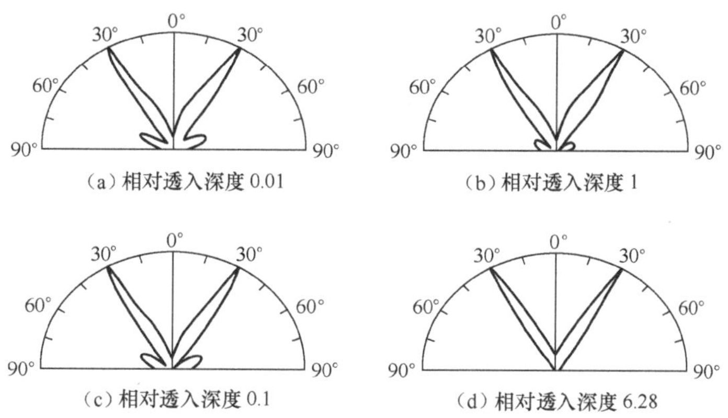

图 3.11　剪切波的方向性随相对透入深度（即光透入深度与声波波长之比）的变化

如果将热弹源作为一个非常接近表面的中心膨胀源，那么对心处表面的垂直位移就能够通过计算平行板的格林函数 $G_{3j,j}^{H}$ 来确定，H 表示作用源随时间阶跃变化，对心处垂直表面的位移由下式表示：

$$u_3 = G_{3j,j}^{H}\left(h,t;0,0\right)D_{jj} \tag{3.41}$$

式中，h 是金属板的厚度，$D_{11} = D_{22} = D_{33} = B\delta V$。Sinclair[10]讨论了平行板在点力源作用下的 Green 函数后有

$$u_3\left(t\right) = \frac{\left[X_1 + Y_1 t\left(t^2 - t_1^2 + t_2^2\right)^{1/2}\right]\left(3\lambda + 2\mu\right)\delta V H\left(t - t_1\right)}{6\pi\mu h^2\left[\left(t^2 - t_1^2 + \frac{1}{2}t_2^2\right)^2 - t\left(t^2 - t_1^2 + t_2^2\right)^{1/2}\left(t^2 - t_1^2\right)\right]^3\left(t^2 - t_1^2 + t_2^2\right)} + \frac{\left[X_2 + Y_2 t\left(t^2 - t_2^2 + t_1^2\right)^{1/2}\right]\left(3\lambda + 2\mu\right)\delta V H\left(t - t^2\right)}{6\pi\mu h^2\left[\left(t^2 - t_1^2 + \frac{1}{2}t_2^2\right)^2 - t\left(t^2 - t_1^2 + t_2^2\right)^{1/2}\left(t^2 - t_1^2\right)\right]^3\left(t^2 - t_1^2 + t_2^2\right)} \tag{3.42}$$

式中，$t_1 = h/c_{\mathrm{L}}$ 和 $t_2 = h/c_{\mathrm{T}}$ 分别是压缩波和剪切波到达的时间，$X_2 = -X_1$ 和 $Y_2 = -Y_1$，而 X_1 和 Y_1 表达式分别为

$$X_1 = y(y+w)t_1^2\left[5y^4 + (10\mu + 9v)y^3 + (5u^2 + 18uv + 4v^2)y^2 + uv(9u+8v)y + 4u^2v^2\right] - (2y+w)t_1^2\left[2y^5 + 4(u+v)y^4 + 2(u^2+4uv+v^2)y^3 + 4uv(u+v)y^2 + 2u^2v^2y\right]$$

$$Y_1 = -y(y+w)t_1^2\left[5y^3 + (7u+6v+2w)y^2 + (4wv + 8uv + 6uw - 3w^2)y - 2vw^2 + 8uvw - uw^2\right] + (2y+w)t_1^2\left[2y^4 + 2(u+v+2w)y^3 + 2(uv + 2uw + 2vw + w^2)y^2 + 2w(2uv + uw + vw)y + 2uvw^2\right]$$

式中，$y = t^2 - t_1^2, u = t_1^2, v = t_2^2, w = \frac{1}{2}t_2^2$。

压缩波的幅值可以把$t = t_1$代入式（3.42）计算得出：

$$u_{3p} = \frac{8B\delta V}{\pi\mu h^2 k^5} \tag{3.43}$$

式中，$k = c_L / c_T$。

假设$k = 2$，则$B = \frac{8}{3}\mu$，所以

$$u_{3p} = \frac{2\delta V}{3\pi h^2} \tag{3.44}$$

剪切波的幅值可以把$t = t_2$代入式（3.37）中计算得到：

$$u_{3s} = k^2 u_{3p} = \frac{8\delta V}{3\pi h^2} \tag{3.45}$$

从这两个表达式中可以看到无论是剪切波还是压缩波，对心波形的振幅都与激发源到接收源的距离的平方成反比。图 3.12（a）给出了用等式（3.42）计算得到的 25mm 厚铝块中的位移结果。图 3.12（b）是实验上用 31mJ 的脉冲激光激发得到的对心波形。首先到达的是一个非常小的位移，对应于压缩波的传播，随之而来的是一个负向的剪切波位移，理论和实验结果吻合很好。值得注意的是，实验上得到了一个初始位移为正极性的前驱小波，该前驱小波来源于热扩散，而理论计算中忽略了热扩散效应。

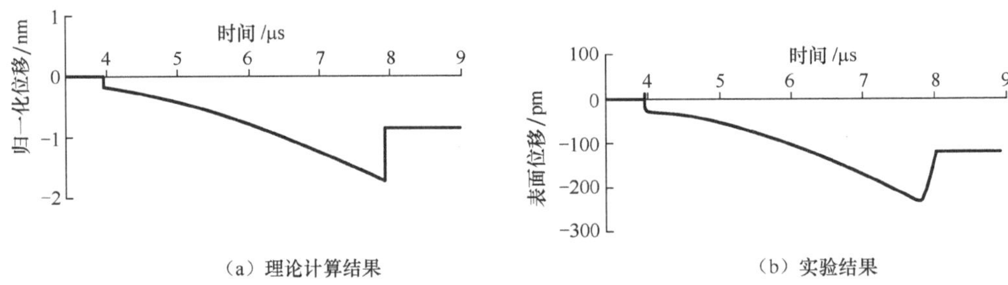

（a）理论计算结果　　（b）实验结果

图 3.12　热弹机制下金属铝中的对心波形

2．声表面波

Chao[11]最早从理论上计算了厚板中激光热弹激发声表面波的波形，研究了在随时间阶跃变化的切向表面力的作用下弹性半无限大空间的动力学响应，包括垂直于表面的位移。

为了简化计算，假定泊松比为0.25，即 $k = c_L / c_T = \sqrt{3}$，切向力随时间变化为阶跃函数时有

$$u_3(\zeta) = 0 \quad \text{当} \zeta < 1/k \tag{3.46}$$

$$\begin{aligned} u_3(\zeta) = \frac{\sqrt{\left(\frac{3}{2}\right)}\zeta F}{16\pi^2 \mu r} \{ & 6K(\ell) - 18\Pi(8\ell^2, \ell) + \\ & (6-4k)\Pi\left[-(12k-20)\ell^2, \ell\right] + \\ & (6+4k)\Pi\left[(12k+20)\ell^2, \ell\right]\} \quad \text{当} 1/k < \zeta < 1 \end{aligned} \tag{3.47}$$

$$\begin{aligned} u_3(\zeta) = \frac{\sqrt{\left(\frac{3}{2}\right)}\kappa F}{16\pi^2 \mu r} \{ & 6K(\kappa) - 18\Pi(8, \kappa) + \\ & (6-4k)\Pi\left[-(12k-20), \kappa\right] + \\ & (6+4k)\Pi\left[(12k+20), \kappa\right]\} \quad \text{当} 1 < \zeta < \gamma \end{aligned} \tag{3.48}$$

式中，F 是作用力的大小，$\zeta = c_T t / r$ 是归一化的横波到达时刻，$\ell^2 = \frac{1}{2}(3\zeta^2 - 1)$ 是纵波到达时刻，$\kappa = 1/\ell$，$\gamma = \frac{1}{2}\left[(3+k)^{1/2}\right]$ 是归一化的声表面波的到达时间。函数 $K(x)$ 和 $\Pi(y,x)$ 是椭圆积分，定义如下：

$$K(x) = \int_0^{\pi/2} \frac{d\zeta}{\left(1 - x^2 \sin^2 \zeta\right)^{1/2}} \quad \Pi(y,x) = \int_0^{\pi/2} \frac{d\zeta}{\left(1 + y\sin^2 \zeta\right)\left(1 - x^2 \sin^2 \zeta\right)^{1/2}}$$

归一化位移 $U(\zeta) = -u(\zeta)\pi\mu r/F$ 如图3.13所示。热弹机制激发的表面波（R）是负极性的，随后缓慢上升，压缩波（P）是宽带正极性的，剪切波（S）表现为斜率变化。

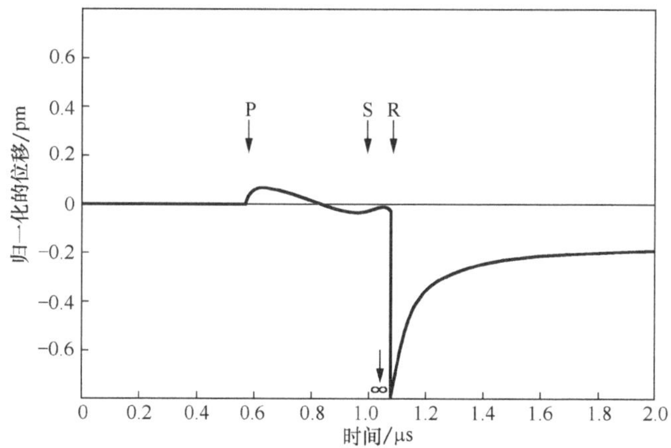

图3.13 切向力作用下计算得到的表面垂直位移图

在热弹机制作用下，声表面波的时域波形与聚焦光斑的空间分布有关。在不考虑热扩散的情况下（如图3.13所示），切向点源作用激发的声表面波是单极性的。而同样在热弹机制下，且不考虑热扩散的情况下，若将光斑聚焦成线源，激发出的声表面波是双极性的。图3.14为利用热弹线源在钢中激发，干涉仪接收到的声表面波的位移波形[12]。

在热弹机制作用下，声表面波的方向性也与聚焦光斑的空间分布有关。Aindow 等（1980）[13]利用压电换能器对线光源和点光源辐照在样品上表面激发的超声波进行了探测，研究了热弹作用机制下声表面波的方向性，如图 3.15 所示。从图中可以看到，线源和点源激发的声表面波的方向性差别很大，线源激发的声表面波具有更强的指向性。这是因为热弹源可以等效为平行于表面的力偶极子，那么对于聚焦在样品表面的热弹线源，就可以看作是平行于线源和垂直于线源的力偶极子，激发源在这两个方向上的空间扩展是不同的。线光源激发的声表面波可由点光源激发的声表面波的位移得到。假设聚焦线源的长度为 $2d$，长度方向沿 y 方向，考虑在样品表面沿着 x 方向（聚焦线源的宽度方向）传播的声表面波，则距离激发源 x 处的声表面波位移可表示为

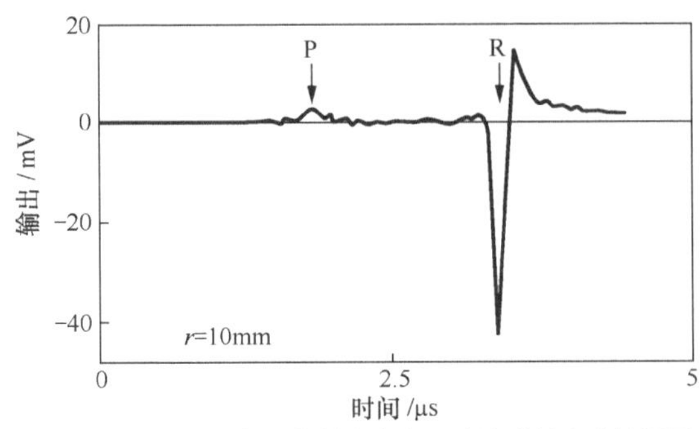

图 3.14　热弹线源在钢中激发声表面波波形的实验结果图

$$u_3(x,t)=\int_{-d}^{+d}w(y)u_{03}(l,t)\mathrm{d}y \tag{3.49}$$

式中，$w(y)$ 为线源的光强沿长度 y 方向的空间分布，$u_{03}(l,t)$ 为距接收点 $l=\left(x^2+y^2\right)^{1/2}$ 处的点源激发的声表面波的位移。

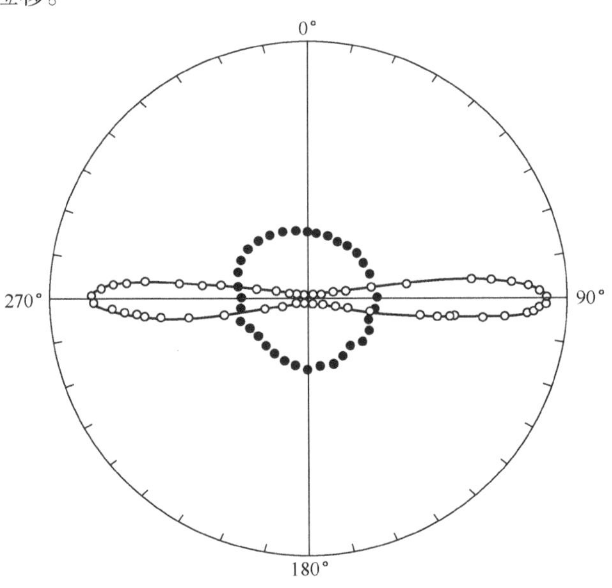

○ 柱面镜聚焦，热弹机制下
● 球面镜聚焦，热弹机制下

图 3.15　热弹机制下声表面波的方向性图

3.4.2　融蚀机制下的超声场及其方向性

1. 压缩波和剪切波

当作用激光的功率密度很高时，材料表面会产生融蚀或等离子体。在此种情况下对心波形同前面讨论的热弹机制作用下的波形有明显的不同。图 3.16 是在不同功率密度作用下，实验得

到的压缩波和剪切波波形。在功率密度较大时，压缩波的振幅增加较多，这是由于在 4 种情况下的作用机制发生了变化，经历了从热弹到融蚀到强融蚀的过程，当强融蚀发生时，形成了垂直于表面的反冲压力，使得压缩波振幅迅速增加。而剪切波的振幅随着功率密度的增加经历了先增大后减小的过程，也是因为作用机制发生了改变。Dewhurst[14]也给出类似结果。

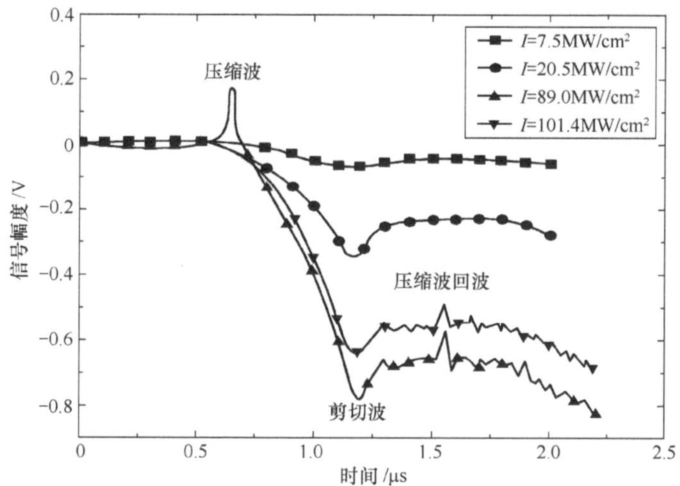

图 3.16　压缩波、剪切波的振幅随激光功率密度变化的实验结果图

图 3.17 是在融蚀机制和等离子体存在时，实验上得到的对心波形随功率密度增加的变化情况[15]。压缩波的幅值随着功率密度的增加而增加，并且随着功率密度的增加压缩波从脉冲形变成了阶跃形。在较高功率密度的激光的辐照下，在样品表面能看到等离子体产生和表面损伤，压缩波的正向阶跃位移正是由融蚀引起的垂直于表面的反冲力产生的。如前所述，热弹机制作用下的激光源可以视为等效的切向力源，而融蚀机制作用下的激光源可以等效为垂直于表面的法向力源，而融蚀机制发生时常常伴随着热弹机制的产生，因此，此时激光源的作用可以视为热弹机制作用引起的切向应力和融蚀机制作用引起的法向力的结合。图 3.18 给出了这两种力的不同组合作用下计算得到的对心波形。不同的组合反映了热弹和融蚀及等离子体发生的不同程度。当功率密度较低时，用一个瞬时的法向脉冲力源作用，得到的对心波形同实验结果（图 3.17）能很好地吻合。

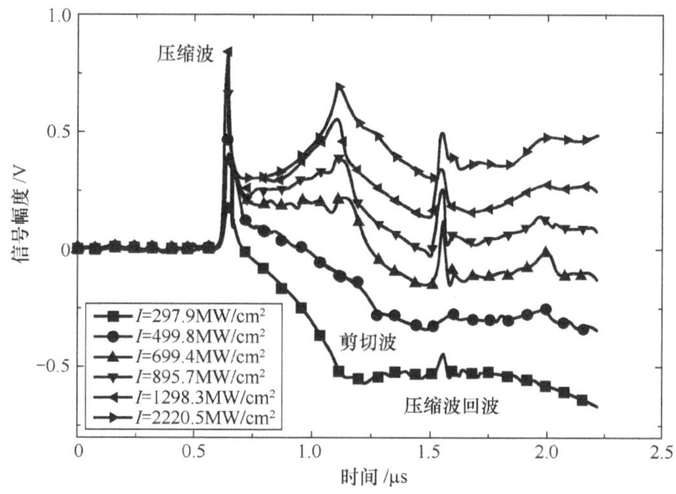

图 3.17　融蚀机制及等离子体存在时接收的对心波形，随入射激光功率密度增加而发生的变化

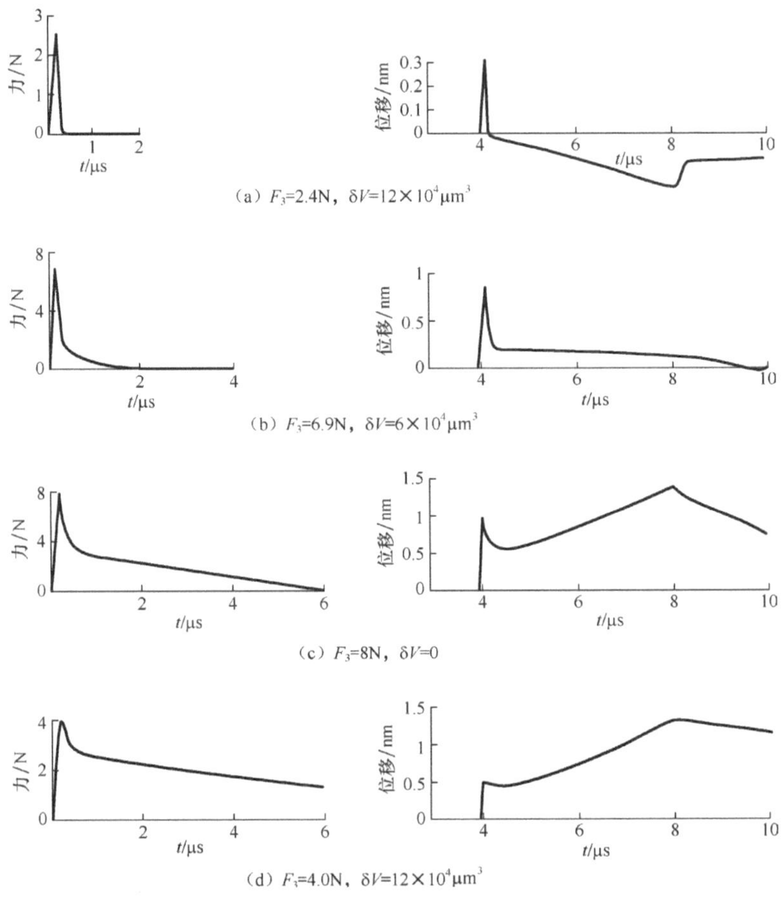

图 3.18　当作用源为垂直力和中心膨胀源的不同组合时，计算得到的对心波形

尽管融蚀发生时往往伴随着热弹效应的发生，但由于热弹应力很小，常常可以忽略。因此，融蚀源常被近似为一个垂直于表面随时间变化的力源。当聚焦光斑的尺寸很小时，常忽略聚焦光斑的尺寸，将其视作一个点源。利用点源近似，可以得到表面位移，假设点力源随时间是阶跃变化的，板厚为 h，则压缩波到达对心位置时刻的振幅为

$$u = \frac{c_{\mathrm{T}}^2 F_3}{\pi \mu c_{\mathrm{L}}^2 h} \tag{3.50}$$

若仅考虑融蚀机制，当光斑聚焦很小，相应的融蚀区域也很小时可以忽略光斑的空间尺寸，在空间上做点源近似。而在时间上就比较复杂，同一种作用机制下，等效源随时间分布是不同的，在融蚀发生初期，点力源随时间的变化关系可以用 δ 函数来表征[如图 3.19（b）所示]。而在融蚀发生的晚期阶段或伴随有等离子体时，点力源的作用在时间上有了持续，则适合用上面所述的

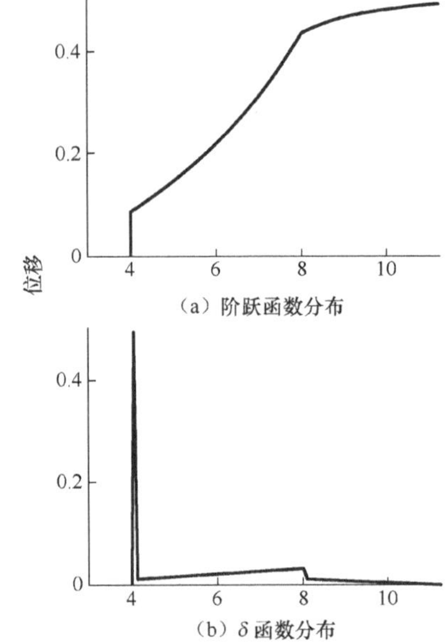

图 3.19　利用垂直表面点力源表征融蚀机制作用下的对心波形

阶跃函数来描述[如图 3.19（a）所示][16]。

Hutchins 给出了融蚀机制作用下激光激发的超声场的方向性[6]。在等效的垂直点力源的作用下，压缩波和剪切波的方向性可以用下式表示：

$$u_r(\theta) \propto \frac{2k^2\cos\theta(k^2-2\sin^2\theta)}{(k^2-2\sin^2\theta)^2+4\sin^2\theta(1-\sin^2\theta)^{1/2}(k^2-\sin^2\theta)^{1/2}} \tag{3.51}$$

$$u_\theta(\theta) \sim \frac{\sin 2\theta(1-k^2\sin^2\theta)^{1/2}}{k(1-2\sin^2\theta)^2+4\sin^2\theta(1-\sin^2\theta)^{1/2}(1-k^2\sin^2\theta)^{1/2}} \tag{3.52}$$

融蚀机制作用下，由式（3.51）和式（3.52）计算得到的典型金属铝中传播的压缩波和剪切波的方向性如图 3.20 所示。与热弹机制作用下波传播的方向性有明显的区别，纵波主要沿着垂直于表面的方向向外辐射，而横波在法线的两侧以双瓣形向外辐射，在约 35° 角附近振幅最大。

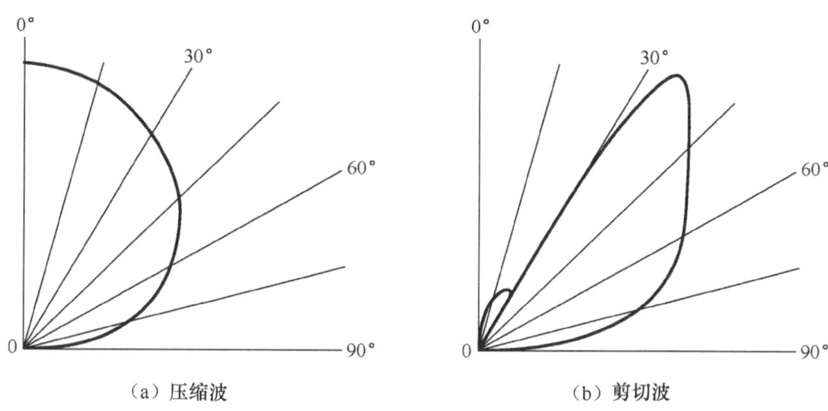

（a）压缩波　　（b）剪切波

图 3.20　融蚀机制下金属铝中传播的压缩波和剪切波的方向性图

2. 声表面波

对于融蚀机制下激光激发的声表面波的理论研究可以借鉴 Pekeris 计算的半无限大固体在垂直点力源作用下的法向位移[17]。当垂直于表面的点力源随时间变化为阶跃函数时，法向位移为

$$u_3(\zeta)=0 \text{ 当 } \zeta<1/k \tag{3.53}$$

$$u_3(\zeta)=-\frac{F}{32\pi\mu r}\left[6-\frac{k}{(\zeta^2-0.25)^{1/2}}-\frac{(3k+5)^{1/2}}{(0.75+0.25k-\zeta^2)^{1/2}}+\frac{(3k-5)^{1/2}}{(\zeta^2+0.25k-0.75)^{1/2}}\right] \text{ 当 } 1/k<\zeta<1 \tag{3.54}$$

$$u_3(\zeta)=-\frac{F}{16\pi\mu r}\left(6-\frac{(3k+5)^{1/2}}{(0.75+0.25k-\zeta^2)^{1/2}}\right) \text{ 当 } 1<\zeta<r \tag{3.55}$$

$$u_3(\zeta) = -\frac{3F}{8\pi\mu r} \quad 当\gamma < \zeta \tag{3.56}$$

归一化的位移$U(\zeta) = -u_3(\zeta)\pi\mu r/F$如图 3.21 所示，可以看出融蚀机制产生的表面波形是双极性的，这与热弹线源作用下的声表面波的极性是相似的。

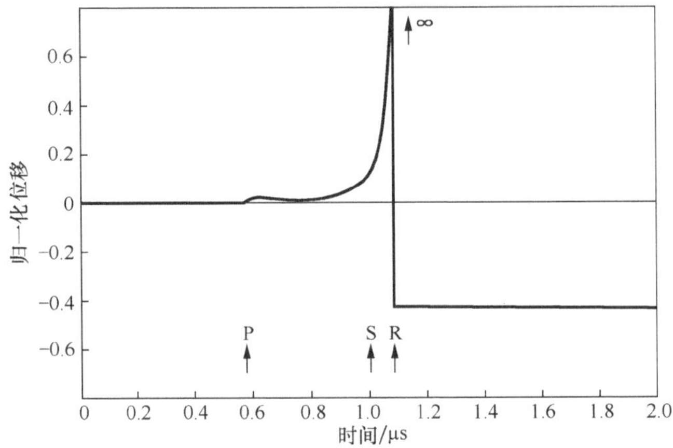

图 3.21　法向力作用下计算得到的法向位移图

激光的激发机制和聚焦光斑的空间分布都会影响声表面波的特征。图 3.22 所示就是融蚀机制下，当辐照光斑聚焦成点源和线源时利用激光干涉仪在钢板中探测到的表面法向位移波形[12]。图 3.22（a）所示为脉冲激光聚焦成点源作用在样品表面，在距激发源 10mm 处接收到的表面位移波形，图 3.22（b）所示为在其他条件保持不变的情况下，将激发源聚焦成线源激发探测到的结果。从这结果中能看出两个主要的区别：首先，线源作用下激发的声表面波（R）具有更短的持续时间和更大的带宽。造成这个差异的原因一方面是由于同聚焦线源的线宽相比，聚焦的点源具有更大的直径，另一方面是由于点源作用下的更高的能量密度使得产生的等离子体对表面的反冲力具有更长的持续时间。融蚀线源[如图 3.22（b）所示]同热弹线源（见图 3.14）激发的超声信号相比，压缩波具有相同的极性，而声表面波的极性则相反。

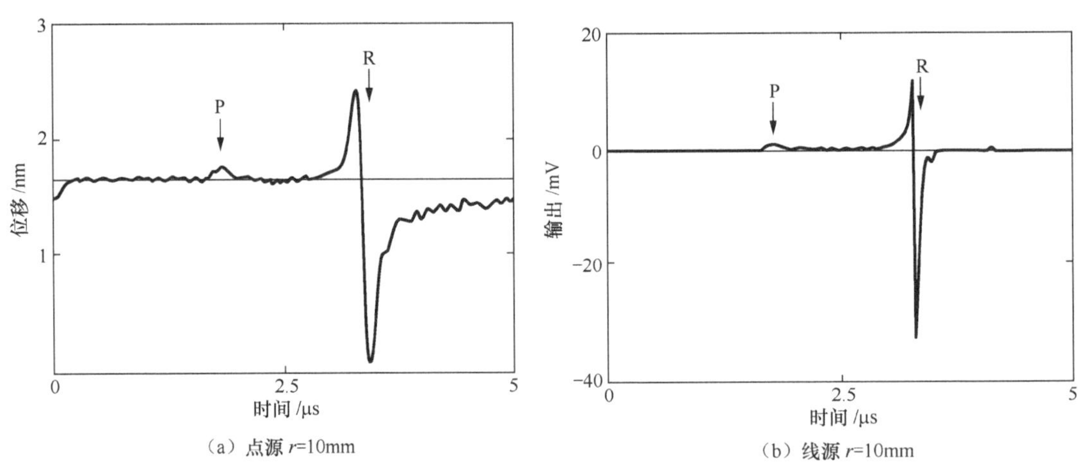

（a）点源 r=10mm　　（b）线源 r=10mm

图 3.22　融蚀源作用下实验得到的表面位移波形

3.5 超声的激光激发方式

当利用激光源激发超声波时，属于哪种激发机制取决于辐照在材料上的激光的作用参数如波长、功率密度以及材料本身的特性，如材料的吸收系数、比热容、密度、热传导系数、热损伤阈值等参数。在实际的应用中，为了满足不同的需求，用于激发超声波的源具有多样性。除了传统的点源和线源外，还可以对激发光进行各种时间和空间调制，如环状源、热栅源、调制的低功率连续激光作为激发源。这些方法归根结底是改变了辐照在材料表面的激光能量的时间和空间分布，材料吸收了激光能量后具有了不同分布的热膨胀区，进而在材料内产生应变场。另外一种改变作用源的方法是在材料表面增加约束层，由约束层直接吸收激光能量产生强度较大的力源耦合进材料，或激光透过约束层直接被材料吸收，利用约束层的约束力改变力源特性。

3.5.1 时空调制的激光阵列源

与传统换能器激发超声的方法比起来，利用激光激发超声波进行无损检测存在着以下优势：激光激发是一种非接触式的激发方法，使之能用于恶劣的环境以及各种异形构件中；并且能同时激发出多种模态的超声波。另外，激光激发还是一种宽带的激发方法。然而在实际应用中，有时也希望在非接触式检测的同时要求激发的超声波具有窄带特性，使得可以利用不同频率的波对不同深度的材料特性进行检测，或要在保持输入能量不变的前提下提高输出信号的信噪比，这就需要对激发源进行一定时间和空间调制。利用线光源可以在不破坏表面的前提下输入更多的能量，从而可以提高信号的信噪比，也可以改善超声的波形，将点光源激发的较陡峭的单极性波形变为较平缓的双极性波形，提高超声波的方向性。更进一步的空间调制方法是在线光源的基础上将单线源变成多线源，像利用掩膜技术可以形成激光线源阵列。

1. 空间调制的激光线源阵列

通过改变激光线源阵列源的参数可以改变所激发的窄带声表面波的特性。声表面波特性主要受到线阵列源中每个线源的宽度、线源之间的间距，以及线源条数等的影响。通过优化激光线源阵列的参数，得到的窄带声表面波信号的频谱幅度将会有所增加。通过选择合适的带通滤波器，能够提高激光超声检测系统的灵敏度和信噪比。

增加激光的功率密度能够提高单个线源作用下激发的超声信号的信噪比，也会引起材料表面的损伤，这在无损检测中是要尽量避免的。利用多个线源组成的线源阵列作为激发源，能够减小激发超声信号的带宽，从而提高信号的信噪比，且线源阵列中的单个线源的功率密度小，不足以损伤样品表面。

假设单线源的空间分布为高斯分布，时间分布函数为 δ 函数，在线源长度方向假设其光强分布均匀，此线源激发的声表面波信号可表示为[18]

$$h(t) \propto (x-ct)\mathrm{e}^{-4(x-ct)^2/d^2} \tag{3.57}$$

式中，x 为传播距离；c 是声表面波波速；d 是线源宽度。

对式（3.57）进行傅里叶变换，得到单线源作用下的声表面波的幅度谱为

$$H(f) \propto f e^{-\pi^2 f^2 d^2 / 4c^2} \tag{3.58}$$

式中，f 为频率。

由上述 N 个线源等间距排列组成的线源阵列激发的声信号可以表示为

$$g(t) = \sum_{n=1}^{N} h(t - n\Delta t) \tag{3.59}$$

式中，Δt 是表面波在相邻两线源之间的传播时间。$g(t)$ 的频谱由下式给出

$$G(f) = NH(f)S(f) \tag{3.60}$$

式中，$S(f)$ 为

$$S(f) = \frac{\sin(\pi N f \Delta t)}{N \sin(\pi f \Delta t)} \tag{3.61}$$

图 3.23 给出了 $N=9$ 时的 $H(f)$ 和 $S(f)$ 频谱[19]，可以看出 $H(f)$ 是一个宽带谱，其峰值出现在 $f_m = \sqrt{2}c/\pi d$ 处。而对于 $S(f)$ 其峰值出现在 $f_n = (n+1)f_0, n = 0,1,2,\cdots$ 处，$f_0 = 1/\Delta t$ 是基频。

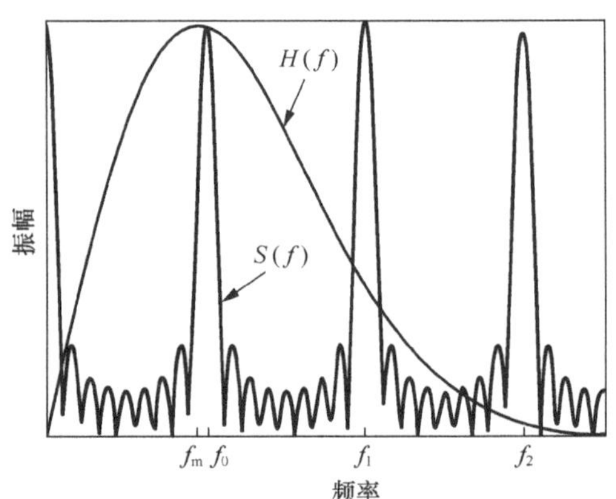

图 3.23　$H(f)$ 和 $S(f)$ 频谱图

图 3.24 给出了实验得到的九线源组成的线阵列源激发的超声信号图（a），及由位移信号得到的频谱图［图（b）中实线］和单个线源激发的宽带超声信号的频谱图［图（b）中点画线］。线源阵列明显减小了超声信号的带宽，而该阵列源激发的超声信号的信噪比约为单个线源激发的超声信号的 64 倍。

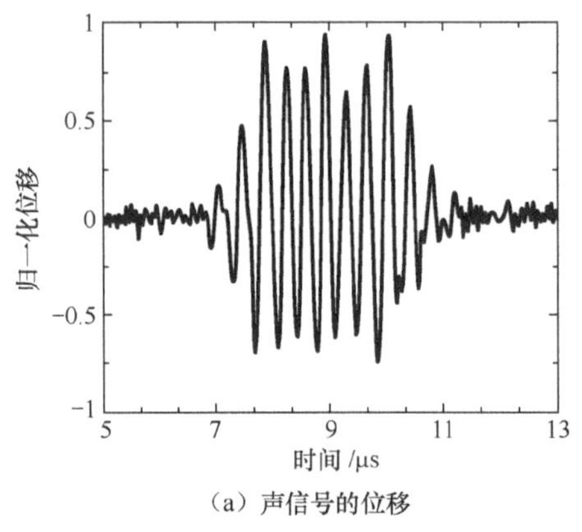

（a）声信号的位移

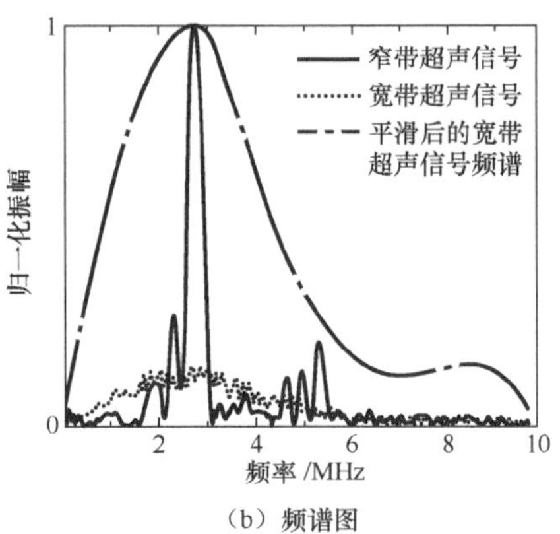

（b）频谱图

图 3.24　九线源组成的阵列源作用下声信号的位移与声信号的频谱（实线）

2. 时间调制的激光阵列源序列

阵列源的多源如果在时间上按照一定的顺序作用在物体表面上，通过设置合适的时间延迟可以控制波束能量的传播方向。同时，可以在热弹机制下激发出振幅足够大的窄带且方向可调的声脉冲，增大激发出的声波信号的幅值，改善系统的信噪比。如图 3.25 所示，通过对激光阵

列中各源的激发时间进行设置，可使得阵列中各源激发出的超声波在检测点处发生干涉叠加，于是检测点处声波的位移幅值将明显增大，从而提高信噪比。

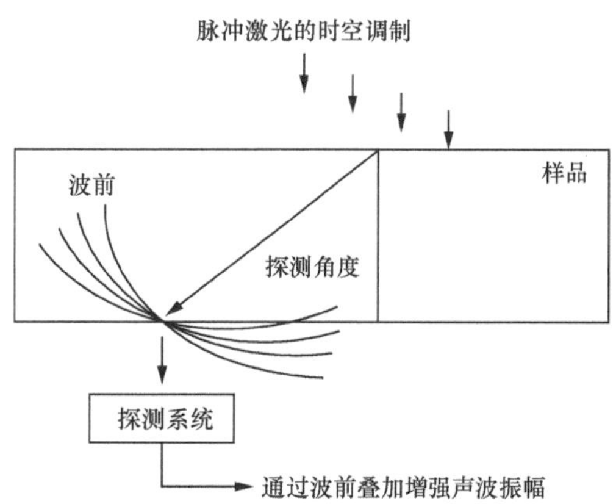

图 3.25　激光阵列源激发超声波束在探测点发生叠加

等间距排列的激光脉冲辐照到样品表面上时，经过时间调制后，声脉冲同时到达检测点处。对于 N 个激发源在检测点处所激发出的位移相叠加后为

$$\delta_{\text{total}}=\sum_{1}^{N}\frac{1}{R_n^m}D_N(\theta)A\left(t,\Delta t_N+\frac{r_N}{c}\right)I_N \tag{3.62}$$

式中，R^m 为球形传播因子，对于二维空间传播的 Rayleigh 波和在三维空间中传播的压缩波和剪切波，m 分别取 0.5 和 1。D 是与激发源和声波模式（横波、纵波和 Rayleigh 波）相关的方向性函数，θ为阵列中单个激发源激发的超声波方向角，A 是阵列因子（是关于相邻脉冲的时间间隔 Δt 、激发源到探测点距离 r 和声波速度 c 的函数），I 是反映激光脉冲源特征的激发函数。

假设阵列源中各激发源相距很小，R 和θ近似为常数，当各源之间的间距相等时，通过设定适当时间延迟（ $\Delta t_N+r_N/c\approx$常数），使得各激发源激发出的超声波同时到达检测点，则有

$$\delta_{\text{total}}\approx N\frac{1}{R^m}D(\theta)A(t)I\approx N\delta_{\text{single}} \tag{3.63}$$

这样激发的声信号的幅值的增益（激光阵列源作用下的信号幅值/单个的激光源作用下信号幅值）近似为 N，与阵列源中的源的个数有关。

图 3.26 所示为热弹机制下，实验测得的单个线源和十线源组成的线源阵列激发的声波场[20]。通过设置合适的阵列源参数，十元阵列［见图 3.26（b）］在接收点激发的表面波形成了干涉叠加，从而激发的声波信号的幅值与单个源作用下的幅值相比增加了约 9 倍。

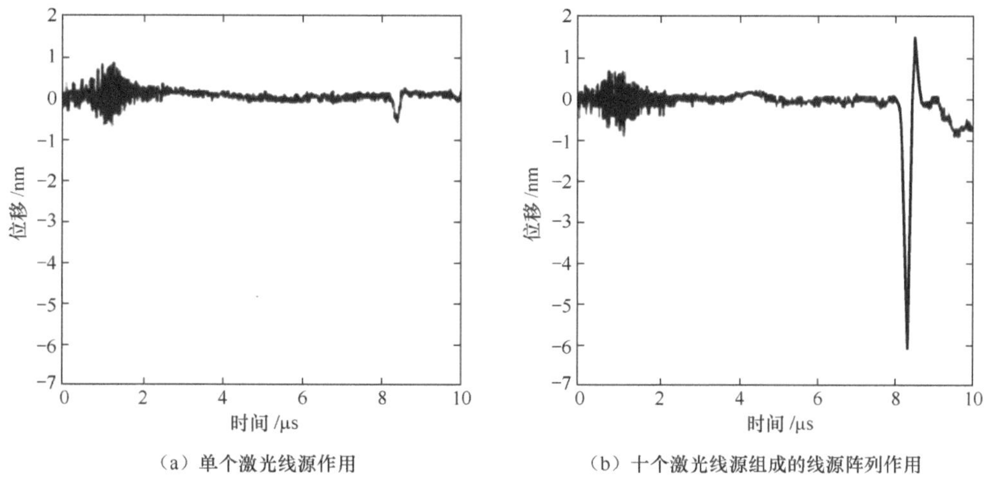

（a）单个激光线源作用　　（b）十个激光线源组成的线源阵列作用

图 3.26　铝板表面激发出的声表面位移信号

基于激光阵列源建立的激光超声系统有多种形式，有采用多个激光输出窗口的，有通过光

纤阵列的，也有利用光学元件对激发激光多次反射延时的，而这些脉冲激光阵列源时间调制的系统造价高且控制精度低。技术较为成熟的还是对光源进行的空间调制，如利用表面掩膜、透镜阵列、光纤阵列等可以实现激发源的周期调制。

3.5.2 表面约束

激光激发超声波的优势之一就是它可以远程激发，不需要接触样品，不需要耦合剂，也不需要对样品表面进行修饰。因此本章前面的讨论，无论是热弹机制还是融蚀机制产生超声，主要针对在自由表面激发超声波。但是实际应用中，总是不可避免地存在需要使用激光激发但表面以某种方式被约束的情况，比如透明的固体层或液体层的约束。因此在本节中简要地讨论一下约束表面对激光激发超声的影响。表面约束对激光激发超声的影响十分复杂，因为光学吸收、激光向超声能量转换和超声的传播都会受到表面变化的影响。本节主要讨论以下几种可能经常出现的实际情况：一是薄固体层覆盖的表面，例如，油漆、锈、表面粗糙等；二是透明固体层的覆盖，比如玻璃；三是透明液体层的覆盖；另外还有在透明固体和样品之间存在薄的液体层的情况。

1. 表面涂层和粗糙

像油漆或锈这种固体层覆盖在样品表面的第一个影响就是改变了表面的反射率。抛光的表面具有较大反射率和较小的吸收率，表面的油漆层和锈层可以增加激光能量的吸收，使得热弹应力和超声源强度上升。黑漆覆盖层几乎可以使激光能量的吸收达到100%。增加表面的粗糙度同样能起到减小反射率的作用。

以上提到的薄的固体层除了增加源的强度外，还有一个很重要的效应就是改变了激发源的特性。例如，在黑漆涂层的表面，由于黑漆的高吸收率使得黑漆蒸发，这种情况下的激发机制与金属融蚀激发源的作用机制相似。也就是说，此时可以等效为一个垂直作用在表面的力源，而后续的激光脉冲辐照在金属上产生热弹应力，故要将这两种情况连续起来考虑，可以等效为图 3.27（a）所示的情况。

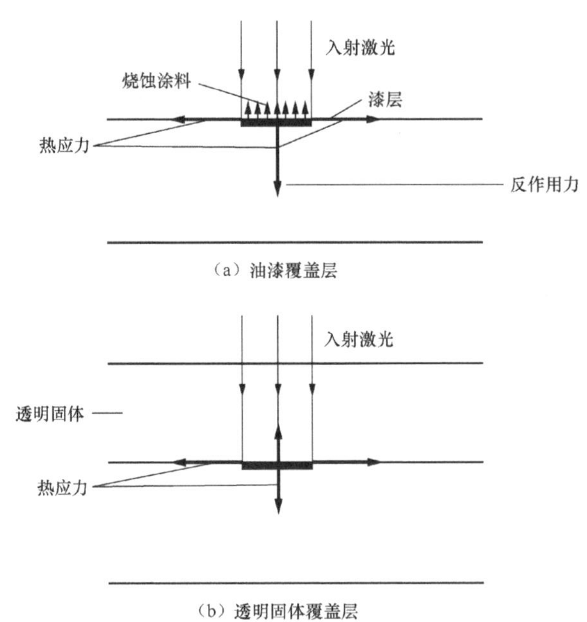

图 3.27　激光脉冲辐照受约束样品表面的示意图

当作用激光的光强较大时，本身就是融蚀激发机制，此时薄涂层对于源的特性的影响就不是那么大了。因为激光融蚀机制激发超声时，激发源就可以等效为一个垂直的力的作用，此时涂层的存在只是增加了力源的强度。

2. 透明固体覆盖

假设透明固体覆盖层很好地黏附在样品上，且忽略透明覆盖固体对激光的吸收，如覆盖玻璃，则覆盖层主要的影响是改变了样品表面的弹性边界条件。此时表面不再是自由表面，$\sigma_{i3} \neq 0$。因此，除了激发源等效的平行于表面的力偶极子$\left(D_{11}, D_{22}\right)$，还有由覆盖层引起的垂直于表面的力偶极子（即 $D_{33} \neq 0$），如图 3.27（b）所示。一般来说，$D_{11} = D_{22} \neq D_{33}$，除非覆盖层和样品两种介质有相同的性质（热、力学性质），而在这种情况下，源就可以认为是埋藏在样品的内部的源（$D_{11} = D_{22} = D_{33}$）。因此，透明固体层的约束改变了热弹源的特性。图 3.28 给出了利用非聚焦光斑辐照样品，利用换能器在不同表面约束（表面覆盖油层和硅树脂层）的铝合金中接收的纵波和横波的幅值随入射功率密度变化的情况。与表面自由的非约束样品相比，表面约束样品中激发的纵波的幅值明显增加，而横波的激发效率几乎没有提高。可见这种等效的埋藏体力源主要改变了垂直于表面的力，从而影响了纵波的激发效率。图 3.29 所示是在表面自由以及表面有固体覆盖的两种样品中激发的纵波的方向性图[21]。在埋藏体力源的作用下纵波的辐射主要在表面法向附近。

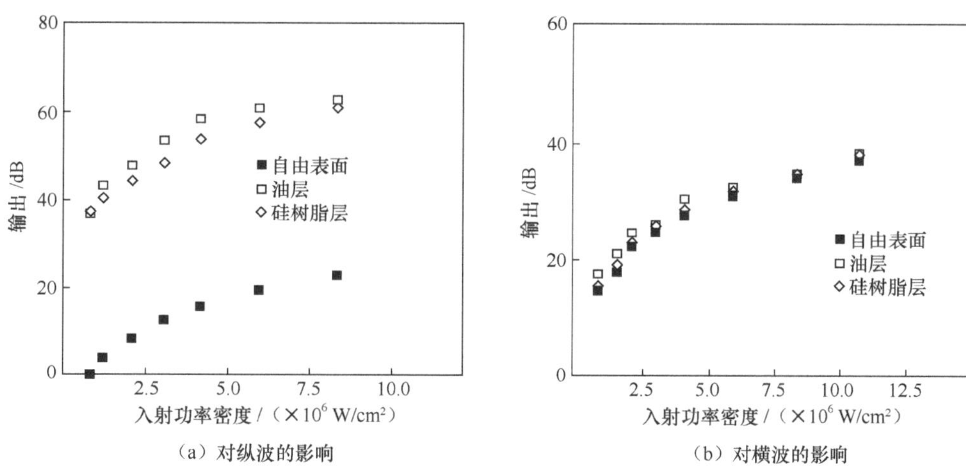

（a）对纵波的影响　　（b）对横波的影响

图 3.28　不同表面覆盖层对纵波和横波的激发效率的影响

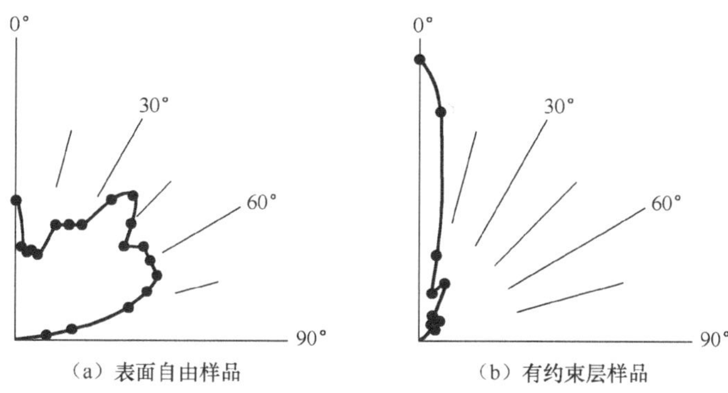

（a）表面自由样品　　（b）有约束层样品

图 3.29　纵波的方向性图

3. 透明液体覆盖

当覆盖透明液体时，由于液体中不能传播剪切波，覆盖层和被覆盖固体的力学特性相差很大，但对于激发源的影响可以与固体覆盖层一样考虑。除了对激光吸收率的改变外，首要的影响就是在固体表面增加一个法向压力[见图 3.27（b）]。

但是由于液体的热学性质还存在另外一个效应，即与固体相比，一般的液体膨胀系数更大，因此能产生更大的热弹应力，也就使固体受到了更大的法向力。在高功率激光作用下，液体会蒸发。同金属相比，液体蒸发所需的温度更低、所需的入射激光功率密度更小，并能在固体中产生更大的法向力。当覆盖的液体层很薄时，即使作用激光的功率密度较小，薄液体层也能蒸发[见图 3.30（a）]。在一个薄层（液体或固体）覆盖下，都可能出现反射的超声场和激发源直接激发的超声场相干涉的情况。表面覆盖油层时铝合金样品中激发的纵波的方向性与图 3.29（b）所示的覆盖固体约束层时相似[21]。在激光辐照下油层蒸发对表面产生了一个法向力，该法向力主要影响了纵波的传播，从而改变了纵波的方向性。

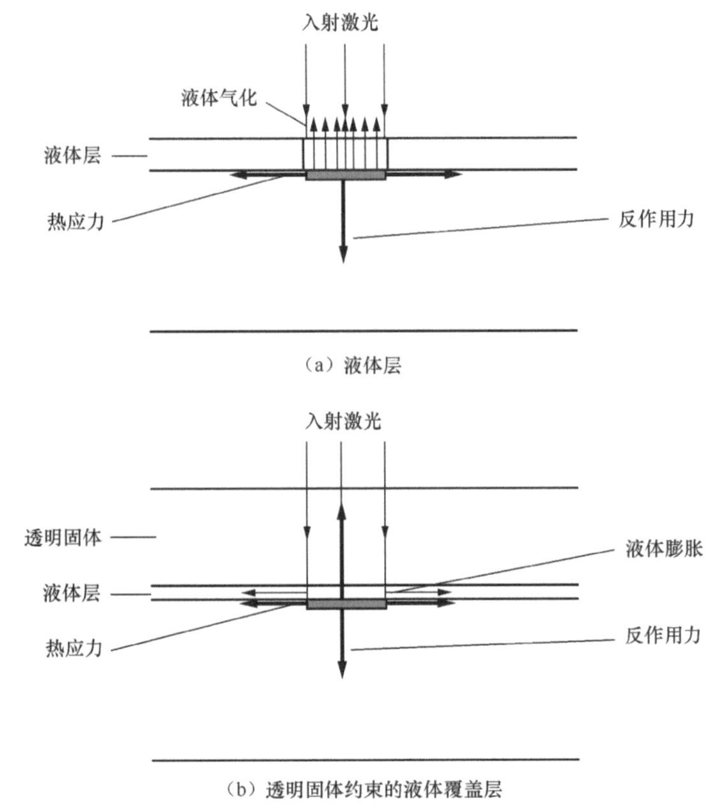

（a）液体层

（b）透明固体约束的液体覆盖层

图 3.30 激光辐照受液体覆盖样品表面的示意图

4. 约束液体

当液体薄层被约束在样品和透明固体之间时[见图 3.30（b）]，这种情况更为复杂。首先，样品表面为被约束表面；其次，液体也有热膨胀；第三，液体层也是被约束的，由于液体的膨胀增加了应力，所有这些效应都使得样品表面产生一个强的法向力，这个力比平行于表面的切向力更明显。

总之，这4种情况都在表面产生大的法向力，而激光在热弹机制下作用在自由表面时是不存在这个力的。正如前面讨论的，不同力的组合会产生不同的超声波场。法向力的增加使得压缩波振幅急剧增大，特别是沿法向方向传播的压缩波变化更明显。当有约束表面存在时，产生的超声场与融蚀作用机制类似，所不同的是需要的功率密度更低并且不存在表面损伤。然而，约束表面（如约束液体层）的存在也减少了激光超声无损检测的应用场合。

参 考 文 献

[1] 孙承伟，陆启生. 激光辐照效应[M]. 北京：国防工业出版社，2002.
[2] 江海军，陈力，张淑仪，等.激光扫描红外热波成像技术在无损检测中的应用[J].无损检测，2014,36(12):20-22,27.
[3] 沈剑峰，施柏煊.激光诱导热波差分法分层检测金属次表面缺陷[J].光电子·激光，2005,16(9):1085-1088.
[4] White R M. Generation of elastic waves by transient surface heating[J]. Journal of Applied Physics, 1963, 34(12): 3559-3567.
[5] Ready J F. Effects of High-Power Laser Radiation [M] New York: Academic Press 1971.
[6] Hutchins D A, Dewhurst R J, Palmer S B. Directivity patterns of laser generated ultrasound in aluminum[J]. The Journal of the Acoustical Society of America, 1981, 70(5): 1362-1369.
[7] Zhang P, Ying C F, Shen J. Directivity patterns of laser thermoelastically generated ultrasound in metal with consideration of thermal conductivity[J]. Ultrasonics, 1997, 35(3): 233-240.
[8] 是度芳，吴亚平，贺渝龙. 固体中激光热弹超声的特性 [J]. 固体力学学报, 1997, 4:18.
[9] 方启平，白玉海. 固体中激光热弹超声的光穿透效应[J]. 声学学报, 1996, 21(2): 165-173.
[10] Sinclair J E. Epicentre solutions for point multipole sources in an elastic half-space[J]. Journal of Physics D: Applied Physics, 1979, 12(8): 1309.
[11] Chao C C. Dynamical response of an elastic half-space to tangential surface loadings[J]. Journal of Applied Mechanics, 1960, 27(3): 559-567.
[12] Scruby C B, Drain L E. Laser ultrasonics techniques and applications[M]. Boca Raton:CRC Press, 1990.
[13] Aindow A M, Dewhurst R J, Palmer S B. Laser-generation of directional surface acoustic wave pulses in metals[J]. Optics communications, 1982, 42(2): 116-120.
[14] Dewhurst R J, Hutchins D A, Palmer S B, et al. Quantitative measurements of laser generated acoustic waveforms[J]. Journal of Applied Physics, 1982, 53(6): 4064-4071.
[15] Hutchins D A, Nadeau F. Non-contact ultrasonic waveforms in metals using laser generation and interferometric detection[C]//1983 Ultrasonics Symposium. IEEE, 1983: 1175-1177.
[16] Hutchins D A, Dewhurst R J, Palmer S B, et al. Laser generation as a standard acoustic source in metals[J]. Applied Physics Letters, 1981, 38(9): 677-679.
[17] Pekeris C L. The seismic surface pulse[J]. Proceedings of the national academy of sciences of the United States of America, 1955, 41(7): 469.
[18] 钱梦騄. 激光超声检测技术及其应用[J]. 上海计量测试, 2003, 30(1): 4-7.
[19] Huang J, Krishnaswamy S, Achenbach J D. Laser generation of narrow band surface waves[J]. The Journal of the Acoustical Society of America, 1992, 92(5): 2527-2531.

[20] Murray T W, Deaton J B, Wagner J W. Experimental evaluation of enhanced generation of ultrasonic waves using an array of laser sources[J]. Ultrasonics, 1996, 34(1): 69-77.
[21] Hutchins D A, Dewhurst R J, Palmer S B. Laser generated ultrasound at modified metal surfaces[J]. Ultrasonics, 1981, 19(3): 103-108.

第4章 激光超声理论及模拟方法

第2章我们介绍了固体中传播的各种模式的超声波的一些基本特性，第3章中介绍了材料对激光的吸收，热弹应力产生超声波的过程。由于激光激发超声是一个复杂的热—结构耦合问题，很难对其过程进行解析计算分析。根据不同的计算模型，常用到的是各种不同的半解析或数值解法[1][2]。本章将介绍几种典型的计算方法及一些数值计算结果。

4.1 激光激发超声及其传播理论

当脉冲激光辐照到固体材料表面，固体材料迅速吸收激光能量。当吸收的激光能量低于材料的熔融阈值时，激光对材料的作用主要是热弹效应。在激光脉冲辐照期间，固体材料吸收激光能量产生的热量来不及扩散，在表面层及下方附近很小区域内形成很大的温度梯度场，导致固体材料的热膨胀，由于周围介质的约束产生应力分布，从而在固体材料中激发超声波并传播。

激光热弹激励超声波的过程是一个空间三维热弹性力学问题，因此它首先是弹性力学问题，在求解弹性力学方程的过程中，应力和应变可以是由质元的外部力引起，也可以是由该质元内部温度不均匀产生的热膨胀引起。外力产生的应力、应变用材料力学和弹性力学原理计算，而温度变化产生的应力、应变应利用热弹性力学原理求解。本章首先介绍激光热弹激发超声及超声波传播的基本方程——热弹性耦合方程。

4.1.1 线性热弹性方程

固体材料中有热源存在时，将激励产生热膨胀和热应力。对于变形无限小的连续介质，在任意时刻 t，物体内任一点 x 处的热、力学响应遵循以下规律。

首先是遵循能量守恒定律：

$$\rho\frac{\partial e}{\partial t}=\sigma_{ij}\frac{\partial \varepsilon_{ij}}{\partial t}-\frac{\partial q_i}{\partial x_i}+\rho Q \tag{4.1}$$

式中，ρ 为材料质量密度；q_i 表示热流向量；σ_{ij}、ε_{ij} 物理意义同第2章中，分别表示应力和应变张量；Q 表示单位时间内单位质量获得的热能。这里角标 i、j、k 遍取1、2、3，并遵循张量求和约定，以下各式均满足此约定。

熵增不等式：

$$\rho\frac{\partial S}{\partial t}+\frac{\partial (q_i/T)}{\partial x_i}-\rho Q\frac{1}{T}\geqslant 0 \tag{4.2}$$

式中，T 表示热力学温度；S 为单位质量的熵。

由傅里叶定律，有

$$q_i = -k_{ij}\frac{\partial T}{\partial x_j} \tag{4.3}$$

式中，k_{ij} 是热传导张量分量。

涉及温度与形变的胡克定律，即 Duhamel-Neumann 定律为

$$\sigma_{ij} = \boldsymbol{C}_{ijkl}\varepsilon_{kl} - \beta_{ij}T \tag{4.4}$$

式中，$\boldsymbol{C}_{ijkl}$ 是弹性模量张量；β_{ij} 是热耦合张量；T 是温度的增量。

对于各向同性材料，该本构关系可简化为

$$\sigma_{ij} = \lambda\delta_{ij}\varepsilon_{kk} + 2\mu\varepsilon_{ij} - \beta\delta_{ij}T \tag{4.5}$$

式中，δ_{ij} 为单位张量。

由式（4.1）～式（4.4）可以得出各向异性热弹性体的热传导方程：

$$\beta_{ij}T\frac{\partial\varepsilon_{ij}}{\partial t} + \rho c\frac{\partial T}{\partial t} = \frac{\partial}{\partial x_i}\left(k_{ij}\frac{\partial T}{\partial x_i}\right) + \rho Q \tag{4.6}$$

式中，c 是比热容。

当无内热源且无热扩散时，由式（4.6）得到纯应变引起的温度变化表示式

$$\frac{\partial T}{\partial t} = -\frac{T}{\rho c}\beta_{ij}\frac{\partial\varepsilon_{ij}}{\partial t} \tag{4.7}$$

由式（4.7）可知，在弹性小应变范围内，由应变引起的温升是很小的，一般可以忽略热传导方程中的温度—应变耦合项。因此，在大多数情况下，单独由热传导方程结合边值和初值条件求得温度场，再将温度场转换成已知载荷，通过求解运动控制方程得到热—力问题的解。这样的近似处理就是解耦过程，本章中关于激光激发超声的热力问题都是基于此解耦理论。

在此基础上，对于各向同性材料，结合式（4.5）所示的本构关系，其热传导方程可简化为

$$kT_{,kk} + \rho Q = \rho c\dot{T} \tag{4.8}$$

各向同性材料，在利用式（4.8）求得温度场的基础上，结合式（2.1）的运动方程、式（2.2）的应变位移方程和式（4.5）所示的本构关系，可以得到 Navier 方程：

$$\mu U_{i,kk} + (\lambda+\mu)U_{k,ki} - \beta T_i + \rho b_i = \rho\ddot{U}_i \tag{4.9}$$

式中，b_i 为单位质量的体力。

如果不存在外界体力和内部热源，各向同性材料的热弹耦合方程（4.6）和方程（4.9）可进一步化简为

$$\rho c\dot{T} = k\nabla^2 T \tag{4.10}$$

$$\mu\nabla^2\boldsymbol{U} + (\lambda+\mu)\nabla\nabla\cdot\boldsymbol{U} - \beta\nabla T = \rho\ddot{\boldsymbol{U}} \tag{4.11}$$

式中，$\boldsymbol{U}$ 和 T 分别表示位移矢量和温升。$\beta = \alpha(3\lambda + 2\mu)$，$\alpha$ 为线膨胀系数。

4.1.2 均匀各向同性固体中激光激发超声波的物理模型

基于上述的线性热弹性基本理论，当激光脉冲照射到样品表面，表面附近的介质吸收激光辐射能量，导致材料被辐照表面附近的局部温度升高，产生非均匀温度场。对于均匀的各向同性材料，假设激光束为高斯分布，考虑到对称性，采用柱坐标系，且不考虑热力学参数随着温度的变化，则经典热传导方程可表示为

$$\frac{\partial}{\partial t}[\rho c T(r,z,t)]=\frac{1}{r}\frac{\partial}{\partial r}\left[rk\frac{\partial T(r,z,t)}{\partial r}\right]+\frac{\partial}{\partial z}\left[k\frac{\partial T(r,z,t)}{\partial z}\right]+q \tag{4.12}$$

式中，$T(r,z,t)$ 表示样品中的温升分布变化；q 为热源，是激光作用下材料吸收的激光功率密度。

对于一些典型的非金属材料，当激光脉冲垂直照射到样品表面时，由于光学穿透效应，激光将辐照进介质内一定深度，介质对激光能量的吸收随光的入射深度按指数函数衰减。激光在非金属材料中的光学穿透深度和材料本身性质有关，还与入射光的波长有关。因此在激光辐照非金属材料时，热源 q 可表示为

$$q=\gamma(1-R)I_0\mathrm{e}^{-\gamma z}f(r)g(t) \tag{4.13}$$

式中，γ 为介质的光吸收系数；R 为介质的反射率；I_0 表示入射光斑中心处的最大功率密度；$f(r)$ 和 $g(t)$ 分别表示激光脉冲的空间和时间分布，假设为

$$f(r)=\exp\left(-\frac{r^2}{a_0^2}\right) \tag{4.14}$$

$$g(t)=\frac{t}{t_0}\exp\left(-\frac{t}{t_0}\right) \tag{4.15}$$

式中，a_0 为激光光斑半径；t_0 为激光脉冲宽度。

设样品的表面绝热，则边界条件为

$$-k\frac{\partial T(r,z,t)}{\partial z}\bigg|_{z=0,h}=0 \tag{4.16}$$

式中 h 为样品的厚度。

对于一些典型的金属材料，激光能量的吸收只发生在金属的表面层（纳米到亚微米数量级），材料对激光能量的吸收可以看成是加载在样品表面的热流边界条件，即在式（4.12）中令 $q=0$，且上表面的边界条件改为

$$-k\frac{\partial T(r,z,t)}{\partial z}\bigg|_{z=0}=I_0A(T)f(r)g(t) \tag{4.17}$$

式中 $A(T)$ 是介质对光的吸收率。

初始条件可以表示为

$$T(r,z,0)=0$$

若激光能量低于材料的熔融阈值，即只考虑热弹效应。介质吸收激光能量，在介质表面和表面附近区域形成瞬态温度场，由于温升的不均匀在材料的内部产生应力、应变，即由热弹效应激发出瞬态位移场，在介质中形成超声波。由热弹性理论，位移场满足方程

$$(\lambda+2\mu)\nabla(\nabla\cdot\boldsymbol{U})-\mu\nabla\times\nabla\times\boldsymbol{U}-\alpha(3\lambda+2\mu)\nabla T=\rho\frac{\partial^2\boldsymbol{U}}{\partial t^2} \tag{4.18}$$

在上下表面应满足应力自由边界条件

$$\boldsymbol{n}\cdot\left[\boldsymbol{\sigma}-(3\lambda+2\mu)\alpha T(r,z,t)\boldsymbol{I}\right]=0 \tag{4.19}$$

式中，$\boldsymbol{n}$ 是垂直表面的单位向量；$\boldsymbol{I}$ 是单位张量；$\boldsymbol{\sigma}$ 是应力张量。

同时，还应满足如下初始条件

$$U(r,z,t)\big|_{t=0}=\frac{\partial U(r,z,t)}{\partial t}\Big|_{t=0}=0 \tag{4.20}$$

上述的边界条件是针对最简单的均匀各向同性材料。当我们要研究更为复杂的材料，比如层状材料、有缺陷的材料时，激光在其中激发超声波以及超声波的传播过程仍然用式（4.12）和式（4.18）来描述，只是边界条件不同。如对于层状材料，由于层状材料本身的结构特点，在层的界面处还需要满足一定的热接触条件和连续性条件。

当讨论激光辐照在层状材料中引起其温升时，在界面处，若界面处为理想的热接触，需满足：

$$T_i(r,z,t)=T_{i+1}(r,z,t) \qquad z=\sum_{j=1}^{i}h_j \tag{4.21}$$

和

$$-k_i\frac{\partial T_i(r,z,t)}{\partial z}=-k_{i+1}\frac{\partial T_{i+1}(r,z,t)}{\partial z} \qquad z=\sum_{j=1}^{i}h_j \tag{4.22}$$

式中，h_j 为层状材料第 j 层的厚度。

初始条件为

$$T_i(r,z,0)=0 \qquad i=1,2,\cdots,N$$

层状材料的上表面和下表面满足自由边界条件：

$$\begin{aligned}&\boldsymbol{n}\cdot\left[\boldsymbol{\sigma}_1-(3\lambda_1+2\mu_1)\alpha_1 T_1(r,z,t)\boldsymbol{I}\right]=0 \qquad z=0\\&\boldsymbol{n}\cdot\left[\boldsymbol{\sigma}_N-(3\lambda_N+2\mu_N)\alpha_N T_N(r,z,t)\boldsymbol{I}\right]=0 \qquad z=\sum_{i=1}^{N}h_i\end{aligned} \tag{4.23}$$

在层状材料的界面上，应力连续和位移连续，即

$$\sigma_{zz,i}=\sigma_{zz,i+1},\quad \sigma_{rz,i}=\sigma_{rz,i+1} \qquad U_{z,i}=U_{z,i+1},\quad U_{r,i}=U_{r,i+1} \tag{4.24}$$

初始条件为

$$U_i(r,z,t)\big|_{t=0}=\frac{\partial U_i(r,z,t)}{\partial t}\bigg|_{t=0}=0 \tag{4.25}$$

激光激发超声波以及超声波的传播是非常复杂的物理过程，受到众多因素的影响：激光光斑的特性（光斑大小、光斑的时间和空间分布、激光的能量密度）、介质的热学和力学特性（线膨胀系数、密度、弹性常数等）、介质的几何形状等。

要解决这类问题需要求解高度耦合的偏微分方程。这一物理过程不仅包括瞬态的热传导问题，还包括瞬态弹性波的激发和在有限空间的传播问题。这类复杂的问题，很难求得解析解，需要借助各种半解析或数值方法。常用的方法有：正交模态展开法、传递矩阵法、双积分变换

法等半解析方法；有限元、有限差分、边界元等数值方法。每种方法都有其各自的优势，例如，传递矩阵法特别适用于多层结构，有限元法研究复杂结构中波的传播问题以及激光超声波的激发过程非常方便。下面就研究激光超声问题的几种常用的典型的理论计算方法进行讨论。

4.2 有限元法

有限元方法是建立在严密的数学理论基础上，具有能处理复杂的几何构形、对各种物理问题具有可应用性、适合计算机实现的高效性等特点。有限元方法不仅能够灵活处理各向同性及各向异性材料以及复杂的结构中波的传播问题，还能利用有限元模型处理物理参数随环境变化的影响等，如热传导过程、光学穿透和材料参数（吸收率、密度、比热等）随温度变化的实际情况，并能够得到全场数值解。利用有限元方法开展激光超声波的激发和传播研究是近年来迅速发展起来的数值技术[3][4]，它不仅能对复杂媒质和结构的声场分布进行模拟，而且能对结构上某点的位移波形作较精确的描述，能够方便地建立激光输入参数和产生的超声波特征之间的定量关系，为进一步应用激光超声的无损检测提供依据。

4.2.1 热弹耦合问题的有限元方程

理论上讲，当材料的热物理参数和力学参数以及边界条件和初始条件给定时，在材料中激光超声波的激发和传播的物理过程可以由以上的热弹性方程式（4.10）和式（4.11）来求解。但是，结合边界条件的方程解析求解十分困难，尤其对复杂的几何形状和边界条件，解析求解甚至是不可能的。有限元方法是一种偏微分方程的数值求解方法。应用有限元方法能够很方便地处理复杂的结构，而且能够得到全场的数值解。其求解过程主要包括以下几步。

（1）将一个求解域（通常表示一个结构或连续体）离散成若干个单元，并通过它们边界上的节点相互连接成组合体。

（2）用每个单元内所假定的近似函数来分片地表示全求解区域内待求的未知场变量。而每个单元内的近似函数由未知场函数或其导数在各节点上的数值和与其对应的插值函数来表达（通常为矩阵形式）。由于在连接相邻单元的节点上场函数应具有相同的数值，因此将它们用作数值求解的基本未知量，从而把求解原来场函数的无穷维自由度问题转化为求解场函数节点值的有限维自由度问题。

（3）通过和原问题数学模型（包括基本方程、边界条件）等效的变分原理或者加权余数法，建立求解基本未知量的代数方程组或者常微分方程组。此方程组称为有限元方程，并表示成规范化的矩阵形式，然后用数值方法求解此方程组，得到所求问题的数值解。

在激光与材料相互作用产生超声波的过程中，热与位移之间具有瞬态特征和相互耦合的特点，为了简化问题，可以把瞬态热弹性问题看成是准定常的，即第一时刻的热弹性位移可按该时刻的温度场来求解，而温度场对时间来讲，仍然是变化的瞬态问题。

1. 瞬态热传导方程的有限元方程

考虑激光辐照在面 S_1，吸收的激光能量作为热流边值条件。不考虑热量的损耗，则其他面

S_2、S_3可作为绝热边界条件。先找出等价的弱形式，则可进一步推导出其有限元方程。

以直角坐标系为例，在直角坐标系中，引入下列符号：

$$\boldsymbol{L}=\left[\frac{\partial}{\partial X},\frac{\partial}{\partial Y},\frac{\partial}{\partial Z}\right]^{\mathrm{T}} \tag{4.26}$$

$$\boldsymbol{D}=\begin{bmatrix} k & & \\ & k & \\ & & k \end{bmatrix} \tag{4.27}$$

$$\boldsymbol{q}=-\boldsymbol{DL}T \tag{4.28}$$

方程式（4.11）可表示为

$$\rho c\frac{\partial T}{\partial t}=\boldsymbol{L}^{\mathrm{T}}\boldsymbol{DL}T \tag{4.29}$$

作用在表面的热流边界条件：

$$\boldsymbol{q}^{\mathrm{T}}\cdot\boldsymbol{n}=-q_0 \tag{4.30}$$

式中，$\boldsymbol{n}=\left\{n_x,n_y,n_z\right\}$；$q_0$为热流密度。

设$\tilde{T}$在微元$\mathrm{d}V$内是任一连续函数，区域V的表面由S_1、S_2和S_3组成，可设定边界面上的初始温度。应用虚功原理，方程式（4.29）两边同乘以δT，然后对体积元积分，激光的作用作为表面热流边值条件加载，可得到瞬态热传导边值问题的弱形式：

$$\int_V\left(\rho c\delta T\frac{\partial T}{\partial t}+\boldsymbol{L}^{\mathrm{T}}\left(\delta T\right)\boldsymbol{DL}T\right)\mathrm{d}V=\int_{S_1}\delta Tq_0\mathrm{d}S_1 \tag{4.31}$$

对于式（4.31），只要温度连续或分片连续，就能满足可积性的要求。

对于瞬态热传导方程的弱形式，经过有限元离散化、单元分析和单元的组装，可以得到瞬态热传导问题的有限元方程。

因为温度是空间和时间的函数，可以设

$$T=\boldsymbol{N}^{\mathrm{T}}\boldsymbol{T}_e \tag{4.32}$$

所以

$$\dot{T}=\frac{\partial T}{\partial t}=\boldsymbol{N}^{\mathrm{T}}\dot{\boldsymbol{T}}_e \tag{4.33}$$

$$\delta T=\delta\boldsymbol{T}_e^{\mathrm{T}}\boldsymbol{N} \tag{4.34}$$

$$\boldsymbol{L}\cdot T=\boldsymbol{LN}^{\mathrm{T}}\boldsymbol{T}_e \tag{4.35}$$

联合上述方程，从方程式（4.31）得到

$$\int_V\rho c\delta\boldsymbol{T}_e^{\mathrm{T}}\boldsymbol{NN}^{\mathrm{T}}\dot{\boldsymbol{T}}_e\mathrm{d}V+\int_V\delta\boldsymbol{T}_e^{\mathrm{T}}\boldsymbol{B}^{\mathrm{T}}\boldsymbol{DBT}_e\mathrm{d}V=\int_{S_1}\delta\boldsymbol{T}_e^{\mathrm{T}}\boldsymbol{N}q_0\mathrm{d}S_1 \tag{4.36}$$

$\boldsymbol{T}_e$、$\dot{\boldsymbol{T}}_e$和$\delta\boldsymbol{T}_e$是单元节点上关于时间的温度值，本身与空间坐标值无关，故可以从积分号内分离出来：

$$\left(\rho\int_V c\boldsymbol{NN}^{\mathrm{T}}\mathrm{d}V\right)\dot{\boldsymbol{T}}_e+\left(\int_V\boldsymbol{B}^{\mathrm{T}}\boldsymbol{DB}\mathrm{d}V\right)\boldsymbol{T}_e=\int_{S_1}\boldsymbol{N}q_0\mathrm{d}S_1 \tag{4.37}$$

式中，$\boldsymbol{B}^{\mathrm{T}}$为形函数倒数的转置矩阵。

式（4.37）可表示为

$$C\dot{T}+KT=P \tag{4.38}$$

这是一组以时间为独立变量的线性常微分方程组。式中，B^{T} 为形函数的倒数矩阵；C 为比热容矩阵；K 为热传导矩阵；P 为温度载荷矩阵；T 为节点温度矩阵；$\dot{T}$ 为节点温度对时间的导数矩阵；矩阵 C、K、P 的元素由单元内相应矩阵元素集成。

其中：

$$C=\sum_e C^e\text{，}\quad C^e=\rho\int_V cNN^{\mathrm{T}}\mathrm{d}V$$

$$K=\sum_e K^e\text{，}\quad K^e=\int_V B^{\mathrm{T}}DB\mathrm{d}V$$

$$P=\sum_e P^e\text{，}\quad P^e=\int_{S_1} Nq_0\mathrm{d}S_1$$

式中，K^e 为单元热传导矩阵；C^e 为比热容矩阵；P^e 为温度载荷矩阵。

这样，将时间域和空间域的偏微分方程在空间域内离散为 N 个结点温度 $T_i(t)$ 的常微分方程的初值问题。

2．热弹性方程的有限元方程

热弹性问题的微分方程，包括动量方程、面力边界条件和面力连续性条件。一般形式可表示为

$$\begin{aligned}&\sigma_{ij,j}+\rho b_i=\rho\ddot{U}_i\\&n_j\sigma_{ji}=\overline{t_i}\qquad \text{on}\quad \Gamma_n\\&n_j\sigma_{ji}=0\qquad \text{on}\quad \Gamma_{\mathrm{int}}\end{aligned} \tag{4.39}$$

式中，Γ_{int} 为材料的界面。

假设 δv_i 为试函数的变分，运动方程等式的两边同时乘以 δv_i，再积分：

$$\int_V \delta v_i\left(\sigma_{ij,j}+\rho b_i-\rho\dot{v}_i\right)\mathrm{d}V=0 \tag{4.40}$$

式（4.40）中的第一项可以根据乘法规则展开，得到

$$\int_V \delta v_i\frac{\partial\sigma_{ji}}{\partial x_j}\mathrm{d}V=\int_V\left[\frac{\partial\left(\delta v_i\sigma_{ji}\right)}{\partial x_j}-\frac{\partial\left(\delta v_i\right)}{\partial x_j}\sigma_{ji}\right]\mathrm{d}V \tag{4.41}$$

在表面 Γ_{int} 上，根据高斯定理有

$$\int_V\frac{\partial\left(\delta v_i\sigma_{ji}\right)}{\partial x_j}\mathrm{d}V=\int_{\Gamma_{\mathrm{int}}}\delta v_i n_j\sigma_{ji}\mathrm{d}\Gamma+\int_\Gamma \delta v_i n_j\sigma_{ji}\mathrm{d}\Gamma \tag{4.42}$$

进而，根据面力的连续性条件式（4.39），式（4.42）右端的第一个积分为零，即有

$$\int_V\frac{\partial\left(\delta v_i\sigma_{ji}\right)}{\partial x_j}\mathrm{d}V=\sum_{i=1}^{N}\int_{t_i}\delta v_i\overline{t}_i\mathrm{d}\Gamma \tag{4.43}$$

注：式（4.43）右端指标 i 出现了 3 次，为避免混淆，使用求和符号。将式（4.43）代入式（4.41），可以得到

$$\int_V \delta v_i\frac{\partial\sigma_{ji}}{\partial x_j}\mathrm{d}V=\sum_{i=1}^{N}\int_{t_i}\delta v_i\overline{t}_i\mathrm{d}\Gamma-\int_V\frac{\partial\left(\delta v_i\right)}{\partial x_j}\sigma_{ji}\mathrm{d}V \tag{4.44}$$

如果将式（4.44）代入式（4.40），得到

$$\int_V \frac{\partial(\delta v_i)}{\partial x_j}\sigma_{ji}\mathrm{d}V - \int_V \delta v_i \rho b_i \mathrm{d}V - \sum_{i=1}^{N}\int_{t_i} \delta v_i \overline{t_i}\mathrm{d}\Gamma + \int_V \delta v_i \rho \dot{v}_i \mathrm{d}V = 0 \tag{4.45}$$

此式就是关于动量方程、面力边界条件、内部连续性条件的弱形式。

考虑激光辐照表面产生超声波的物理特征，应用自由边界的条件，产生超声的力源为激光产生的瞬态温度场引起的热膨胀。所以式（4.45）可化简为

$$\int_V \frac{\partial(\delta v_i)}{\partial x_j}\sigma_{ji}\mathrm{d}V - \int_V \delta v_i \rho b_i \mathrm{d}V + \int_V \delta v_i \rho \dot{v}_i \mathrm{d}V = 0 \tag{4.46}$$

式中，$\boldsymbol{\sigma} = \boldsymbol{D}(\boldsymbol{\varepsilon} - \boldsymbol{\varepsilon}_0)$，这里的 $\boldsymbol{D}$ 为材料的弹性系数矩阵，对于各向同性材料，有

$$\boldsymbol{D} = \begin{bmatrix} \lambda+2\mu & \lambda & \lambda & 0 & 0 & 0 \\ \lambda & \lambda+2\mu & \lambda & 0 & 0 & 0 \\ \lambda & \lambda & \lambda+2\mu & 0 & 0 & 0 \\ 0 & 0 & 0 & \mu & 0 & 0 \\ 0 & 0 & 0 & 0 & \mu & 0 \\ 0 & 0 & 0 & 0 & 0 & \mu \end{bmatrix}$$

位移是空间和时间的函数，位移场与形函数和节点位移之间有如下关系：

$$\boldsymbol{U} = \sum_e \boldsymbol{N}_e \boldsymbol{U}_e \tag{4.47}$$

式中，$\boldsymbol{N}_e$ 是单元的形函数矩阵；$\boldsymbol{U}_e$ 是单元的位移矩阵。

对于应力有

$$\boldsymbol{\sigma} = \left[\sigma_x, \sigma_y, \sigma_z, \sigma_{xy}, \sigma_{yz}, \sigma_{xz}\right]^{\mathrm{T}} \tag{4.48}$$

对于应变有

$$\begin{aligned} \boldsymbol{\varepsilon} &= \left[\varepsilon_x, \varepsilon_y, \varepsilon_z, \varepsilon_{xy}, \varepsilon_{yz}, \varepsilon_{xz}\right]^{\mathrm{T}} \\ &= \left[\frac{\partial u_x}{\partial x}, \frac{\partial u_y}{\partial y}, \frac{\partial u_z}{\partial z}, \frac{\partial u_x}{\partial y} + \frac{\partial u_y}{\partial x}, \frac{\partial u_y}{\partial z} + \frac{\partial u_z}{\partial y}, \frac{\partial u_x}{\partial z} + \frac{\partial u_z}{\partial x}\right]^{\mathrm{T}} \\ &= \boldsymbol{B}\boldsymbol{U} \end{aligned} \tag{4.49}$$

$$\boldsymbol{\varepsilon}_0 = T\left[\alpha, \alpha, \alpha, 0, 0, 0\right]^{\mathrm{T}} \tag{4.50}$$

式中，α 是热膨胀系数；T 是温度的增量。

根据牛顿第二定律，有

$$\boldsymbol{F} = \rho V \frac{\partial^2 \boldsymbol{U}}{\partial t^2} \tag{4.51}$$

可得

$$\begin{aligned} &\delta \boldsymbol{v}^{\mathrm{T}} \int_V \boldsymbol{B}^{\mathrm{T}} \boldsymbol{D} \boldsymbol{B} \mathrm{d}V \cdot \boldsymbol{U} - \delta \boldsymbol{v}^{\mathrm{T}} \int_V \boldsymbol{B}^{\mathrm{T}} \boldsymbol{D} \boldsymbol{\varepsilon}_0 \mathrm{d}V \\ &= -\delta \boldsymbol{v}^{\mathrm{T}} \rho \int_V \boldsymbol{N}^{\mathrm{T}} \boldsymbol{N} \mathrm{d}V \cdot \frac{\partial^2 \boldsymbol{U}}{\partial t^2} \end{aligned} \tag{4.52}$$

化简得

$$M\ddot{U} + KU = F \tag{4.53}$$

式中，M、K、F分别是系统的质量矩阵、刚度矩阵和节点载荷向量，并分别由各自的单元矩阵和向量组成。即有

$$M = \sum_e M_e = \sum_e \rho \int_V N^{\mathrm{T}} N \mathrm{d}V$$

$$K = \sum_e K_e = \sum_e \int_V B^{\mathrm{T}} DB \mathrm{d}V$$

$$F = \sum_e F_e = \sum_e \int_V B^{\mathrm{T}} D\varepsilon_0 \mathrm{d}V$$

式中，M_e、K_e、F_e分别是单元的质量矩阵、刚度矩阵和节点载荷向量。

4.2.2 热弹性有限元方程的求解

1. 方程求解

对于波的传播问题，当不考虑阻尼时，线性热弹性方程的有限元控制方程为式（4.53）。为求解此方程，利用 Newmark 时间积分法，注意到方程（4.53）是建立在时刻为 t 的一个平衡方程，要得到位移的时间历史曲线，必须要将方程（4.53）对时间进行积分。假设时间步长为Δt，位移和它的一次导数可表示为

$$\begin{aligned}\dot{U}_{t+\Delta t} &= \dot{U}_t + \left[(1-\delta)\ddot{U}_t + \delta\ddot{U}_{t+\Delta t}\right]\Delta t \\ U_{t+\Delta t} &= U_t + \Delta t\dot{U}_t + \left[(0.5-\alpha)\ddot{U}_t + \alpha\ddot{U}_{t+\Delta t}\right]\Delta t^2\end{aligned} \tag{4.54}$$

式中，α 和 δ 取不同的值，代表了 Newmark 方法中不同的数值积分方案，同时这两个参数也是决定积分稳定性和精度的参数。当 α=1/4，$\delta = 1/2$ 时，对应于 Newmark 算法中的常加速度法，这种数值积分法是一种无条件稳定的积分方案。

将式（4.54）代入平衡方程（4.53），可得到下列代数方程组：

$$\left(K + \frac{1}{\alpha\Delta t^2}M\right)U_{t+\Delta t} = F_{t+\Delta t} + M\left[\frac{1}{\alpha\Delta t^2}U_t + \frac{1}{\alpha\Delta t}\dot{U}_t - \left(\frac{1}{2\alpha} - 1\right)\ddot{U}_t\right] \tag{4.55}$$

这样，可以得到每个时间节点的位移值。方程中的时间 $t+\Delta t$ 的位移解 $U_{t+\Delta t}$ 是通过满足时间 $t+\Delta t$ 的运动方程得到的。即由下式得到：

$$M\ddot{U}_{t+\Delta t} + K\ddot{U}_{t+\Delta t} = F_{t+\Delta t} \tag{4.56}$$

2. 单元的选择

从有限元的分析来说，温度场分析和位移场分析分别属于不同场量的分析，所以有限元单元的属性有所改变。在进行温度场分析时，节点自由度仅为节点温度值；而在进行位移分析时，节点的自由度为节点位移矢量。进行位移场的分析时，要用结构单元替代温度场分析时的热传导单元。考虑到温度场和位移场的相互耦合的关系，当激光作用产生的温度较小，满足热弹性条件下，应力场或位移场对温度场的影响很小，可以忽略，所以耦合分析将采用顺序耦合的方式，即在结构分析时，温度场作为节点载荷来分析位移场。

3. 稳定性讨论

方程（4.53）经变换为 n 个不相耦合的微分方程后，因为 n 个方程的形式相同，故仅需讨论其中一个即可。将该方程改写为 $\ddot{x}_i + \omega_i^2 x_i = f_i$。

讨论解的稳定性实质上就是讨论误差引起的响应，所以上式中可令 $f_i = 0$。因此讨论方程为

$$\ddot{x}_i + \omega_i^2 x_i = 0 \tag{4.57}$$

将 Newmark 方法的循环计算公式（4.55）用于式（4.57）表示的运动方程，可以得到

$$\left(1+\alpha\Delta t^2\omega_i^2\right)\left(x_i\right)_{t+\Delta t} = \left(x_i\right)_t + \Delta t\left(\dot{x}_i\right)_t + \left(\frac{1}{2}-\alpha\right)\Delta t^2\left(\ddot{x}_i\right)_t \tag{4.58}$$

为了研究解的稳定性，利用 Newmark 方法的基本假设式（4.54），并利用式（4.57），将式（4.58）改写为

$$\left.\begin{aligned}\left(\dot{x}_i\right)_{t+\Delta t} &= \left(\dot{x}_i\right)_t - \left[(1-\delta)\left(x_i\right)_t + \delta\left(x_i\right)_{t+\Delta t}\right]\omega_i^2\Delta t\\ \left(x_i\right)_{t+\Delta t} &= \left(x_i\right)_t + \left(\dot{x}_i\right)_t\Delta t - \left[\left(\frac{1}{2}-\alpha\right)\left(x_i\right)_t + \alpha\left(x_i\right)_{t+\Delta t}\right]\omega_i^2\Delta t^2\end{aligned}\right\} \tag{4.59}$$

利用式（4.59）和式（4.57），式（4.58）可以改写成

$$\left(1+\alpha p_i\right)\left(x_i\right)_{t+\Delta t} + \left[-2+\left(\frac{1}{2}-2\alpha+\delta\right)p_i\right]\left(x_i\right)_t + \left[1+\left(\frac{1}{2}+\alpha-\delta\right)p_i\right]\left(x_i\right)_{t-\Delta t} = 0 \tag{4.60}$$

式中 $p_i = \Delta t^2\omega_i^2$。

假设该方程具有形式解：

$$\left(x_i\right)_{t+\Delta t} = \lambda\left(x_i\right)_t,\quad \left(x_i\right)_t = \lambda\left(x_i\right)_{t-\Delta t} \tag{4.61}$$

代入式（4.60）得到关于 λ 的特征方程

$$\lambda^2\left(1+\alpha p_i\right) + \lambda\left[-2+\left(\frac{1}{2}-2\alpha+\delta\right)p_i\right] + \left[1+\left(\frac{1}{2}+\alpha-\delta\right)p_i\right] = 0 \tag{4.62}$$

解该方程其根是

$$\lambda_{1,2} = \frac{(2-g)\pm\sqrt{(2-g)^2-4(1+h)}}{2} \tag{4.63}$$

其中

$$g = \frac{\left(\frac{1}{2}+\delta\right)p_i}{1+\alpha p_i}\quad h = \frac{\left(\frac{1}{2}-\delta\right)p_i}{1+\alpha p_i} \tag{4.64}$$

解的稳定性条件如下。

（1）真正的解在小阻尼情况下必须具有振荡的性质，因此 λ 就是复数，即

$4(1+h) > (2-g)^2$，故有 $p_i\left[4\alpha-\left(\frac{1}{2}+\delta\right)^2\right] > -4$。

当 p_i 很大时，即 Δt 不受限制时，仍要求上式成立，则必须是

$$\alpha \geqslant \frac{1}{4}\left(\frac{1}{2}+\delta\right)^2 \tag{4.65}$$

（2）稳定的解必须不是无限增长的，因此必须有 $|\lambda| = \sqrt{1+h} \leqslant 1$，即 $-1 \leqslant h \leqslant 0$。同样，当

p_i 很大时，仍要求上式成立，则必须是

$$\delta \geqslant \frac{1}{2}$$
$$\frac{1}{2} - \delta + \alpha \geqslant 0 \tag{4.66}$$

当条件式（4.65）满足时，式（4.66）恒成立，所以综合上述分析得到 Newmark 方法解的稳定条件是

$$\delta \geqslant \frac{1}{2}, \quad \alpha \geqslant \frac{1}{4}\left(\frac{1}{2} + \delta\right)^2 \tag{4.67}$$

4. 时间步长和空间步长

虽然 Newmark 算法是无条件稳定的，但是利用有限元方法分析激光超声问题时，仍必须考虑下面两个重要参数：时间步长和空间步长。

用无条件稳定的 Newmark 算法求解有限元方程时，当满足式（4.67）时，时间步长的大小并不影响解的稳定性。此时 Δt 的选择主要根据求解的精度来确定，具体来说根据对结构响应有主要贡献的最高频率或相应的周期来确定。另外，无条件稳定的 Newmark 隐式算法比有条件的显式算法可以采用大得多的时间步长 Δt，这使得 Newmark 隐式算法特别适合于长时间的结构瞬态响应分析，而且采用较大的时间步长还可过滤掉高阶不精确特征解对结构响应的影响。为计算出激光超声波，必须选取合适的时间步长 Δt 来捕捉感兴趣的波；一般来说，时间步长越小求解精度越高，越能分辨出高频成分的超声波；时间步长过大，不能有效地分辨超声波的高频分量。然而，太小的时间步长则需要大量的计算时间，所以用有限元模型进行求解时在保证求解精度下，时间步长一般选取

$$\Delta t = \frac{1}{20 f_{\max}} \tag{4.68}$$

式中，$f_{\max}$ 是所期望的最高频率。

但是当激光作用的脉冲上升时间在纳秒量级时，式（4.68）给出的时间步长不能提供足够的时间分辨率，时间步长应该足够小到能够反映激光作用的过程，在这种情况下，时间步长可以选取 $\Delta t = \dfrac{1}{180 f_{\max}}$。所以研究激光超声时，时间步长必须足够小，以保证最小的时间步长应和两个连续节点之间波的传播时间相对应。

一般情况下，为满足描述激光作用后的弹性波的传播的精度要求，要求网格小于弹性波的波长的 1/4。对于空间为高斯分布，时间分布为狄拉克函数 $\delta(t)$ 的脉冲激光，其激发出来的声表面波的中心频率可以由下式来估算：

$$f_{\max} = \frac{\sqrt{2} c_{\mathrm{R}}}{\pi a_0} \tag{4.69}$$

对应的波长为

$$\lambda_{\min} = \frac{\pi a_0}{\sqrt{2}} \tag{4.70}$$

计算中为保证足够的空间分辨率，将采用如下关系以保证能量在连续的两个节点之间传递：

$$L_e = \frac{\lambda_{\min}}{10} \tag{4.71}$$

式中，L_e为单元的长度。

4.2.3 均匀各向同性固体中的激光超声波

基于以上热弹性耦合问题的有限元方法，可以计算出均匀各向同性固体中的激光超声波。

以均匀的各向同性金属铝板为例，当激光辐照在铝板的上表面，波由激发点向外传播。声波的特性不仅由辐照的激光特性决定，还与固体板的厚度有关。当板厚小于激发的超声波的中心波长时，激发出的主要是 Lamb 波的低阶模态[5]，如图 4.1 所示。低阶对称 s_0 模是非色散的，而非对称的 a_0 模是色散的。随着板厚的继续增加，除了最低阶的 s_0 模和 a_0 模外，会出现高阶模态，每一种高阶模态都有其截止频率，如果低于这个截止频率的话，这种模式就不能传播。关于截止频率的相关内容，可参见第 2 章的相关知识。

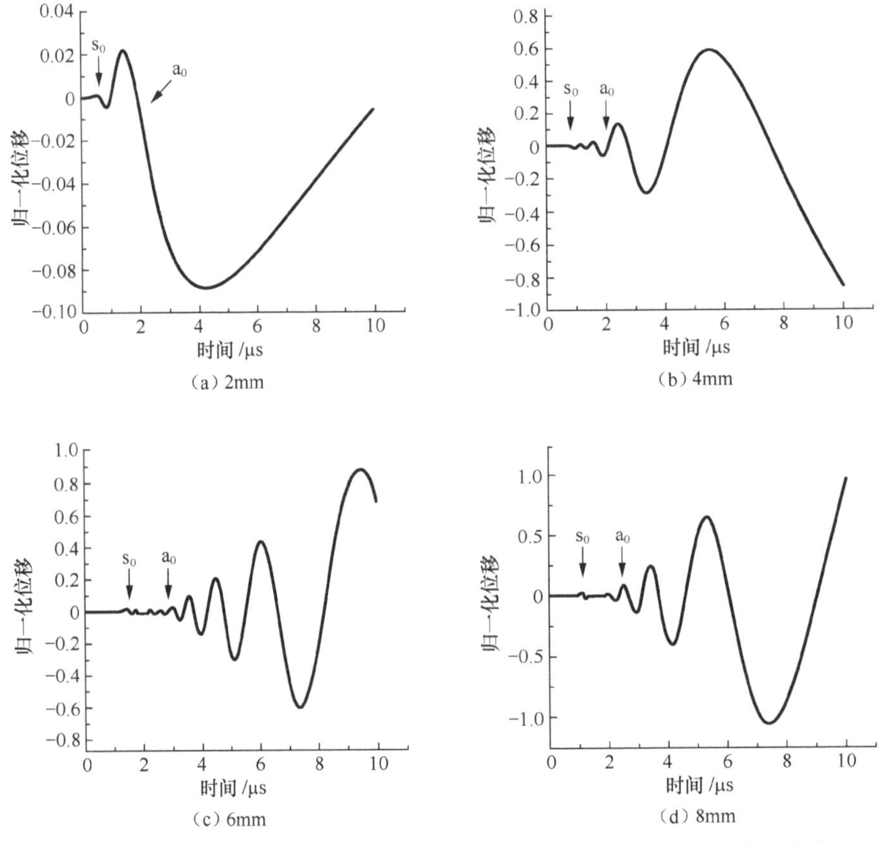

图 4.1 在 0.2 mm 厚的单层铝材料中，距激光源不同距离处的表面归一化垂直位移

当板厚继续增加到远大于激发的超声波的中心波长时，激发出的主要是 Rayleigh 波（声表面波）模态，如图 4.2 所示。首先到达的是掠面纵波（SP），另外两个是掠面横波（SS）和 Rayleigh 波（R）。三种类型的波在近场重叠在一起[见图 4.2（a）]，随着接收距离的增加，掠面纵波和 Rayleigh 波逐渐分开，而掠面横波仍然和 Rayleigh 波重叠在一起，这种现象是由于 Rayleigh 波的速度比掠面纵波要小得多而与掠面横波相接近，当接收距离较小时，掠面纵波与有一定宽度的表面波脉冲不

能完全分开［见图 4.2（b）和图 4.2（c）］。由于掠面纵波速度远远大于 Rayleigh 波传播速度，随着接收距离的增大，两种波形渐渐分开，因此在图 4.2（d）中清楚地看到这两个波形。

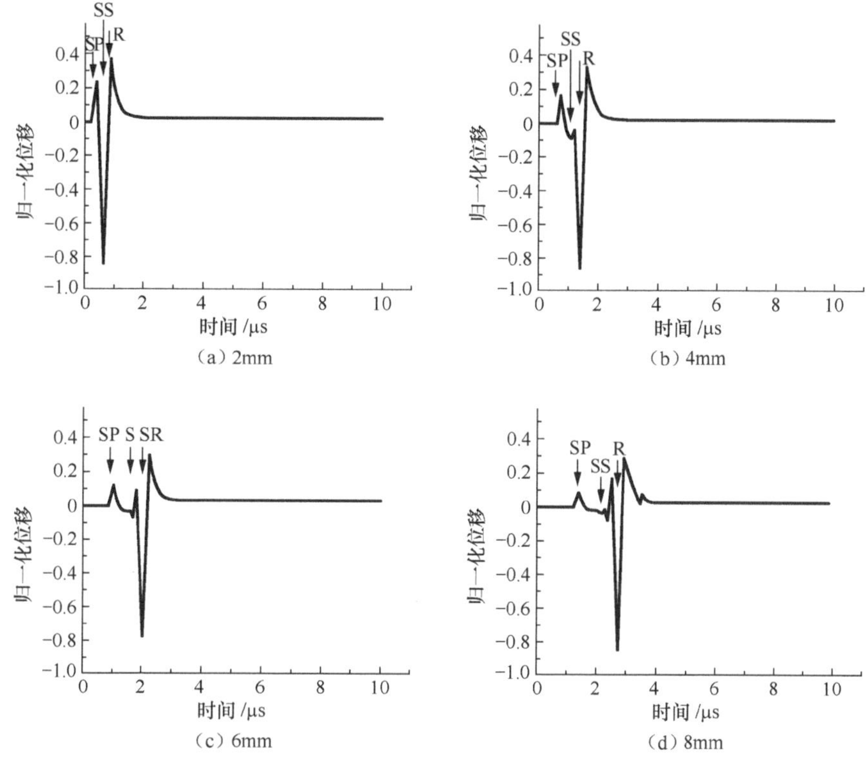

图 4.2 在 1 cm 厚度的单层铝材料中，距激光源不同距离处的表面归一化垂直位移

激光能同时在材料中激发出多种模式的波，除了在激发源的同侧能接收到表面波外，在对心位置还能接收到传播的体波，如图 4.3 所示，对心处首先到达的波是纵波，第二个到达的波是横波。

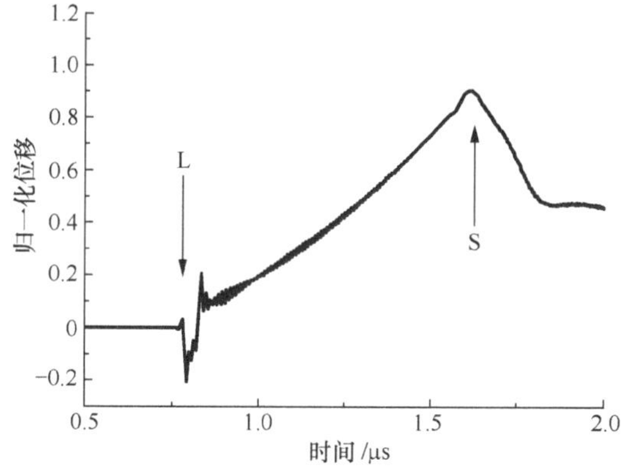

图 4.3 厚度 5 mm 的单层铝材料中，对心位置接收的归一化垂直位移

有限元数值方法的优点之一就是它可以给出全场波形。在计算的时间域内，有限元方法能计算所有节点的位移矢量。图 4.4 显示了全场垂直于表面（z 轴方向）的位移值，激光产生的超声波的模态清楚地反映出在铝材料中激光激发出纵波（L）、横波（S）、由表面向材料内部传播

的头波（H）和沿激光作用的表面传播的表面波（Rayleigh）[6]。横波的振幅最大，其次为表面波、头波，最小的振幅为纵波。激光产生的超声波中包含有大量的横波成分。图 4.5 所示为有限元计算得到的某一时刻的位移图。

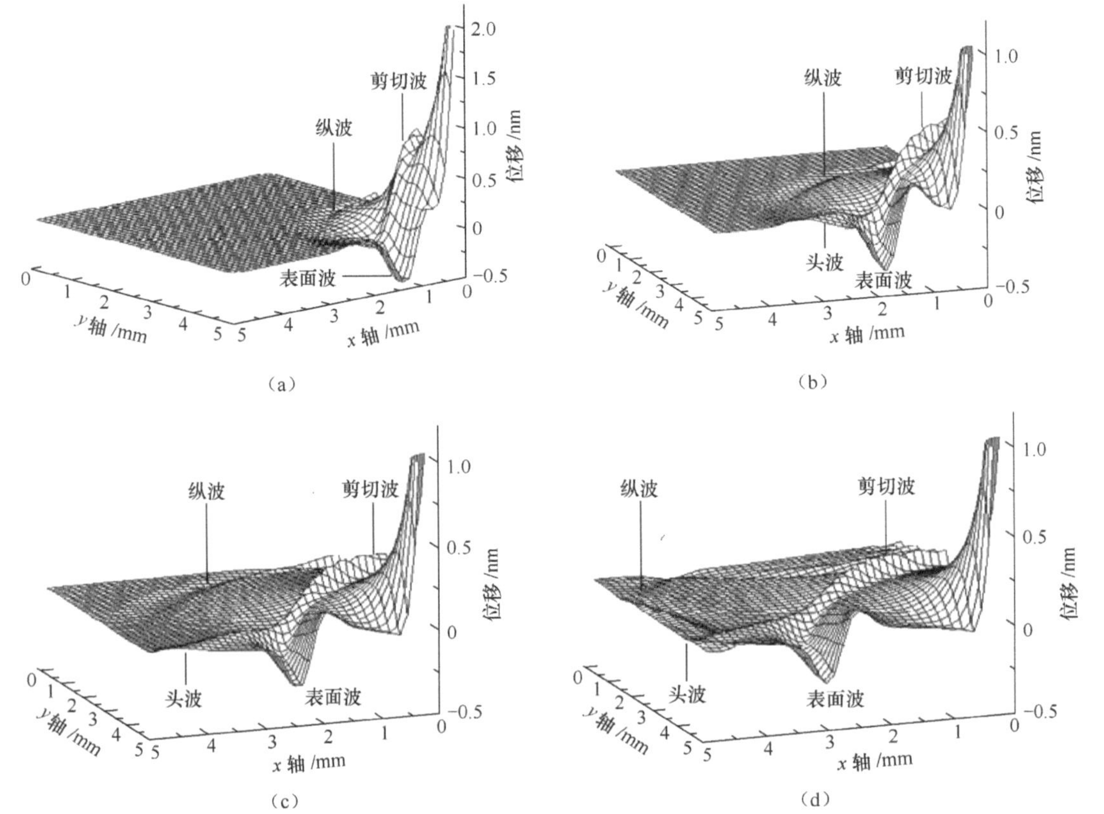

（a） （b）

（c） （d）

图 4.4　不同时刻，激光在厚度为 5 mm 的铝板中激发的超声波的全场位移图

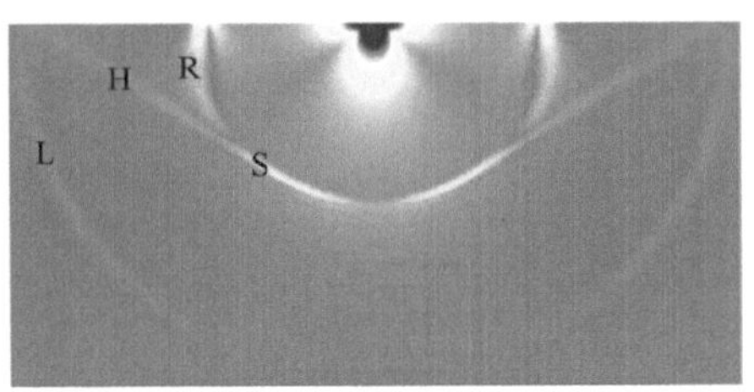

图 4.5　有限元计算得到的某一时刻的铝板中传播的激光超声波的全场波形图

4.2.4　涂层（薄膜）/基底系统中的激光声表面波

激光在涂层（薄膜）/基底系统中激发超声的过程能够用 4.1.2 节中的物理模型来描述。涂层和基底的界面为理想的热接触界面，并且在此界面处满足应力、位移连续性条件。

1．软涂层系统

以典型的镍涂层/铝基底系统为例。由于超声波在金属镍中的传播速度比在金属铝中的传播速度慢，这种系统称为软涂层系统。当铝基底厚度为 1cm，镍涂层厚度为 50μm 时，图 4.6 所示为利用有限元方法计算得到的此系统中传播的超声波[7]。首先到达接收点的是掠面纵波。接着到达的是广义表面波，表面波的传播速度依赖于频率，每个频率成分以不同的相速度传播，其传播速度与涂层（薄膜）厚度和声波长有关。涂层（薄膜）和基底的性质共同决定了表面波的色散特征。表面波的振幅随着透入深度的增加呈指数衰减，激光产生表面波的能量主要集中在表面，而且能量随深度的变化依赖于表面波的频率，低频表面波能量能穿透涂层进入基底，这时表面波的速度主要由基底的性质决定；随着表面波频率不断增加，能量越来越集中到表面，以至表面波的速度完全由涂层（薄膜）的性质决定。在此系统中传播的声表面波的低频成分比高频成分快，出现了正常的色散。

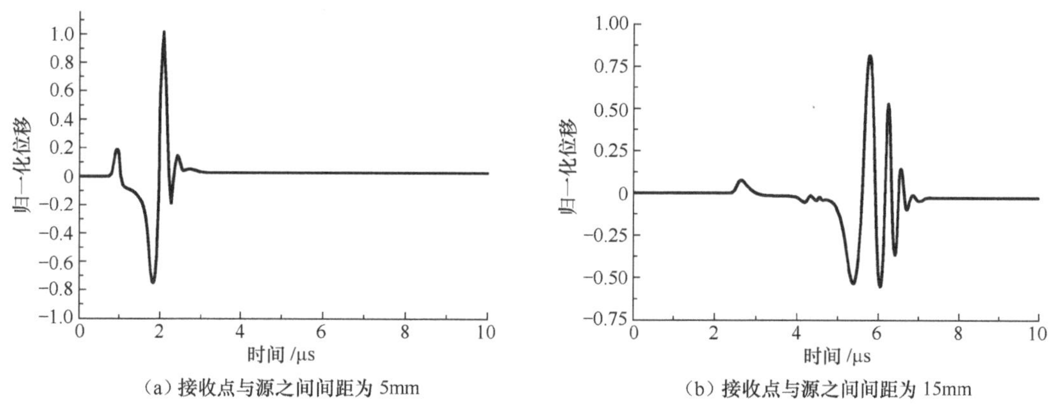

(a) 接收点与源之间间距为 5mm
(b) 接收点与源之间间距为 15mm

图 4.6　镍涂层铝基底系统中激光声表面波的垂直位移

2. 硬涂层系统

同样，对于另外一类涂层基底系统，如铝涂层/铜基底系统，由于超声波在金属铝中的传播速度比金属铜中的传播速度快，这一类系统称为硬涂层系统。在这种系统中，从图 4.7 可以看出，表面波的高频成分比低频成分传播更快，出现反常的色散[8]。由于涂层铝的 Rayleigh 波速度比基底铜的横波速度大，表面波速度从基底的表面波速度开始随着频率的增加而逐渐增加，直到达到基底的横波速度，相应的表面波模态截止，这是由于基底并不支持速度超过其横波速度的表面波。当表面波速度到达基底横波速度时（对应的频率为截止频率），表面波与横波耦合，此时衰减最强烈，相应表面波的振幅减小而趋向于零。若减小作用光斑，则激发的超声频率增加。如图 4.8 所示，首先到达的是掠面纵波，然后出现伪表面波，尾随其后的是广义 Rayleigh 波。在表面波的传播速度达到基底横波速度时，位移信号有一个强烈的衰减，在一个很小的频率厚度乘积范围内存在一个位移振幅趋于零的区域。

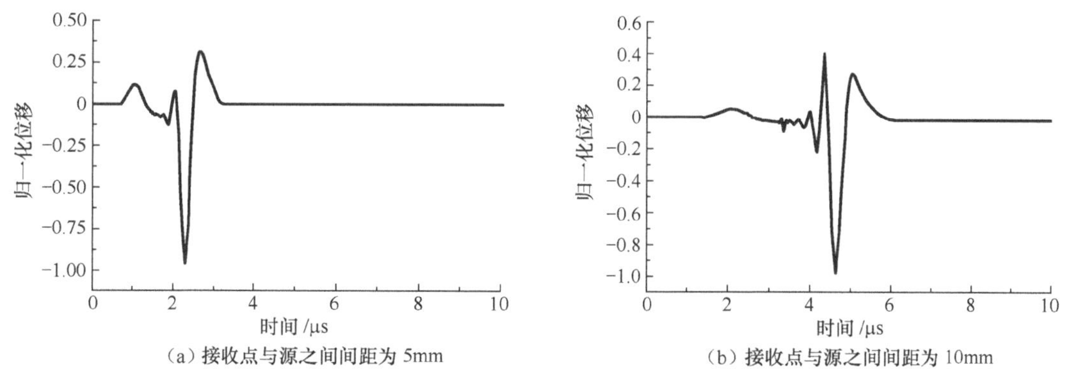

(a) 接收点与源之间间距为 5mm
(b) 接收点与源之间间距为 10mm

图 4.7　铝涂层铜基底系统中激光声表面波的垂直位移

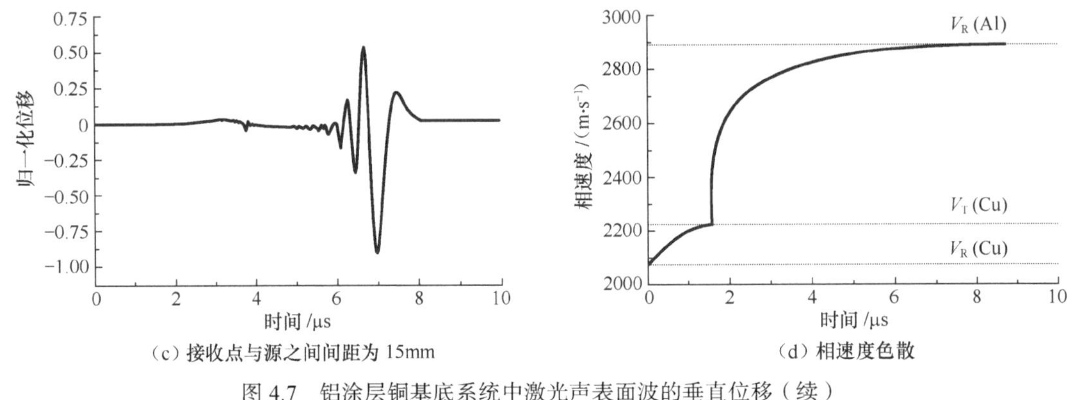

（c）接收点与源之间间距为 15mm　　（d）相速度色散

图 4.7　铝涂层铜基底系统中激光声表面波的垂直位移（续）

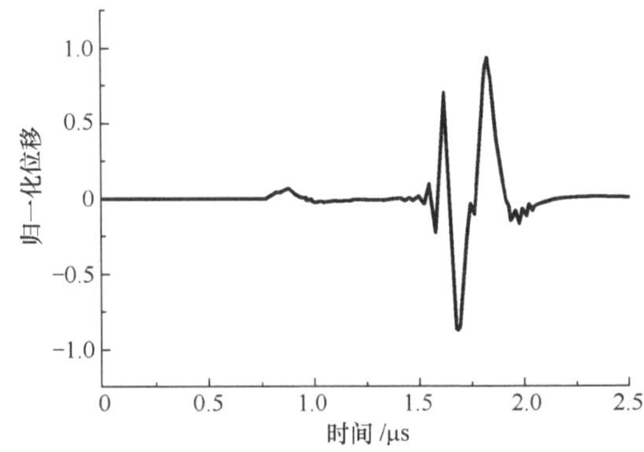

图 4.8　铝涂层铜基底系统中高于截止频率的伪表面波（源与接收点距离为 4.8 mm，光斑半径为 50μm）

4.3 双积分变换法

在研究波动问题时，积分变换法是常用的一种方法[9][10]。当涉及多个独立的变量时，如时间变量 t 和空间变量 x，需要对这两个变量进行积分时，也称双积分变换法。积分变换法是将一给定的函数转换为另一函数，这种变换是通过原函数与一个影响函数的乘积在某一特定的区间积分来实现。常用到的积分变换有傅里叶（Fourier）变换、汉克尔（Hankel）变换、拉普拉斯（Laplace）变换。在研究结构受载荷作用的振动问题时，通过选用合适的积分变换，可以将包括多个独立变量的偏微分方程转换成包含较少独立变量的微分方程来求解。例如，利用 Laplace 变化可将有一个独立变量的常微分方程化成代数方程求解，得到有较少独立变量的方程比原方程更容易求解。求解得到的并非原函数，而是原函数的积分变换，要得到原函数，必须采用逆变换。逆变换也是应用积分变换求解的难点。大多数情况下，无法精确求解逆变换积分的封闭形式，可以通过一些数值方法进行估算。在可以求精确解的情况下，往往通过将复变量在复平面内积分求得，利用留数定理，将逆变换积分写成多项式和的形式，每一项出现在被积函数的一个奇异点上。对于波的传播问题，结果中的每一项通常都有明确的物理意义。这个复杂的数学问题不在这里做详细讨论，本节通过融蚀机制下的激光声表面波激发和传播的例子来说明双积分变换法在求解该类问题时的应用。

薄膜沉积在基底上，激光线源垂直辐照在薄膜上，如图 4.9 所示[11]。波沿着 x 方向传播，激光线源垂直入射到平面。考虑薄膜和基底都是各向同性。如第 2 章所述，通过引进一个标量势和一个矢量势，可以将位移分量分解用两个势函数表示，并且两个势函数满足下面的波动方程：

$$\frac{\partial^2\phi_i}{\partial x^2}+\frac{\partial^2\phi_i}{\partial y^2}=\frac{\ddot{\phi}_i}{c_{li}^2} \tag{4.72}$$

$$\frac{\partial^2\psi_i}{\partial x^2}+\frac{\partial^2\psi_i}{\partial y^2}=\frac{\ddot{\psi}_i}{c_{ti}^2} \tag{4.73}$$

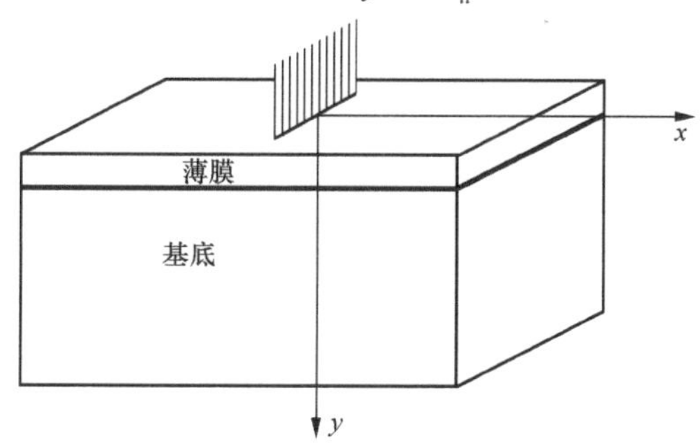

图 4.9 激光线源辐照的示意图

以上两式与第 2 章中时的相同，只是这里对于层状结构，不同的层具有不同的势函数和不同的纵波及剪切波的速度，下标 i 为 f 时表示薄膜，i 为 s 时表示基底。

由此，应力分量 τ_{xy} 和 τ_{yy} 用以下关系描述：

$$\tau_{xyi}=\mu_i\left(2\frac{\partial^2\phi_i}{\partial x\partial y}-\frac{\partial^2\psi_i}{\partial x^2}+\frac{\partial^2\psi_i}{\partial y^2}\right) \tag{4.74}$$

$$\tau_{yyi}=\lambda_i\left(\frac{\partial^2\phi_i}{\partial x^2}+\frac{\partial^2\phi_i}{\partial y^2}\right)+2\mu_i\left(\frac{\partial^2\phi_i}{\partial y^2}-\frac{\partial^2\psi_i}{\partial x\partial y}\right) \tag{4.75}$$

式中，λ_i 和 μ_i 是薄膜和基底的拉梅常数。

初始条件：

$$\begin{aligned}\phi_i(x,y,0)&=\frac{\partial\phi_i}{\partial t}(x,y,0)=0\\ \psi_i(x,y,0)&=\frac{\partial\psi_i}{\partial t}(x,y,0)=0\end{aligned} \tag{4.76}$$

如果在样品表面增加一个吸收层，比如油层，超声波的激发机制以融蚀为主，即吸收层的蒸发。吸收层的蒸发可以视为一个等效的瞬态垂直力源，等效力源的幅度用 F 表示，用 $\delta(t)$ 表示该力源的时间分布，该等效力源可视为一个薄膜表面的应力边界条件，故在薄膜表面应力边界条件可用下式描述：

$$\tau_{yyf} = F\delta(x)\delta(t), \quad \tau_{xyf} = 0 \tag{4.77}$$

式中，F 是一个常数。

假设薄膜和基底的交界面是理想界面，那么在界面处，应满足以下应力和位移连续的边界条件：

$$u_{xf} = u_{xs}, \quad u_{yf} = u_{ys}, \quad \tau_{yyf} = \tau_{yys}, \quad \tau_{xyf} = \tau_{xys} \tag{4.78}$$

结合以上几个等式进行求解就能够得到融蚀机制下薄膜/基底系统中的激光超声波，为了求解以上等式，对时间变量 t 进行 Laplace 变换，对空间坐标 x 进行 Fourier 变换。将式（4.72）和式（4.73）经 Laplace-Fourier 变换后得到以下等式：

$$\frac{\partial^2 \tilde{\bar{\phi}}_i}{\partial y^2} = \frac{p^2 \tilde{\bar{\phi}}_i}{c_{Li}^2} + \omega^2 \tilde{\bar{\phi}}_i \tag{4.79}$$

$$\frac{\partial^2 \tilde{\bar{\psi}}_i}{\partial y^2} = \frac{p^2 \tilde{\bar{\psi}}_i}{c_{Ti}^2} + \omega^2 \tilde{\bar{\psi}}_i \tag{4.80}$$

式中，p 和 ω 分别代表变量 t 和 x 的 Laplace 变换和 Fourier 变换。$\tilde{\bar{\phi}}_i$ 和 $\tilde{\bar{\psi}}_i$ 代表了 Laplace-Fourier 变换的势函数。假设基底是半无限大的，$\tilde{\bar{\phi}}_i$ 和 $\tilde{\bar{\psi}}_i$ 能够通过求解式（4.79）和式（4.80）获得：

$$\tilde{\bar{\phi}}_f = C_1 e^{\eta_1 y} + C_2 e^{-\eta_1 y} \tag{4.81}$$

$$\tilde{\bar{\psi}}_f = C_3 e^{\eta_2 y} + C_4 e^{-\eta_2 y} \tag{4.82}$$

$$\tilde{\bar{\phi}}_s = C_5 e^{-\eta_3 y} \tag{4.83}$$

$$\tilde{\bar{\psi}}_s = C_6 e^{-\eta_4 y} \tag{4.84}$$

式中，

$$\eta_1^2 = \frac{p^2}{c_{Lf}^2} + \omega^2 \qquad \eta_2^2 = \frac{p^2}{c_{Tf}^2} + \omega^2$$

$$\eta_3^2 = \frac{p^2}{c_{Ls}^2} + \omega^2 \qquad \eta_4^2 = \frac{p^2}{c_{Ts}^2} + \omega^2$$

将经 Laplace-Fourier 变换后的边界条件和初始条件代入上面的势函数等式中，就能够得到式（4.81）～式（4.84）中的 6 个系数。通过对式（4.72）和式（4.73）的 Laplace-Fourier 变换，就能够得到变换后的位移场 $\tilde{\bar{u}}_y(\omega, y, p)$。

当 y=0 时，得到表面位移的垂直分量 $\tilde{\bar{u}}_y(\omega, 0, p)$：

$$\tilde{\bar{u}}_y(\omega, 0, p) = F \cdot \frac{U}{M} \tag{4.85}$$

通过利用数值反 Laplace-Fourier 变换能够求解声表面波的位移场。

图 4.10 是利用双积分变换法计算得到的铝/甲基丙烯酸脂和铝/二氧化硅中垂直于表面的位移分量，这是典型的薄膜基底系统中的声表面波。

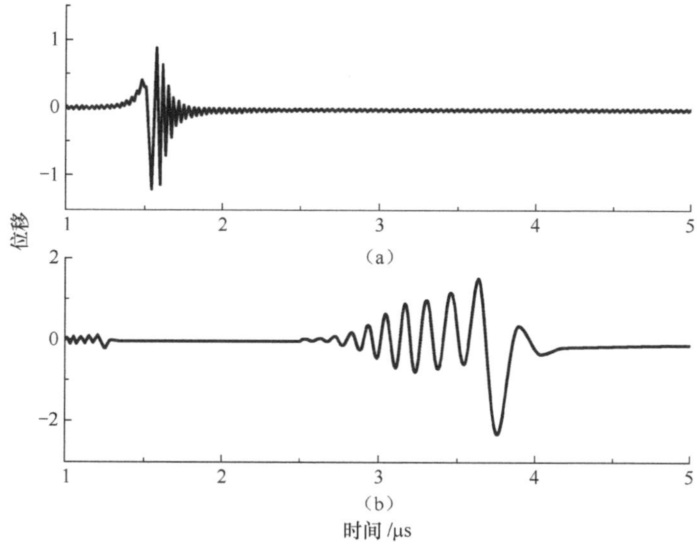

图 4.10 (a)铝/甲基丙烯酸脂(b)铝/二氧化硅中垂直于表面的位移分量图

4.4 传递矩阵法

传递矩阵法主要是利用层状材料在每层的交界面处的位移和应力的连续性条件，利用一定的传递关系将位移和应力从层状平板的一边传递到另一边，故传递矩阵法能够很方便地研究多层结构中的超声导波问题[12][13]。

4.4.1 激光辐照均匀各向同性多层平板的控制方程

由 n 层均匀的、各向同性、线弹性层组成的多层平板，每层板的厚度为 h_j（$j=1,2,\cdots,n$），激光脉冲辐照在该多层板样品的上表面（如图 4.11 所示）[14]。激光源被处理成由分布的垂直和剪切载荷组成的等效弹性边界源。多层各向同性均匀板在激光点源辐照下的位移场可以在柱坐标系下考虑，位移矢量仍可分解为一个矢量势函数（只与 θ 方向有关）和一个标量势函数，在层状材料中的运动方程可表示为

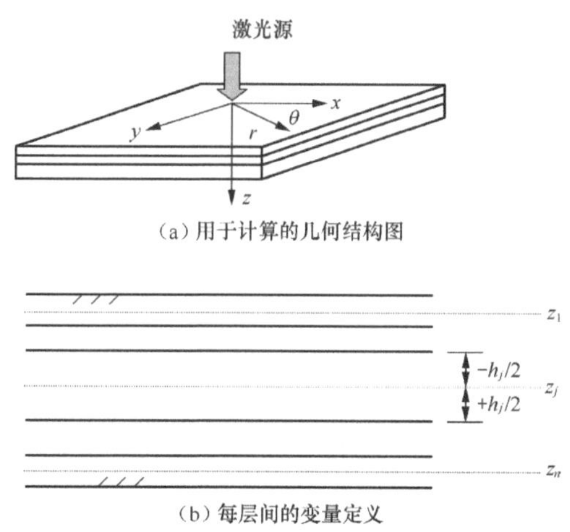

图 4.11 激光辐照均匀各向同性多层平板

$$\varphi_{,rr}+\frac{1}{r}\varphi_{,r}+\varphi_{,zz}=s_{\mathrm{L}}^{2}\varphi_{,tt} \tag{4.86}$$

$$\psi_{,rr}+\frac{1}{r}\psi_{,r}+\psi_{,zz}-\frac{1}{r^{2}}\psi=s_{\mathrm{T}}^{2}\psi_{,tt} \tag{4.87}$$

式中，$s_{\mathrm{L}}=1/c_{\mathrm{L}}$ 和 $s_{\mathrm{T}}=1/c_{\mathrm{T}}$ 是纵波和横波的慢度面。应力场和位移场能表示为

$$u=\varphi_{,r}-\psi_{,z} \tag{4.88}$$

$$w=\varphi_{,z}+\frac{1}{r}(r\psi)_{,r} \tag{4.89}$$

$$\tau_{zr}=\mu(u_{,z}+w_{,r}) \tag{4.90}$$

$$\tau_{z}=(\lambda+2\mu)w_{,z}+\frac{\lambda}{r}(ru)_{,r} \tag{4.91}$$

对式（4.86）和式（4.87）应用 Hankel 和单边 Laplace 变换：

$$\overline{\varphi}_{,zz}^{H_0}-\alpha^2\overline{\varphi}^{H_0}=0 \tag{4.92}$$

$$\overline{\psi}_{,zz}^{H_1}-\beta^2\overline{\psi}^{H_1}=0 \tag{4.93}$$

式中，符号“−”代表 Laplace 变换，H_0 和 H_1 分别代表零阶和一阶 Hankel 变换。并且，$\alpha^2=\xi^2+s_{\mathrm{L}}^2p^2$ 和 $\beta^2=\xi^2+s_{\mathrm{T}}^2p^2$。这里，$\xi$ 和 p 分别代表空间和时间频率。对于某一层而言，适合方程的解可以表示成

$$\overline{\varphi}^{H_0}=A(\xi,p)\mathrm{e}^{-\alpha z}+B(\xi,p)\mathrm{e}^{\alpha z} \tag{4.94}$$

$$\overline{\psi}^{H_1}=C(\xi,p)\mathrm{e}^{-\beta z}+D(\xi,p)\mathrm{e}^{\beta z} \tag{4.95}$$

式中，A、B、C、D 是 ξ 和 p 的函数。对式（4.88）～式(4.91)应用对位移和应力的 Laplace 和 Hankel 变换：

$$\overline{u}^{H_1}=-\xi\overline{\varphi}^{H_0}-\overline{\psi}_{,z}^{H_1} \tag{4.96}$$

$$\overline{w}^{H_0}=\overline{\varphi}_{,z}^{H_0}+\xi\overline{\psi}^{H_1} \tag{4.97}$$

$$\overline{\tau}_{zr}^{H_1}=-\mu[2\xi\overline{\varphi}_{,z}^{H_0}+(s_{\mathrm{T}}^2p^2+2\xi^2)\overline{\psi}^{H_1}] \tag{4.98}$$

$$\overline{\tau}_{z}^{H_0}=\mu[(s_{\mathrm{T}}^2p^2+2\xi^2)\overline{\varphi}^{H_0}+2\xi\overline{\varphi}_{,z}^{H_1}] \tag{4.99}$$

在 Laplace 和 Hankel 域中，顶层和底层表面的边界条件为

$$\overline{\tau}_{zr}^{H_1}(z=z_1-h_1/2)=\overline{g}^{H_1}(\xi,p) \tag{4.100}$$

$$\overline{\tau}_{z}^{H_0}(z=z_1-h_1/2)=\overline{f}^{H_0}(\xi,p) \tag{4.101}$$

$$\overline{\tau}_{zr}^{H_1}(z=z_n+h_n/2)=0 \tag{4.102}$$

$$\overline{\tau}_{z}^{H_0}(z=z_n+h_n/2)=0 \tag{4.103}$$

式中，$\overline{g}^{H_1}(\xi,p)$ 和 $\overline{f}^{H_0}(\xi,p)$ 是等效于激光源的弹性边界源，可由以下两等式给出：

$$\overline{g}^{H_1}(\xi,p)=-2\frac{\xi}{p}C_0Q_0Q(\xi)Q(p) \tag{4.104}$$

$$\overline{f}^{H_0}(\xi,p)=-\frac{(\beta^2+\xi^2)}{p\chi}C_0Q_0Q(\xi)Q(p) \tag{4.105}$$

式中，C_0 是一个由最上层材料的热和力学性质决定的常数，$\chi^2=\alpha^2+p/\kappa$，$Q_0Q(\xi)Q(p)$ 是激光源函数 $Q(r,t)$ 的 Hankel 和 Laplace 变换，激光源函数由下式给出：

$$Q(r,t)=Q_0\left(\frac{2}{R^2}\mathrm{e}^{-2r^2/R^2}\right)\left(\frac{8t^3}{\tau^4}\mathrm{e}^{-2t^2/\tau^2}\right) \tag{4.106}$$

式中，R 是光斑尺寸，τ 是激光脉冲的上升时间，Q_0 是被吸收的激光能量。

4.4.2 层状板中的传递关系

考虑位于 $z=z_j-h_j/2$ 位置的第 j 层板中的位移和应力，将式（4.94）和式（4.95）代入式（4.96）～式（4.99），能够得到

$$\boldsymbol{S}_{z=z_j-h_j/2}=\begin{bmatrix} -\xi & -\xi\mathrm{e}^{-\alpha_j h_j} & \beta_j & -\beta_j\mathrm{e}^{-\beta_j h_j} \\ -\alpha_j & \alpha_j\mathrm{e}^{-\alpha_j h_j} & \xi & \xi\mathrm{e}^{-\beta_j h_j} \\ b_j & -b_j\mathrm{e}^{-\alpha_j h_j} & -a_j & -a_j\mathrm{e}^{-\beta_j h_j} \\ a_j & a_j\mathrm{e}^{-\alpha_j h_j} & -c_j & c_j\mathrm{e}^{-\beta_j h_j} \end{bmatrix}\boldsymbol{\Lambda} \tag{4.107}$$

式中，$a_j=\mu_j(s_{\mathrm{T}_j}^2p^2+2\xi^2)$，$b_j=2\mu_j\xi\alpha_j$，$c_j=2\mu_j\xi\beta_j$。

假设 $\boldsymbol{\Lambda}=[A\mathrm{e}^{-\alpha_j(z_j-h_j/2)}\quad B\mathrm{e}^{\alpha_j(z_j+h_j/2)}\quad C\mathrm{e}^{-\beta_j(z_j-h_j/2)}\quad D\mathrm{e}^{\beta_j(z_j+h_j/2)}]^{\mathrm{T}}$

$$\boldsymbol{S}=[\overline{u}^{H_1}\quad \overline{w}^{H_0}\quad \overline{\tau}_{zr}^{H_1}\quad \overline{\tau}_{z}^{H_0}]^{\mathrm{T}}$$

则在 $z=z_j+h_j/2$，有

$$\boldsymbol{S}_{z=z_j+h_j/2}=\begin{bmatrix} -\xi\mathrm{e}^{-\alpha_j h_j} & -\xi & \beta_j\mathrm{e}^{-\beta_j h_j} & -\beta_j \\ -\alpha_j\mathrm{e}^{-\alpha_j h_j} & \alpha_j & \xi\mathrm{e}^{-\beta_j h_j} & \xi \\ b_j\mathrm{e}^{-\alpha_j h_j} & -b_j & -a_j\mathrm{e}^{-\beta_j h_j} & -a_j \\ a_j\mathrm{e}^{-\alpha_j h_j} & a_j & -c_j\mathrm{e}^{-\beta_j h_j} & c_j \end{bmatrix}\boldsymbol{\Lambda} \tag{4.108}$$

将式（4.107）代入式（4.108）中，消去共同量 $\boldsymbol{\Lambda}$，得到在层 j 的两边的应力—位移矢量的转换关系：

$$\boldsymbol{S}_{z=z_j+h_j/2}=\boldsymbol{M}_j\boldsymbol{S}_{z=z_j-h_j/2} \tag{4.109}$$

其中层的传递矩阵 $\boldsymbol{M}_j$ 为

$$\boldsymbol{M}_j=\begin{bmatrix} -\xi\mathrm{e}^{-\alpha_j h_j} & -\xi & \beta_j\mathrm{e}^{-\beta_j h_j} & -\beta_j \\ -\alpha_j\mathrm{e}^{-\alpha_j h_j} & \alpha_j & \xi\mathrm{e}^{-\beta_j h_j} & \xi \\ b_j\mathrm{e}^{-\alpha_j h_j} & -b_j & -a_j\mathrm{e}^{-\beta_j h_j} & -a_j \\ a_j\mathrm{e}^{-\alpha_j h_j} & a_j & -c_j\mathrm{e}^{-\beta_j h_j} & c_j \end{bmatrix}\times \begin{bmatrix} -\xi & -\xi\mathrm{e}^{-\alpha_j h_j} & \beta_j & -\beta_j\mathrm{e}^{-\beta_j h_j} \\ -\alpha_j & \alpha_j\mathrm{e}^{-\alpha_j h_j} & \xi & \xi\mathrm{e}^{-\beta_j h_j} \\ b_j & -b_j\mathrm{e}^{-\alpha_j h_j} & -a_j & -a_j\mathrm{e}^{-\beta_j h_j} \\ a_j & a_j\mathrm{e}^{-\alpha_j h_j} & -c_j & c_j\mathrm{e}^{-\beta_j h_j} \end{bmatrix}^{-1} \tag{4.110}$$

从第 1 层到第 n 层在每层的界面运用连续性条件：

$$\boldsymbol{S}_{z=z_n+h_n/2}=\boldsymbol{T}\boldsymbol{S}_{z=z_1-h_1/2} \tag{4.111}$$

其中，总的传递矩阵 $\boldsymbol{T}$ 可由下式得到：

$$\boldsymbol{T}=\boldsymbol{M}_n\boldsymbol{M}_{n-1}\boldsymbol{M}_{n-2}\cdots\boldsymbol{M}_{j+1}\boldsymbol{M}_j\boldsymbol{M}_{j-1}\cdots\boldsymbol{M}_3\boldsymbol{M}_2\boldsymbol{M}_1 \tag{4.112}$$

利用该传递关系可将位移和应力从层状平板的一边传递到另一边。

4.4.3 无限半空间上多层板结构中的传递关系

对于一个均匀的、各向同性线弹性半空间，两个向上传递的体波模式消失，也就是在式（4.94）和式（4.95）中，B 和 D 等于零。层状板中的传递矩阵相同，在一个半无限大的空间中的传递关系为

$$\boldsymbol{S}_{z=z_j+h_j/2}=\begin{bmatrix}-\xi & \beta_{n+1} & 0 & 0\\ -\alpha_{n+1} & \xi & 0 & 0\\ b_{n+1} & -a_{n+1} & 1 & 0\\ a_{n+1} & -c_{n+1} & 0 & 1\end{bmatrix}\boldsymbol{\varLambda}^*=\boldsymbol{M}_{n+1}\boldsymbol{\varLambda}^* \tag{4.113}$$

式中，$\boldsymbol{\varLambda}^*=[A\mathrm{e}^{-\alpha_{n+1}(z_n+h_n/2)}\quad C\mathrm{e}^{-\beta_{n+1}(z_n+h_n/2)}\quad 0\quad 0]$。

在层状板和半空间的界面处应用连续性条件，例如，将式（4.113）代入式（4.111）中可得

$$\boldsymbol{\varLambda}^*=\boldsymbol{T}^*\boldsymbol{S}_{z=z_1-h_1/2}=\boldsymbol{M}_{n+1}^{-1}\boldsymbol{T}\boldsymbol{S}_{z=z_1-h_1/2} \tag{4.114}$$

无限半空间上多层板结构中总的传递矩阵 $\boldsymbol{T}^*$ 由层状板中的传递矩阵 $\boldsymbol{T}$ 和半无限空间的传递矩阵 $\boldsymbol{M}_{n+1}$ 组成。

4.4.4 瞬态响应

将式（4.100）～式（4.103）定义的边界条件代入式（4.111）中，可得

$$\begin{Bmatrix}\overline{u}^{H_1}(\xi,p)\\ \overline{w}^{H_0}(\xi,p)\end{Bmatrix}_{z=z_1-h_1/2}=-\begin{bmatrix}T_{33} & T_{34}\\ T_{43} & T_{44}\end{bmatrix}\begin{bmatrix}T_{31} & T_{32}\\ T_{41} & T_{42}\end{bmatrix}^{-1}\begin{Bmatrix}\overline{g}^{H_1}(\xi,p)\\ \overline{f}^{H_0}(\xi,p)\end{Bmatrix} \tag{4.115}$$

从式（4.115），能够得到层状板中的 Rayleigh-Lamb 频散方程：

$$\Delta(\xi,p)=T_{31}T_{42}-T_{32}T_{41}=0 \tag{4.116}$$

结合反 Laplace 和 Hankel 变换，可以得到激光辐照下层状板中的瞬态响应：

$$u(r,t)=\frac{1}{2\pi\mathrm{i}}\int_0^\infty\left(\int_{a-\mathrm{i}\infty}^{a+\mathrm{i}\infty}\overline{u}^{H_1}(\xi,p)\mathrm{e}^{pt}\mathrm{d}p\right)J_1(r\xi)\xi\mathrm{d}\xi \tag{4.117}$$

$$w(r,t)=\frac{1}{2\pi\mathrm{i}}\int_0^\infty\left(\int_{a-\mathrm{i}\infty}^{a+\mathrm{i}\infty}\overline{w}^{H_0}(\xi,p)\mathrm{e}^{pt}\mathrm{d}p\right)J_0(r\xi)\xi\mathrm{d}\xi \tag{4.118}$$

式中，a 是一个任意实常数。得到式（4.117）和式（4.118）的解析解是非常困难的，只能得到数值解。当考虑无限半空间上多层板结构时，要用传递矩阵 $\boldsymbol{T}^*$ 代替矩阵 $\boldsymbol{T}$ 。

4.4.5 多层平板中的激光超声波

图 4.12 是半无限空间上的多层结构中的瞬态响应，不同于单层结构，在这几种多层结构中表面波都出现了色散。图 4.13 为不同组成的多层板中声表面波的色散曲线。

在典型的铝（0.045mm）/环氧树脂（0.01mm）/铝（0.045mm）多层薄板中，传播的时域波形如图 4.14（a）所示。时域波形看起来同单层薄板中的时域波形相同，首先到达的是对称的 S_0

模态，其次到达的是反对称的 A_0 模态，然而从图 4.14（b）的色散曲线中能看出环氧树脂层的影响。环氧树脂层明显减小了对称模态和反对称模态的速度。

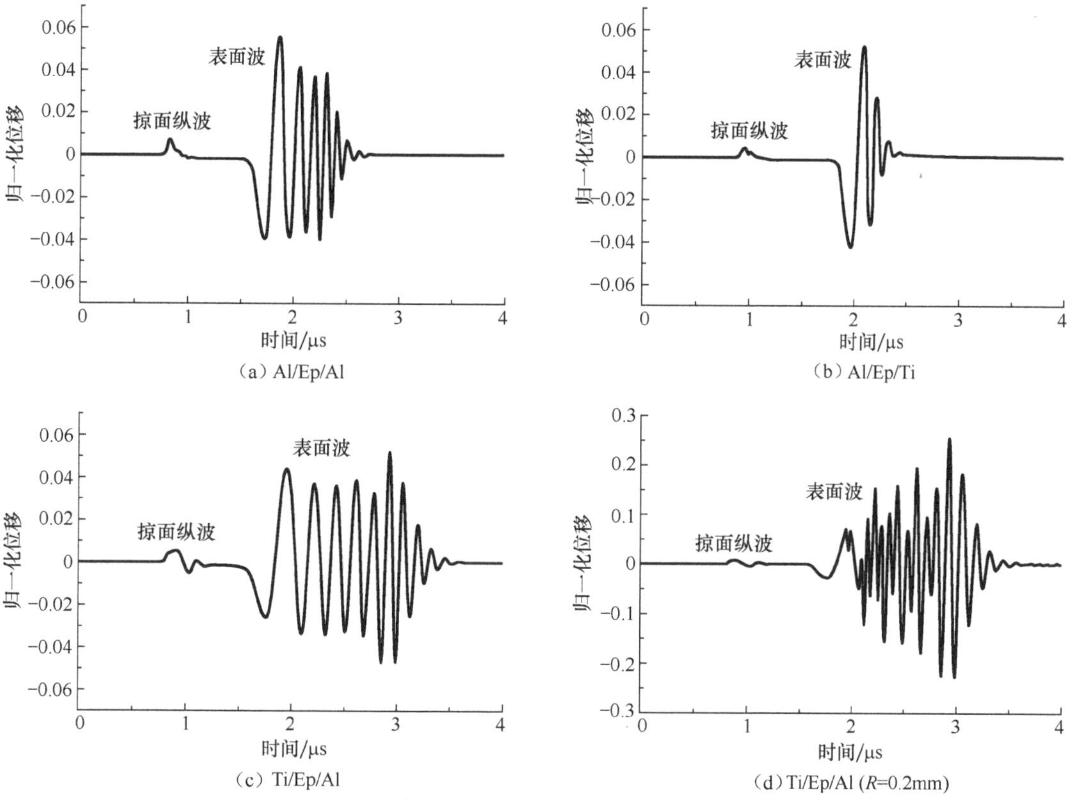

（a）Al/Ep/Al

（b）Al/Ep/Ti

（c）Ti/Ep/Al

（d）Ti/Ep/Al (R=0.2mm)

图 4.12　半无限大空间上的多层结构中的瞬态响应

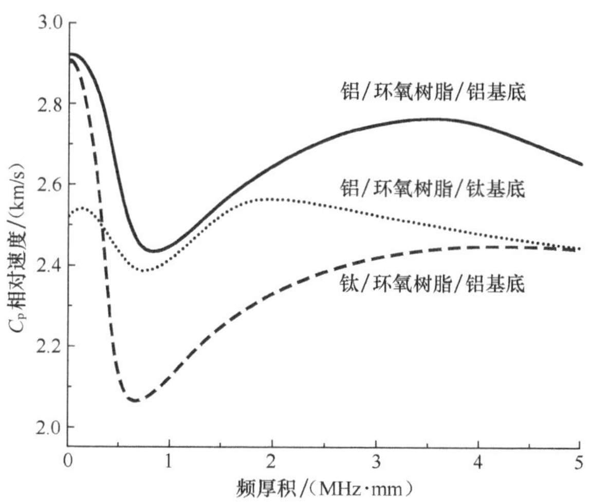

图 4.13　多层结构中最低阶模态的波的色散曲线图

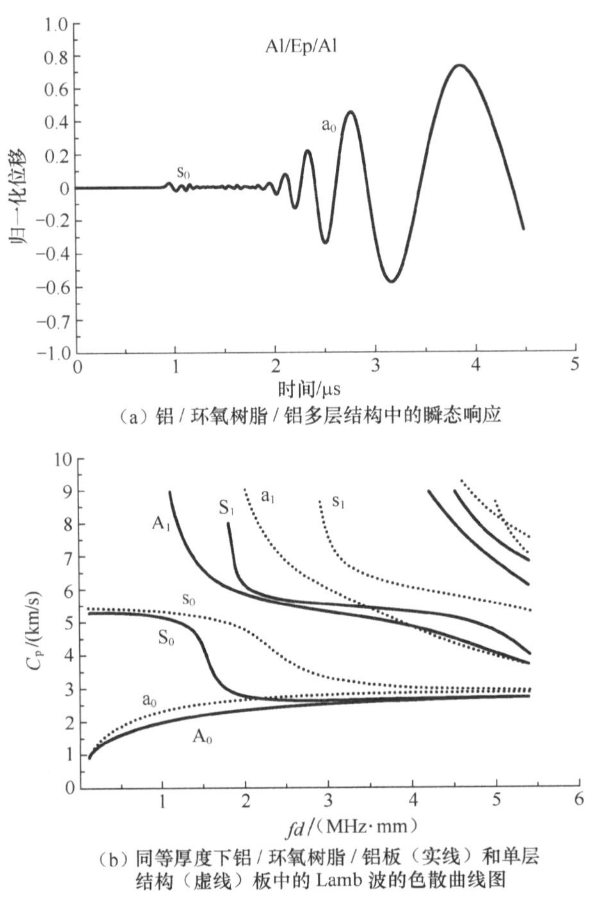

(a) 铝 / 环氧树脂 / 铝多层结构中的瞬态响应

(b) 同等厚度下铝 / 环氧树脂 / 铝板（实线）和单层结构（虚线）板中的 Lamb 波的色散曲线图

图 4.14　铝/环氧树脂/铝多层结构中的瞬态响应及色散曲线图

4.5 正交模态展开法

在求解热弹性动力学问题时，上节中的双积分变换法是一种常用的方法。另一种常用的解析方法是正交模态展开法[15]。这种方法首先被成功地用来计算各向同性板中热弹性机制下激发的超声波，随后又被用于研究正交各向同性和复合板中传播的超声波。这种方法尤其适合用来研究薄板中传播的 Lamb 波，可以仅计算几个最低阶的对称模态和反对称模态。位移可以简单地扩展成在应力自由表面的对称和反对称模态之和。本节介绍一种改进的正交模态展开法——正交多项式展开法，这种方法不仅适用于研究 Lamb 波的传播，并且能够很方便地研究 Rayleigh 波的传播，尤其适合用来研究力学参数沿厚度方向不均匀分布的材料中传播的超声波[16][17]。

4.5.1 正交各向同性薄板中激光激发的 Lamb 波

假设正交各向同性板的厚度为 $2h$。坐标轴 x_1、x_2 和 x_3 平行于材料的主轴 x、y 和 z，入射激光沿着 z 轴辐照在材料表面。$x_3=\pm h$ 分别是弹性平板的上下表面，$x_3=0$ 是平板的中平面。位移满足：

$$\rho\frac{\partial^2 u_i}{\partial t^2}=\sum_{j=1}^{3}\frac{\partial\tau_{ij}}{\partial x_j}+f_i,\qquad i=1,2,3 \tag{4.119}$$

在上下表面 $x_3=\pm h$ 处满足边界条件：

$$\sum_{j=1}^{3}\tau_{ij}n_j=s_i,\quad i=1,2,3 \tag{4.120}$$

式中，τ_{ij} $(i,j=1,2,3)$ 是应力张量分量，$\boldsymbol{f}$ 和 $\boldsymbol{s}$ 分别是体力密度和面力密度，ρ 是材料的密度，$(n_1,n_2,n_3)=(0,0,\pm1)$ 是上下表面的法向矢量。对于正交各向异性材料有 9 个独立的弹性常数，分别是 c_{11}、c_{22}、c_{33}、c_{44}、c_{55}、c_{66}、c_{12}、c_{13}和 c_{23}。根据这些非零的弹性常数，能够得到对称坐标系下的应力张量 τ_{ij} $(i,j=1,2,3)$。定义一个正交的完备的函数序列 $\{\boldsymbol{v}_{(m)},\omega_{(m)}\}$，则得到以下特征值问题：

$$\sum_{j=1}^{3}\frac{\partial\tau_{ij}\boldsymbol{v}_{(m)}}{\partial x_j}=-\rho\omega_{(m)}^2\boldsymbol{v}_{(m)},\qquad -h<x_3<+h \tag{4.121}$$

$$\sum_{j=1}^{3}\tau_{ij}(\boldsymbol{v}_{(m)})n_j=0,\quad x_3=\pm h \tag{4.122}$$

式中，$\omega_{(m)}$ 是对应于特征模式 $\boldsymbol{v}_{(m)}$ 的特征频率。瞬态位移场能够被表示为

$$\boldsymbol{u}(x_1,x_2,x_3,t)=\sum_{(m)}\xi_{(m)}(t)\boldsymbol{v}_{(m)}(x_1,x_2,x_3,\omega_{(m)}) \tag{4.123}$$

式（4.123）中出现的 Fourier 系数 $\xi_{(m)}(t)$ 由下式决定：

$$\xi_{(m)}(t)=\omega_{(m)}^{-1}\int_0^t\sin\omega_{(m)}(t-\tau)\times\left[\int_S\boldsymbol{s}\cdot\boldsymbol{v}_{(m)}^*\mathrm{d}S+\int_V\boldsymbol{f}\cdot\boldsymbol{v}_{(m)}^*\mathrm{d}V\right]\mathrm{d}\tau \tag{4.124}$$

式中，S 和 V 分别表示板的表面积和体积。事实上，特征模态序列 $\{\boldsymbol{v}_{(m)},\omega_{(m)}\}$ 就是 Lamb 波的模态，特征频率 $\omega_{(m)}$ 满足 Rayleigh-Lamb 方程。

在热弹性机制下，样品吸收激光能量产生局部的热膨胀，局部的热膨胀产生了瞬态位移场。在没有热扩散的情况下，假设激光脉冲随时间是 $\delta(t)$ 分布的，则力源对时间的分布函数可以用单位阶跃函数 $H(t)$ 表示。当样品表面覆盖薄的油层时（如在第 3 章中讨论的），可以提高激光的激发效率。在这种情况下，由于油层的蒸发产生一个垂直于表面的力源，因此有体积力 $\boldsymbol{f}=0$，表面力 $\boldsymbol{s}$ 同 $\delta(t)$ 成正比。

图 4.15 是利用正交模态展开法在厚为 0.3mm 的纤维复合薄板中，表面有无油层覆盖时的典型的瞬态 Lamb 波[18]。值得注意的是，尽管有无油层覆盖时激光等效力源的区别非常大，但是这两种情况下产生的 Lamb 波的远场波形是非常相似的。

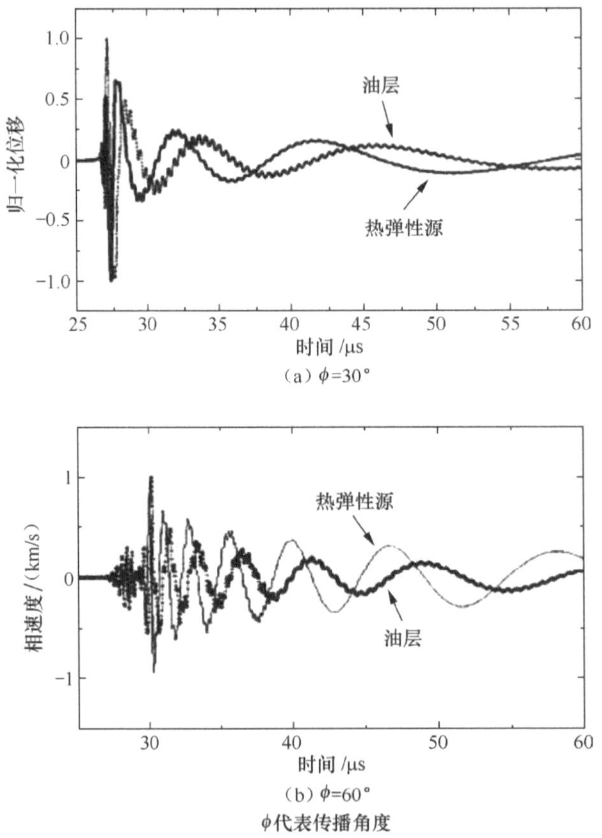

图 4.15 厚度为 0.3mm 的纤维复合薄板中传播的远场瞬态 Lamb 波

4.5.2 改进的正交模态展开法

在上节介绍的正交模态展开法中，当位移矢量用一组特殊的完备正交函数序列（正交多项式）来表示时，选取合适的正交多项式不仅可以用来研究均匀薄板中的 Lamb 波的传播，也能用来研究非均匀板中的声表面波和 Lamb 波的传播[11]。

本节中采用正交多项式展开法（正交函数选取 Legendre 正交多项式）对功能梯度材料（见图 4.16）中的超声波进行研究。其他各种方法在处理类似于功能梯度这种非均匀材料时，都需要将非均匀材料沿厚度方向分割成多个子层，再把每个子层中材料性质视为均匀的，例如传递矩阵法。而对于像功能梯度材料这种物理参量连续变化的材料，这样的处理不能很好地反映材料参量的连续分布特征，并且由于离散，在层的分界处会有伪界面波的存在。正交多项式展开法可以研究物理参量沿厚度为多种分布函数的材料，如抛物线、指数分布等。利用这种方法，在对功能梯度材料参数反演时，物理参数的分布特征也可以作为反演参数之一[19]。正交多项式的选取取决于其正交区间。

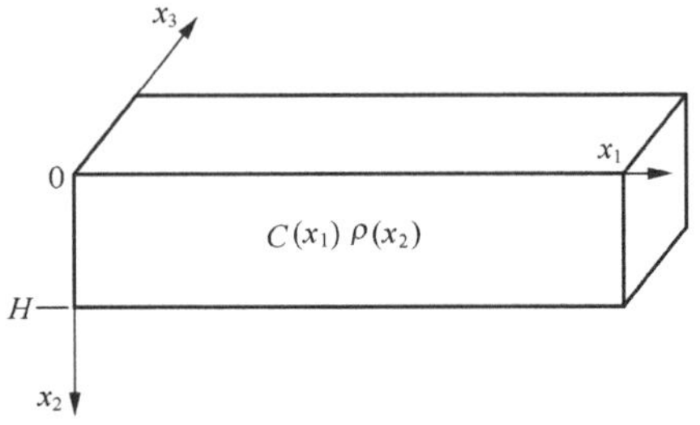

图 4.16 功能梯度材料示意图

波在板中的传播满足波动方程：

$$\frac{\partial \sigma_{ij}}{\partial x_j} = \rho \frac{\partial^2 u_i}{\partial t^2} \tag{4.125}$$

式中，σ 表示应力；u 表示位移；下标 i 、j 等于 1、2、3，并且满足重复下标求和；而 u_1 、u_2 和 u_3 分别代表沿 x_1 、x_2 和 x_3 轴方向的质点位移分量。为了简便，引入无量纲坐标 $q_1 = kx_1$ ，$q_2 = kx_2$ ，$q_3 = kx_3$ ，其中 k 是传播方向的波矢。考虑平面应变问题。

波动方程（4.125）在直角坐标系中展开为如下形式：

$$\frac{\partial \sigma_{11}}{\partial x_1} + \frac{\partial \sigma_{12}}{\partial x_2} = \rho \frac{\partial^2 u_1}{\partial t^2} \tag{4.126}$$

$$\frac{\partial \sigma_{21}}{\partial x_1} + \frac{\partial \sigma_{22}}{\partial x_2} = \rho \frac{\partial^2 u_2}{\partial t^2} \tag{4.127}$$

在小变形的假设下，应变和位移满足如下关系：

$$\begin{cases} \varepsilon_{11} = \dfrac{\partial u_1}{\partial x_1} \\ \varepsilon_{22} = \dfrac{\partial u_2}{\partial x_2} \\ 2\varepsilon_{12} = \dfrac{\partial u_1}{\partial x_2} + \dfrac{\partial u_2}{\partial x_1} \end{cases} \tag{4.128}$$

根据广义 Hooke 定律满足如下本构关系：

$$\begin{cases} \sigma_{11} = C_{11}\varepsilon_{11} + C_{12}\varepsilon_{22} \\ \sigma_{22} = C_{12}\varepsilon_{11} + C_{11}\varepsilon_{22} \\ \sigma_{12} = C_{44}\varepsilon_{12} \end{cases} \tag{4.129}$$

将式（4.128）、式（4.129）代入式（4.126）、式（4.127）后可得

$$\frac{\partial}{\partial q_1}\left[k\left(C_{11}\frac{\partial u_1}{\partial q_1} + C_{12}\frac{\partial u_2}{\partial q_2}\right)\right] + \frac{\partial}{\partial q_2}\left[kC_{44}\left(\frac{\partial u_1}{\partial q_2} + \frac{\partial u_2}{\partial q_1}\right)\right] = \frac{\rho}{k}\frac{\partial^2 u_1}{\partial t^2} \tag{4.130}$$

$$\frac{\partial}{\partial q_1}\left[kC_{44}\left(\frac{\partial u_1}{\partial q_2} + \frac{\partial u_2}{\partial q_1}\right)\right] + \frac{\partial}{\partial q_2}\left[k\left(C_{12}\frac{\partial u_1}{\partial q_1} + C_{11}\frac{\partial u_2}{\partial q_2}\right)\right] = \frac{\rho}{k}\frac{\partial^2 u_2}{\partial t^2} \tag{4.131}$$

根据功能梯度材料的特性，其力学参数沿厚度方向发生连续变化，可用以下多项式表示：

$$C_{ij}(q_2) = \sum_{n=0}^{N} C_{ij}^{(n)}\left(\frac{q_2}{kH}\right)^n \pi(q_2) \tag{4.132}$$

$$\rho(q_2) = \sum_{n=0}^{N} \rho^{(n)}\left(\frac{q_2}{kH}\right)^n \pi(q_2) \tag{4.133}$$

式中，$\pi(q_2) = \begin{cases} 1 & 0 \leqslant q_2 \leqslant kH, \\ 0 & \text{其他} \end{cases}$。

利用矩形函数 $\pi(q_2)$ 可将边界条件合并到方程中，并且边界条件满足上下表面应力的垂直分量为 0。

位移分量用 Legendre 多项式来表示：

$$u_1=\sum_{m=0}^{\infty}P_m^1Q_m(q_2)\exp\mathrm{i}(\omega t-q_1) \tag{4.134}$$

$$u_2=\sum_{m=0}^{\infty}P_m^2Q_m(q_2)\exp\mathrm{i}(\omega t-q_1) \tag{4.135}$$

式中，$Q_m(q_2)=\sqrt{\dfrac{2m+1}{kH}}P_m\left(\dfrac{2q_2}{kH}-1\right)$，$P_m$ 为第 m 阶 Legendre 多项式，其满足如下正交性：$\int_{-1}^{1}P_m(x)P_n(x)\mathrm{d}x=\begin{cases}\dfrac{2}{2n+1} & m=n\\ 0 & m\neq n\end{cases}$。

结合式（4.130）～式（4.135），然后两边同时乘以 $Q_j^*(q_2)$，并对 q_2 从 0 到 kH 进行积分并化简，可得特征方程：

$$\begin{pmatrix} {}^nA_{m,j}^{11} & {}^nA_{m,j}^{12}\\ {}^nA_{m,j}^{21} & {}^nA_{m,j}^{22}\end{pmatrix}\begin{pmatrix}P_m^1\\ P_m^2\end{pmatrix}=-\left(\frac{\omega}{k}\right)^2\begin{pmatrix}{}^nM_j^m & 0\\ 0 & {}^nM_j^m\end{pmatrix}\begin{pmatrix}P_m^1\\ P_m^2\end{pmatrix} \tag{4.136}$$

在矩阵式（4.136）中，元素 ${}^nA_{m,j}^{\alpha\beta}(\alpha,\beta=1,2)$ 和 ${}^nM_j^m$ 分别为

$${}^nM_j^m=\rho^{(n)}\left(\frac{1}{kH}\right)^n{}^nI1_{m,j} \tag{4.137}$$

$${}^nA_{m,j}^{11}=\left(\frac{1}{kH}\right)^n\{-C_{11}^{(n)}{}^{n+1}I1_{m,j}+C_{44}^{(n)}{}^{n+1}I3_{m,j}+nC_{44}^{(n)}{}^nI2_{m,j}+C_{44}^{(n)}{}^{n+1}K2_{m,j}\} \tag{4.138}$$

$${}^nA_{m,j}^{12}=\left(\frac{1}{kH}\right)^n\{-\mathrm{i}(C_{12}^{(n)}+C_{44}^{(n)}){}^{n+1}I2_{m,j}-\mathrm{i}nC_{44}^{(n)}{}^nI1_{m,j}-\mathrm{i}C_{44}^{(n)}{}^{n+1}K1_{m,j}\} \tag{4.139}$$

$${}^nA_{m,j}^{21}=\left(\frac{1}{kH}\right)^n\{-\mathrm{i}(C_{12}^{(n)}+C_{44}^{(n)}){}^{n+1}I2_{m,j}-\mathrm{i}nC_{12}^{(n)}{}^nI1_{m,j}-\mathrm{i}C_{12}^{(n)}{}^{n+1}K1_{m,j}\} \tag{4.140}$$

$${}^nA_{m,j}^{22}=\left(\frac{1}{kH}\right)^n\{-C_{44}^{(n)}{}^{n+1}I1_{m,j}+C_{11}^{(n)}{}^{n+1}I3_{m,j}+nC_{11}^{(n)}{}^nI2_{m,j}+C_{11}^{(n)}{}^{n+1}K2_{m,j}\} \tag{4.141}$$

其中 ${}^nI1_{m,j}$、${}^nI2_{m,j}$、${}^nI3_{m,j}$、${}^nK1_{m,j}$ 和 ${}^nK2_{m,j}$ 的解析展开式为

$${}^nI1_{m,j}=\int_0^{kH}Q_j^*(q_2)q_2^nQ_m(q_2)\mathrm{d}q_2 \tag{4.142}$$

$${}^nI2_{m,j}=\int_0^{kH}Q_j^*(q_2)q_2^n\frac{\partial Q_m(q_2)}{\partial q_2}\mathrm{d}q_2 \tag{4.143}$$

$${}^nI3_{m,j}=\int_0^{kH}Q_j^*(q_2)q_2^n\frac{\partial^2 Q_m(q_2)}{\partial q_2^2}\mathrm{d}q_2 \tag{4.144}$$

$${}^nK1_{m,j}=\int_0^{kH}Q_j^*(q_2)q_2^n\frac{\partial \pi(q_2)}{\partial q_2}Q_m(q_2)\mathrm{d}q_2 \tag{4.145}$$

$${}^nK2_{m,j}=\int_0^{kH}Q_j^*(q_2)q_2^n\frac{\partial \pi(q_2)}{\partial q_2}\frac{\partial Q_m(q_2)}{\partial q_2}\mathrm{d}q_2 \tag{4.146}$$

式（4.136）中的特征值 $\dfrac{\omega^2}{k^2}$ 就是导波速度的平方，$\boldsymbol{P}_m^{\ a}(a=1,2)$ 为特征向量。式（4.134）、式（4.135）中 m 取从 0 到某一有限值 L，则式（4.136）中矩阵的阶数为 $2(L+1)$。仅当特征值和特征向量随 L 的增加收敛时，对应的特征模式的解才被接受。

以常用的铁基氧化铝功能梯度材料为例，由两种组元构成的铁基氧化铝功能梯度材料的有效弹性常数和密度可以表示成如下形式：

$$C(x_2)=C_{\mathrm{Al_2O_3}}+(C_{\mathrm{Fe}}-C_{\mathrm{Al_2O_3}})y(x) \tag{4.147}$$

$$\rho(x_2)=\rho_{\mathrm{Al_2O_3}}+(\rho_{\mathrm{Fe}}-\rho_{\mathrm{Al_2O_3}})y(x) \tag{4.148}$$

式中，$x=\dfrac{x_2}{H}(0\leqslant x_2\leqslant H)$。$y(x)$ 为分布函数，描述了铁基氧化铝功能梯度材料的弹性常数和密度沿厚度方向的变化情况。以最基本的线性分布为例，分布函数 $y(x)=x$。考虑功能梯度材料中的孔隙，可结合孔隙率将材料的力学参数用等效的力学参数表示，如等效杨氏模量、等效泊松比和等效剪切模量。再利用正交模态展开法进行求解。

图 4.17 利用正交模态展开法计算了不同孔隙率对铁基氧化铝功能梯度材料中的 Lamb 波模态频域特性的影响。对于最低阶的 A_0 模态和 S_0 模态的相速度色散曲线，孔隙率减小了 Lamb 波的传播速度。对于高阶的 A_1 模态，孔隙的存在不仅减小了其传播速度，也影响了高阶模态的截止频率。对于不含孔隙的铁基氧化铝功能梯度材料，由于弹性常数和密度的非均匀性，其高阶模态的截止频率介于纯 Fe 和纯 Al_2O_3 的截止频率之间。而含有孔隙的铁基氧化铝功能梯度材料，细节图表明截止频率随着孔隙率的增大而减小。这是因为在材料厚度一定的情况下，A_1 模态的截止频率主要由杨氏模量和密度的比值决定，孔隙率的增大使得该比值减小，对应的截止频率也相应减小。同样，S_1 模态的截止频率也有类似性质。

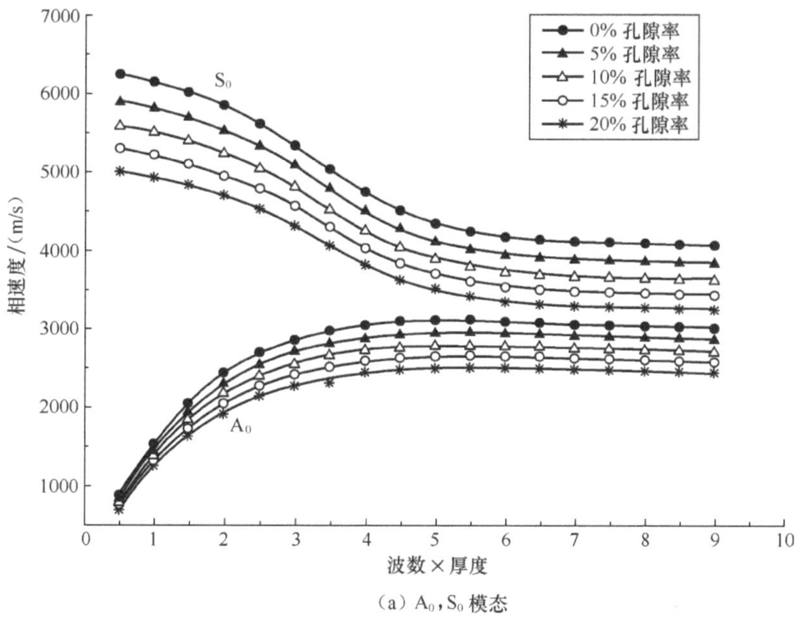

(a) A_0, S_0 模态

图 4.17　不同孔隙率铁基氧化铝功能梯度材料中的 Lamb 波

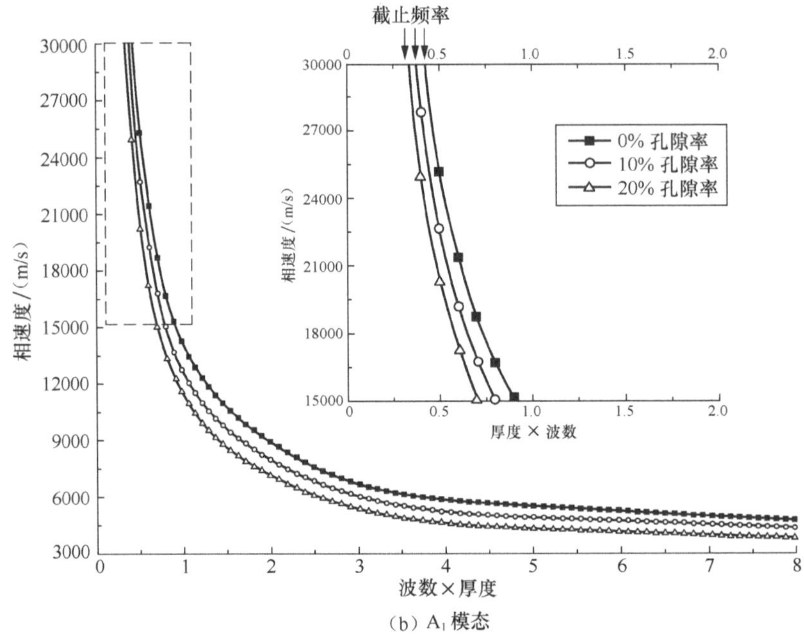

（b）A_1 模态

图 4.17　不同孔隙率铁基氧化铝功能梯度材料中的 Lamb 波（续）

利用此方法不仅可以研究非均匀薄板中的 Lamb 波，通过选取不同的正交多项式，如 Laguerre 多项式，也可以用来计算半无限大非均匀材料中的 Rayleigh 波[20]。

参 考 文 献

[1] Perton M, Audoin B, Pan Y D, et al. Bulk conical and surface helical acoustic waves in transversely isotropic cylinders; application to the stiffness tensor measurement[J]. The Journal of the Acoustical Society of America, 2006, 119(6): 3752-3759.

[2] 潘永东，仲政，B.Audoin，等.激光线源激发双层固体圆柱中的体波传播[C]//2009 年度全国物理声学会议论文集.2009:7-8.

[3] 程曦, 徐晓东, 刘晓峻. 利用激光超声研究功能梯度材料中声表面波的传播特性[J]. 声学学报, 2011, 36(2): 145-149.

[4] Pantano A, Cerniglia D. Simulation of laser generated ultrasound with application to defect detection[J]. Applied Physics A, 2008, 91(3): 521-528.

[5] Baiqiang Xu, Z H Shen, X W Ni,J Lu. Numerical simulation of laser-induced ultrasonic by finite element method[J]. Journal of Applied Physics, 2004, 95(4).

[6] 许伯强. 层状材料的激光超声有限元模拟和神经网络方法反演材料参数的研究[D]. 南京理工大学, 2004.

[7] 许伯强, 沈中华, 倪晓武, 等. 激光热弹激发涂层/基底系统中声表面波的有限元数值模拟[J]. 声学学报, 2005, 30(3): 201-206.

[8] Xu B, Shen Z, Ni X, et al. Thermal and mechanical finite element modeling of laser-generated ultrasound in coating–substrate system[J]. Optics & Laser Technology, 2006, 38(3): 138-145.

[9] Murray T W, Krishnaswamy S, Achenbach J D. Laser generation of ultrasound in films and

coatings[J]. Applied physics letters, 1999, 74(23): 3561-3563.

[10] Hurley D H, Spicer J B. Line source representation for laser-generated ultrasound in an elastic transversely isotropic half-space[J]. The Journal of the Acoustical Society of America, 2004, 116(5): 2914-2922.

[11] Kim Y, Hunt W D. Acoustic fields and velocities for surface acoustic wave propagation in multilayered structures: An extension of the Laguerre polynomial approach[J]. Journal of applied physics, 1990, 68(10): 4993-4997.

[12] Kononov A, De Borst R. Generation of elastic waves in a laminated solid by a moving photothermal source[J]. Journal of sound and vibration, 2003, 266(1): 171-187.

[13] Cetinkaya C, Wu C, Li C. Laser-based transient surface acceleration of thermoelastic layers[J]. Journal of sound and vibration, 2000, 231(1): 195-217.

[14] Cheng A, Murray T W, Achenbach J D. Simulation of laser-generated ultrasonic waves in layered plates[J]. Acoustical Society of America Journal, 2001, 110: 848-855.

[15] Cheng J C, Berthelot Y H. Theory of laser-generated transient Lamb waves in orthotropic plates[J]. Journal of Physics D: Applied Physics, 1996, 29(7): 1857.

[16] Datta S K, Shah A H, Bratton R L, et al. Wave propagation in laminated composite plates[J]. The Journal of the Acoustical Society of America, 1988, 83(6): 2020-2026.

[17] Elmaimouni L, Lefebvre E, Ratolojanahary F E, et al. Modal analysis and harmonic response of resonators: An extension of a mapped orthogonal functions technique[J]. Wave Motion, 2011, 48(1): 93-104.

[18] Cheng J C, Zhang S Y. Quantitative theory for laser-generated Lamb waves in orthotropic thin plates[J]. Applied physics letters, 1999, 74(14): 2087-2089.

[19] 洪轲. 功能梯度材料中激光超声波频域特性的研究[D]. 南京理工大学, 2012.

[20] Yuan L, Shen Z, Ni X, et al. Theoretical analysis of acoustic waves propagating in materials with continuous variations of near-surface elastic constants[J]. Journal of Applied Physics, 2009, 106(2): 023529.

第 5 章 超声的光学探测技术

与传统压电换能器相比，光学探测技术具有显著的优点。首先，光学探测是非接触式，不会干扰待测超声场，探测点可快速移动，且具有很高的空间分辨率。其次，光学探测的频带很宽，而压电换能器则难以做到这一点，尤其是在高频段。然而，光学探测技术也有一个明显的缺点，就是当物体的散射非常严重时，其灵敏度一般至少要下降一个数量级。

光学方法探测超声通常采用一束光作用于携带超声信息的样品。对于不透明固体，固体会造成探测光的反射或散射，光束只能探测到超声波引起的固体表面波动；而对于透明固体，由于探测光可以穿过固体内部，因而光束也可以探测到固体内部的超声波。

通常情况下利用激光作为探测光源，可以认为它是单色线偏振的平面光波。设振幅为 A，频率为 $\omega_{\rm opt}$，则相位为 ϕ 的光场表达式为

$$E = A\exp\left[{\rm j}\left(\omega_{\rm opt}t-\phi\right)\right] \tag{5.1}$$

超声波对光束的影响大致可以分为强度调制技术和相位（或频率）调制技术。由于光学频率 $\omega_{\rm opt}$ 太高，目前的光电探测器无法直接记录光学相位，只能直接记录光学强度。要获得光束的相位信息，需要对光束进行调制，将光束的相位信息转换为强度的信息，然后进行解调获得光束的相位信息。

本章首先介绍超声信号信息对光束进行强度和相位（或频率）调制的方法，然后结合实验实例，介绍几种典型的光学探测技术[1]。

5.1 强度调制技术

基于强度调制技术的光学方法大致可以分为以下三类。

第一类是泵浦—探针术。该技术利用超短超快激光脉冲激发超声（泵浦），超声引起介质折射率或者形状的改变，进而引起探测光束反射光或者散射光（探针）的变化，光电探测器可以直接探测到这种变化。由于采用了超短超快激光脉冲激发和探测，该方法具有很高的空间和时间分辨率。

第二类是光偏转技术，又称为刀刃法。该方法将探测光束聚焦在样品的光学表面，超声的波动会引起样品表面的倾斜，并影响到反射光的传播方向的改变。在反射光路的准直透镜后放置一个部分遮挡的光圈（本章中统称为刀刃），这将使刀刃遮挡住部分反射光，从而导致光电探测器所探测到的反射光的强度产生变化。通过反射光的强度的变化情况，即可获知超声的传播情况。

第三类是表面栅衍射技术。该方法适用于已知频率和波速的连续或声表面波（SAW）脉冲

群。超声面位移的作用相当于一个面衍射光栅，入射的平行光将以 SAW 波包的形式发生衍射。利用光电探测器，在正负一级衍射光的任一方向可以探测到 SAW 波包。衍射探测可以用于测定薄膜的力学性质[2]、不透明材料的热传导率等。

一般情况下，强度调制技术的灵敏度不如相位（或频率）调制技术。因此，它们在无损检测中的应用受到了限制。但也有将强度调制和频率调制结合起来的检测技术，如将表面栅衍射技术和外差干涉结合，可显著提高检测的灵敏度。本章也会对该方法给予简单的介绍。

5.1.1 泵浦—探针技术

泵浦—探针技术是一种时域高速测量技术。泵浦光束和探测光束通常都使用皮秒或者飞秒激光束，它们之间的时间延迟可以达到几十皮秒甚至更短，具有极高的时间分辨率。

该技术利用飞秒或者皮秒脉冲激光激发超声，具有很短的波长，可以达到非常高的空间分辨率，尤其适合于薄片厚度及其他特性的测量。由于超声在微米级厚的薄片内传播时间非常短，通常只有几十皮秒，因而传统的超声检测技术很难检测到超声在其内部传播所造成基片物理特性的变化，而泵浦—探针束技术的高时间分辨率使得它很容易胜任该瞬态过程的检测。

该方法的技术原理是：将泵浦束和探针束以不同的角度入射待测样品。探针束相对泵浦束延迟一段时间，用于探测到样品光反射或传播特性的改变，而探测光束检测到的光传播特性的改变是由泵浦束引起的。

图 5.1（a）所示[3]为泵浦-探针技术的实验装置示意图。泵浦束和探针束之间的时间延迟 Δt 可以通过移动由一组反射镜构成的延迟线进行连续调节。假如延迟线的长度为 0.03mm，则 Δt=100fs。如图 5.1（b）所示，泵浦束在薄膜的表面激发超声，超声将在薄膜的前后表面形成多次反射。如果延时线连续改变探针束相对泵浦束延迟时间 Δt，可以得到超声在样品中的传播情况。获得的实验结果如图 5.1（c）所示，从图中可以观察到超声在薄膜的上下边界之间来回传播，并引起薄膜的光学性质作周期性的振动。由于实验中需要用到飞秒或者皮秒激光系统，因而对实验条件要求较高。

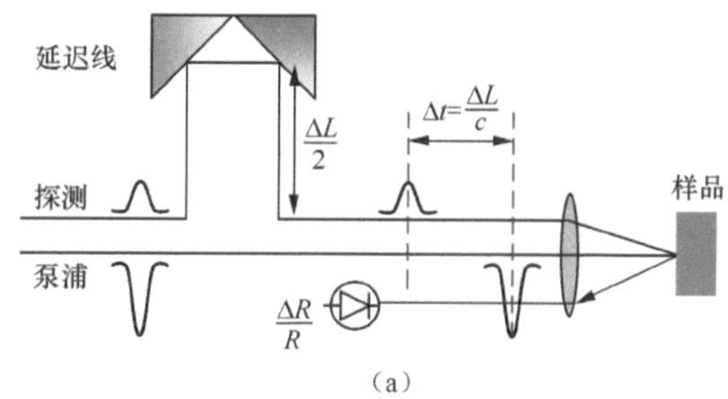

（a）

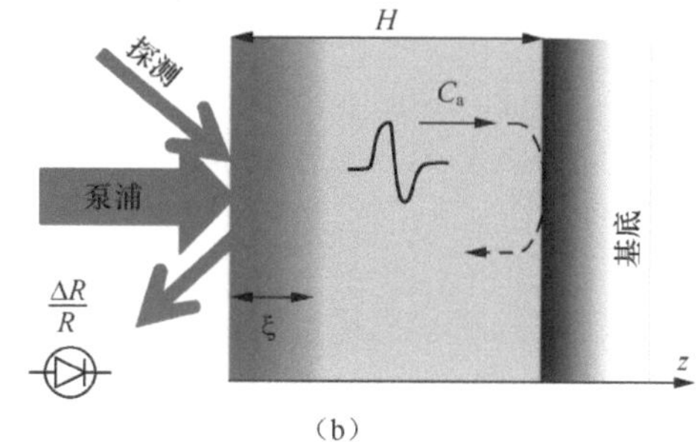

（b）

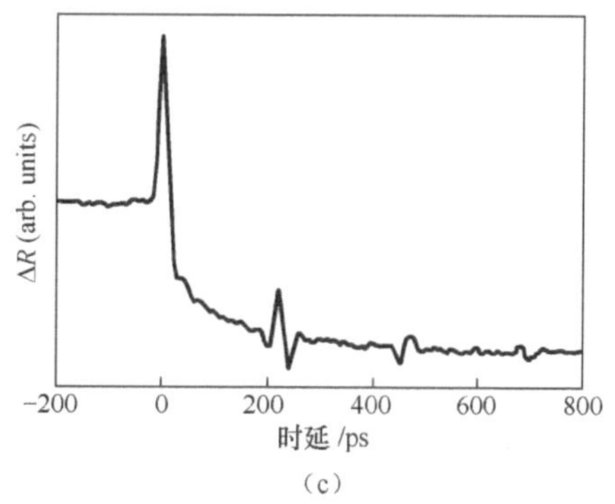

（c）

图 5.1　泵浦—探针技术示意图

5.1.2 光偏转技术

1. 刀刃法

刀刃法是光偏转技术中最基本的一种，在此基础上，为提高探测灵敏度，又进一步改进和衍生出位置敏感探测、平衡接收器探测等光偏转技术。

刀刃技术最先由 Adler 提出来探测表面声波[4]，其简单原理如图 5.2 所示。一束直径为 D 的探测激光光束经焦距为 F_1 的透镜 L_1 聚焦到样品表面。反射光束经透镜 L_2 后有一半被刀刃挡住，另一半被透镜 L_3 聚焦至光电二极管上。若表面受到声扰动，且入射于表面的探测光斑比要检测的最短声波长小得多时，声扰动传播到探测区导致探测区表面倾斜（局部隆起），反射光方向发生偏转，进入光电二极管的光通量发生相应的变化，因此光电管输出电流携带了声脉冲的信息。

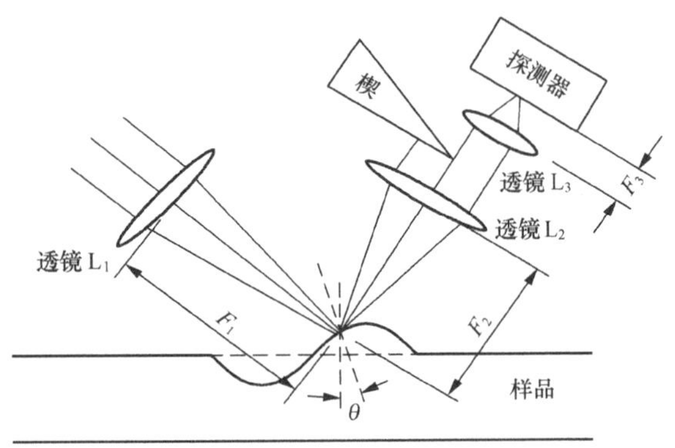

图 5.2 刀刃技术原理图

光电二极管的输出电流为

$$i_{\mathrm{sig}} = \eta W \sqrt{\frac{2}{\pi}} 2\theta / \varphi \tag{5.2}$$

式中，θ 为表面倾斜角，W 是反射的探测光功率，η 是光电探测器的量子效率，φ 是探测光聚焦后的会聚角。在几何光学近似下，$\varphi = D/F$，F 是聚焦透镜的焦距，D 是聚焦前的原始光束直径。从式中可以看出，减小探测光束的会聚角可以提高灵敏度，但另一方面也会使得表面上的探测光斑增大，这样又会限制探测到的频率范围。

设声表面波沿 x 方向传播，当表面倾斜很小时，则倾斜角为 $\theta = \frac{\partial u_z}{\partial x}$，其中 u_z 为垂直于表面的位移。对于沿 x 方向传播的行波 $u = u(x - v_{\mathrm{R}} t)$，则有

$$\theta = \frac{\partial u_z}{\partial x} = \frac{1}{v_{\mathrm{R}}} \frac{\partial u_z}{\partial t} \tag{5.3}$$

根据式（5.3），光偏转方法探测到的是表面质点振动速度，因此对低频振动不敏感。刀刃法原理简单、对环境振动不敏感，在超声和激光超声的检测中用得很多，其缺点是低频灵敏度低，要求样品表面是镜面反射。

2. 差分光偏转法

对刀刃技术的进一步改进通常是将刀刃和光电二极管改成位置敏感探测器或平衡接收器，采用差分接收，得到平衡输出。这样做的好处是：一方面有用信号得到加倍，另一方面使得光电传感器对模间拍或激光电源波动等带来的探测光的波动不敏感。

差分光偏转法的激光超声检测装置如图 5.3 所示[5]。该系统采用输出功率为 17mW，波长为 632.8nm 的单模 He-Ne 激光器作为探测光源。采用半波片和偏振分光棱镜的组合，可对探测激光的能量进行连续衰减调节，使位于探测光的强度达到平衡探测器的线性工作范围。该装置中 1/4 波片改变了从样片反射回来的探测光的偏振方向，并能够被偏振分光镜从

原光路分离，再由有一个微小的夹角的两片半圆形反射镜分开。随后，探测光就被分成两束，并且分别聚焦到平衡接收器的两个光敏面上。检测到的信号由前置放大器放大后输入数字示波器。

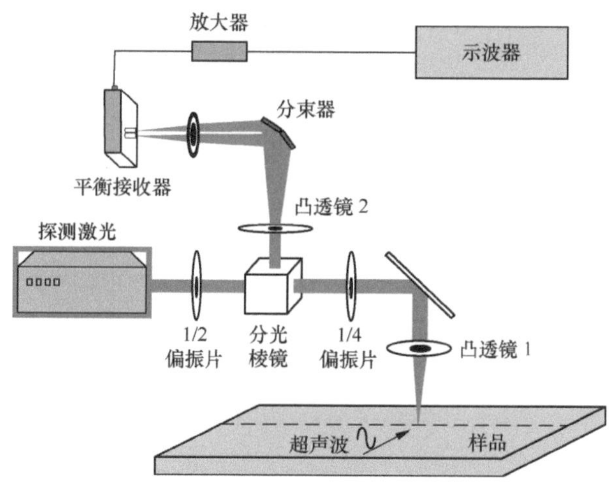

图 5.3　差分式光偏转接收装置

该装置与传统的斜入射的光偏转检测装置相比，采用探测光垂直入射的方式使得探测光聚焦在样品表面的光斑直径更小，因此检测到的信号带宽更宽。

采用 1064nm，脉宽 1ns，重复频率 100Hz 的 Nd:YAG 激光器作为激发源，利用上述检测装置对含有裂纹的厚度为 3mm 铝板样品进行检测。具体的激发位置和探测如图 5.4 所示，典型的超声信号如图 5.5 所示。

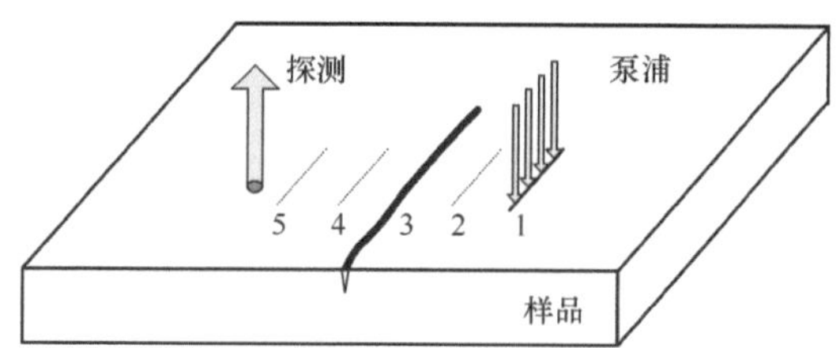

图 5.4　实验样品及激发、探测位置示意图

图 5.5（a）为穿过裂纹区域的信号，图 5.5（b）为裂纹反射的信号。从图中可以看出，该装置能够探测到丰富的超声模式。

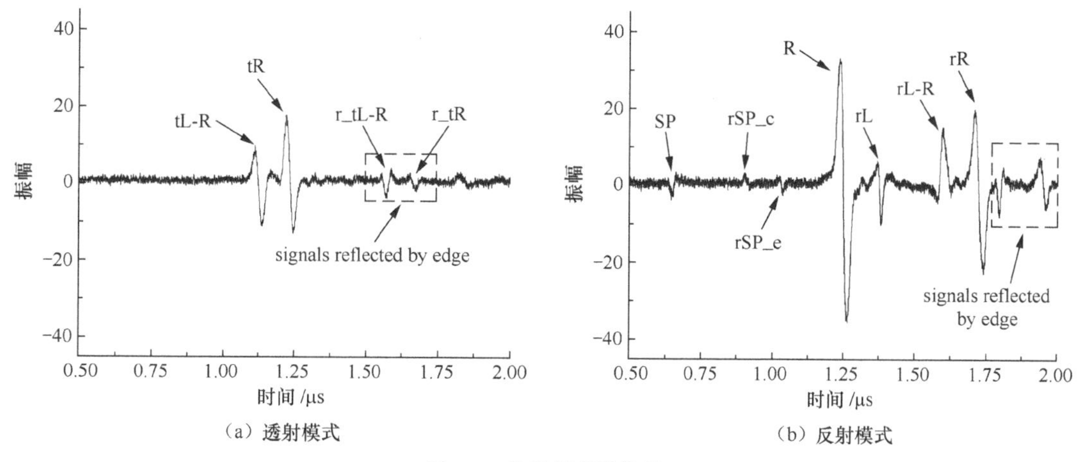

图 5.5　典型超声波信号

3. 表面栅衍射技术

表面栅衍射技术是令一束有一定宽度的光束，通常要求有几个声波长宽，垂直投射到受声扰动的表面上，声扰动使表面形成光栅，由于 Bragg 效应或 Raman-Nath 效应，光束发生衍射，出现一级或多级衍射光分布在镜式反射的零级光的一侧或两侧。原理如图 5.6 所示。当光束的入射角为 θ_0 时，衍射光的传播方向由下式决定：

$$\sin\theta_n = \sin\theta_0 \pm n\lambda_{\text{opt}} / \lambda_{\text{a}} \tag{5.4}$$

式中，λ_{a}、λ_{opt} 分别为声波长和光波长，n 是衍射光的级数。当声振幅比光波长小得多时，第一级和零级衍射光的相对强度为

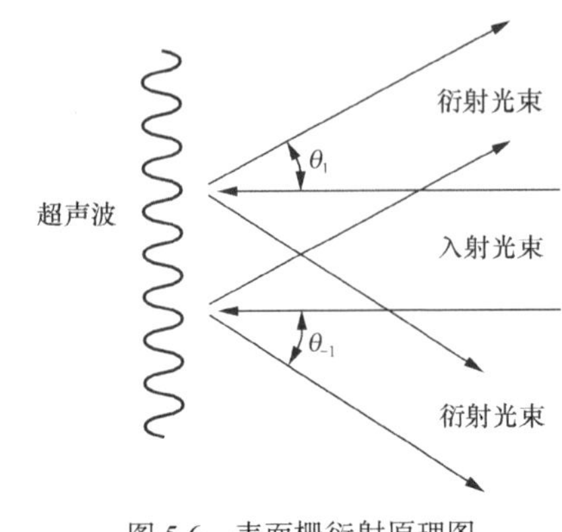

图 5.6　表面栅衍射原理图

$$\frac{I_1}{I_0} = [J_1(k_{\text{a}}u)]^2 \tag{5.5}$$

$J_1(k_{\text{a}}u)$ 是第一类一阶 Bessel 函数，u 是峰值表面位移。这种方法适用于探测已知频率和波速的连续或调频脉冲型声表面（SAW）波包。最近几年，有学者将该方法与外差干涉结合起来，用于诊断瞬态热栅，以获得 SAW 传播情况、不透明材料的热传导率等，取得了很好的结果。

图 5.7 是一种基于表面栅衍射技术的瞬态热栅探测技术。瞬态热栅法是利用两束脉冲激光干涉形成瞬态热栅来激发 SAW，SAW 形成的声扰动使样品表面形成光栅，进而造成了探测光束的衍射，再利用光电探头接收探测光的衍射，就可以得到 SAW 的演变情况。结合外差干涉[6]，使探测光的衍射光束和反射光束合束后形成外差干涉，显著提高了该探测系统的灵敏度。Jeremy 则利用类似的装置测量了不透明物体的热传导率[7]。

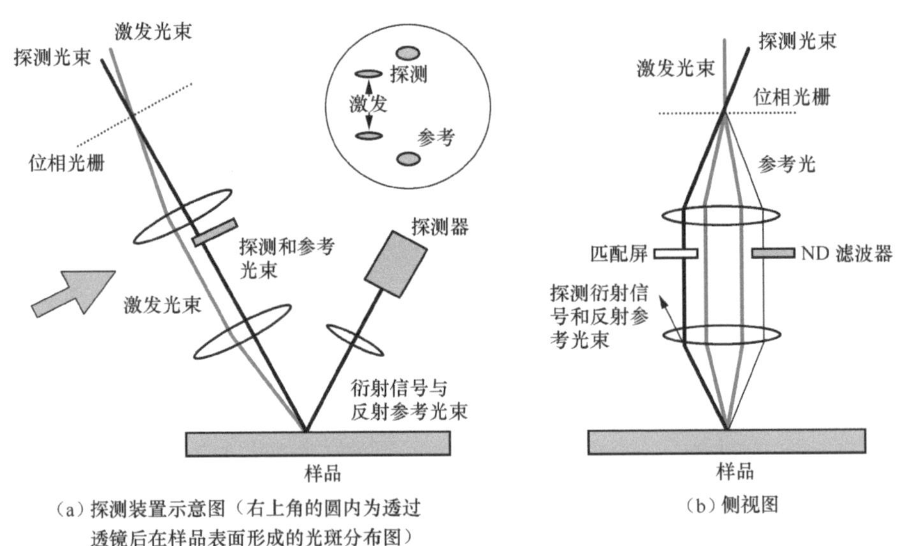

（a）探测装置示意图（右上角的圆内为透过透镜后在样品表面形成的光斑分布图）　（b）侧视图

图 5.7　基于表面栅衍射和外差干涉的瞬态热栅探测技术

图 5.8 所示是基于表面栅衍射技术的 SAW 探测结果[6]。图中两条曲线分布是结合了外差干涉和未采用外差干涉获得的结果。从图中可以看出，采用了外差干涉的表面栅衍射技术，可以显著地提高实验结果的灵敏度。关于激光超声的外差干涉探测技术将在下节给予详细的介绍。

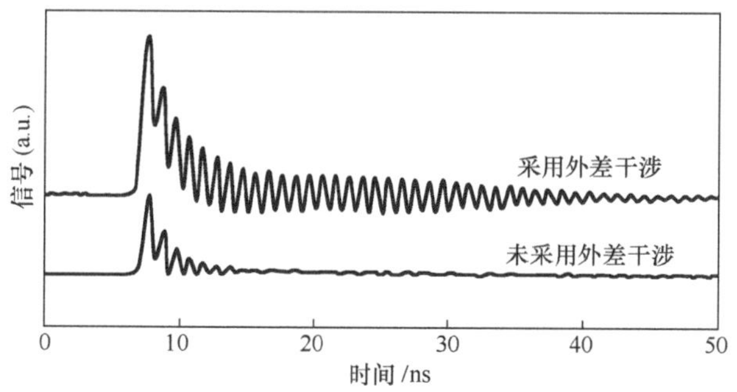

图 5.8　基于表面栅衍射技术的 SAW 探测结果

5.2 相位/频率调制技术

物体表面的超声振动会改变反射光或者散射光的相位和频率，使其携带超声的振动信息。如图 5.9 所示，假设一束光垂直入射到物体的表面，探测点处的面倾斜程度很小，不足以引起反射光的明显偏移，样品表面的位移只是使光程发生变化。设探测点处由于超声振动引起的表面的垂直位移为 $u(t)$，则由其引起的光程变化为 $2u(t)$。

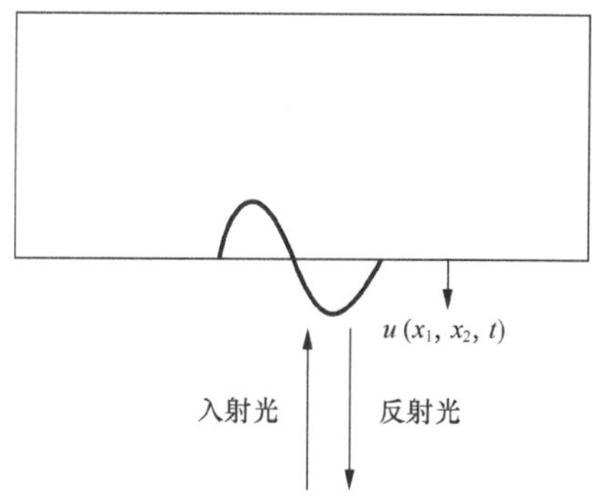

图 5.9　超声位移产生的相位调制

在有超声位移的情况下，电场表达式可以写为

$$E_s = a_s \exp\left[j\left(\omega_{opt} t - 2k_{opt} u(t) - \varphi_s\right)\right] \tag{5.6}$$

式中，$k_{opt} = 2\pi / \lambda_{opt}$ 为光波矢，λ_{opt} 为光波长，φ_s 是对于同一参考点没有超声信号时的光相位。

对由超声波包产生的随时间变化的相位调制，可以将表面波动对光束的作用看作其引起光频的瞬态多普勒频移，方程（5.6）则可以等效地写成

$$E_s = a_s \exp\left[j\left(\Omega_{opt} t - \varphi_s\right)\right] \tag{5.7}$$

其中瞬时光频表达式为

$$\Omega_{opt} t = \int_0^t \omega_{opt} \left\{ 1 - \frac{2v(t)}{c} \right\} dt \tag{5.8}$$

式中，c 为光速，$v(t) = du/dt$，超声波引起的表面振动速度使光束产生频移。

由于光波的频率太高，目前的光电探测器不能直接探测到单光束的相位。因此可以通过干涉法将光束的相位信息转化为强度信息，然后采用相位解调法来提取相位编码信息。相位的解调在数学上可以采用傅里叶变换、小波分析的方法，然后通过相位解包得到连续的相位变化，也可以通过鉴相器等电学的方式实现。

5.2.1 参考光干涉测试技术

在这类干涉测试技术中，通过从待测样品反射的信号光束是与另一束平面参考光束混合干涉，因此，这类干涉在光学镜面抛光的表面上的探测效果最好。

1. 双光束零差干涉测试技术

典型的光学干涉仪是双光束迈克尔逊干涉仪装置，其原理示意图如图 5.10 所示。由激光器输出的光经过分束镜后分为两束光，其中一束经聚焦后入射于待测样品，另一束光射向参考平面镜。经过反射后，相互平行的两束光混合叠加形成干涉，再由光电探测器接收。

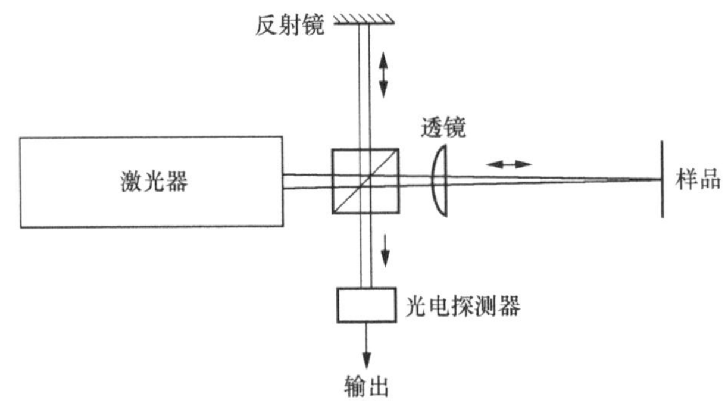

图 5.10 双光束零差干涉仪（迈克尔逊）

光电探测器的光敏面上的参考光束和信号光束的电场表达式可以分别写为

$$E_{\mathrm{R}} = a_{\mathrm{R}} \exp\left[\mathrm{j}\left(\omega_{\mathrm{opt}} t - k_{\mathrm{opt}} L_{\mathrm{R}}\right)\right] \tag{5.9}$$

$$E_{\mathrm{s}} = a_{\mathrm{s}} \exp\left[\mathrm{j}\left(\omega_{\mathrm{opt}} t - k_{\mathrm{opt}}\left(L_{\mathrm{s}} + 2u(t)\right)\right)\right] \tag{5.10}$$

式中，相位 $\phi_i = k_{\mathrm{opt}} L_i$ 是由两束光从分束镜处经过不同的光程 L_i 引起的。光电探测器所探测到的总光场为两束光的电场之和，强度表达式为

$$P_D = P_{\mathrm{tot}}\left\{1 + M\cos\left[k_{\mathrm{opt}}\left(L_{\mathrm{R}} - L_{\mathrm{s}}\right) - 2k_{\mathrm{opt}} u(t)\right]\right\} \tag{5.11}$$

式中，$P_{\mathrm{tot}} = P_{\mathrm{R}} + P_{\mathrm{s}}$ 为总的光功率。因子 $M = 2\sqrt{P_{\mathrm{R}} P_{\mathrm{s}}} / P_{\mathrm{tot}}$ 为干涉的调制深度，其值介于 0（当只有一束光时）和 1（当两束光的光强相同时）之间。通常情况下，激光激发的超声位移 $u(t)$ 在纳米量级甚至更小，因此，$2k_{\mathrm{opt}} u(t) << 1$。为获得最佳探测灵敏度，可以适当地选择参考光束和信号光束的光程差，即选择合适的工作点，使得静态相位正交，$k_{\mathrm{opt}}\left(L_{\mathrm{R}} - L_{\mathrm{s}}\right) = \pi/2$，此时双光束干涉仪在光电探测器处有最大光功率输出，为

$$P_{\mathrm{D}} = P_{\mathrm{tot}}\left[1 + M\left(2k_{\mathrm{opt}} u(t)\right)\right] \tag{5.12}$$

式（5.12）表明在两束光相位正交情况下，迈克尔逊干涉仪的输出与超声位移成线性关系。然而，由于环境温度及低频环境振动的影响，两束光很难保持静态的光程差稳定。为了减少环境震动对工作点的影响，可以在系统的参考臂中安装压电陶瓷，并通过反馈电路使两束光的静态光程差主动保持稳定。

在光学探测系统中存在许多可能的噪声源，包括激光源的噪声、光电探测器内的噪声、电路噪声，以及外界振动和热流影响的光路中引起的噪声等。大多数的噪声可以通过精密的设计或隔离被消除或减小，只有光电流中随机波动产生的量子或散粒噪声随着光功率的增加而增大，

它从根本上决定了光学测量系统的绝对探测极限。

假设超声位移是谐振动，$u(t) = U\sin\omega_u t$，其中 U 为幅度，ω_u 代表超声频率。当相位差为 $\pi/2$ 时，主动稳定的迈克尔逊干涉仪的散粒噪声的极限信噪比的表达式为

$$\mathrm{SNR} = k_{\mathrm{opt}} MU\sqrt{\frac{\eta P_{\mathrm{tot}}}{h\nu_{\mathrm{opt}} B}} \tag{5.13}$$

式中，η为光电转换效率，ν_{opt} 为光频，h 为普朗克常量，B 指探测带宽。当 SNR=1 时，对应的最小可探测超声信号可以写为

$$U_{\min} = \frac{1}{k_{\mathrm{opt}} M}\sqrt{\frac{h\nu_{\mathrm{opt}} B}{\eta P_{\mathrm{tot}}}} \tag{5.14}$$

假设探测带宽为 1MHz，探测效率为 0.5，调制深度为 0.8，探测光为绿光（532nm），接收到的光功率为 1W，利用式（5.14）可以得到最小可探测位移的数量级为 10^{-14}m。

双光束零差干涉仪在目标表面反射率较高的情况下具有最佳的散粒噪声探测灵敏度。但是实际待测表面并不都能满足这一条件，因此双光束零差干涉仪大多在实验室里使用。而双光束光外差干涉技术对环境因素具有很好的抗干扰性，更能在工业环境中使用。

2. 双光束光外差干涉技术

光外差干涉技术是指两束相干光束的光波频率产生一个小的频率差，引起干涉场中干涉条纹的不断扫描，经光电探测器将干涉场中的光信号转换为电信号，由电路和计算机检出干涉场的相位差。其优点是可以克服单频干涉仪的漂移问题；使条纹细分变得容易；提高了抗干扰能力。

参考光与信号光的频移可由激光束通过声光调制器（布拉格盒）产生。布拉格盒产生的第一级衍射光束为发生频移的光束，一般将其作为参考光；将布拉格盒产生的零级光束作为信号光束。

图 5.11 是一个典型的光外差干涉仪光路图[1]。线偏振激光通过声光调制器（AOM）产生频移。作为信号光的零级光束通过二分之一波片，偏振方向改变 90°后透过偏振分束镜，信号光经样品表面反射，前后两次经过四分之一波片，信号光偏振方向改变 90°，经偏振分束镜反射后，再由镜面反射镜反射，最后透过分束镜后被光电探测器接收。作为参考光的一级光束由偏振分束镜反射，再经镜面反射镜反射，前后两次通过四分之一波片，参考光偏振方向改变 90°，再透过偏振分束镜，然后再经过二分之一波片，偏振方向改变 90°与信号光偏振方向相同，最后经分束镜反射后同信号光混合被光电探测器接收。

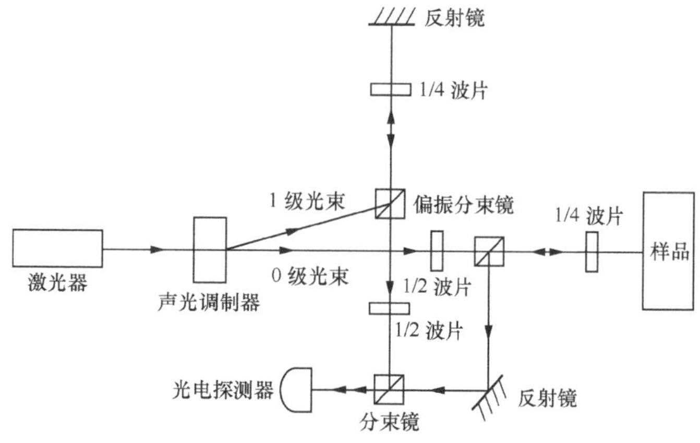

图 5.11 典型的光外差干涉仪

这里的参考光束和信号光束的表达式可以写为

$$E_R = a_R \exp\left[j\left(\left(\omega_{opt} + \omega_B\right)t - \phi_R\right)\right] \tag{5.15}$$

$$E_s = a_s \exp\left[j\left(\omega_{opt} t - \phi_s\right)\right] \tag{5.16}$$

式中，ω_B 为由声光调制器（AOM）产生的频移。参考光和信号光被光电探测器接收后输出电流可表示为

$$\begin{aligned} i(t) &= \left\{E_s + E_R\right\}^2 \\ &= \left\{a_s \cos(\omega_{opt} t + \phi_s) + a_R \cos[(\omega_{opt} + \omega_B)t + \phi_R]\right\}^2 \\ &= \left\{\frac{a_s^2}{2} + \frac{a_R^2}{2} + \frac{a_s^2}{2}\cos 2(\omega_{opt} t + \phi_s) + \frac{a_R^2}{2}\cos 2[(\omega_{opt} + \omega_B)t + \phi_R]\right\} \\ &\quad + a_s a_R \cos[(2\omega_{opt} + \omega_B)t + \phi_s + \phi_R] + a_s a_R \cos(\omega_B t + \phi_R - \phi_s) \end{aligned} \tag{5.17}$$

式中第三、四、五项是光频项，光电探测器无法响应，因此输出光电流可表示为

$$i(t) = I_s + I_R + 2\sqrt{I_s I_R}\cos(\omega_B t + \phi) \tag{5.18}$$

式中，I_s、I_R 分别为信号光和参考光直流分量，$\phi = \phi_R - \phi_s$ 为参考光和信号光相位差。若样品表面有超声振动 $u(t)$，则信号光经样品表面反射，由于多普勒效应发生 $4\pi u(t)/\lambda_{opt}$ 的相移。此时输出光电流的表达式为

$$i(t) = I_s + I_R + 2\sqrt{I_s I_R}\cos(\omega_B t + 4\pi u(t)/\lambda_{opt} + \phi) \tag{5.19}$$

从式（5.19）可明显看出，超声振动的位移信号被加载到差频信号中。对光电探测器输出的光电流信号进行解调即可得到超声振动位移信号。光电流信号可通过相敏检波器、锁相环或频谱分析仪等方法解调。

（1）通过相敏检波器解调

首先将输出的光电流信号 $i(t)$ 的直流部分滤掉后用 $U(t)$ 表示，调相信号 $U(t)$ 先通过放大器，再将 $U(t)$ 信号和参考信号 $W(t)$ 在相敏检波器中相乘，经低通滤波器滤波后输出与超声振动成正比的电流信号。原理框图如图 5.12 所示。

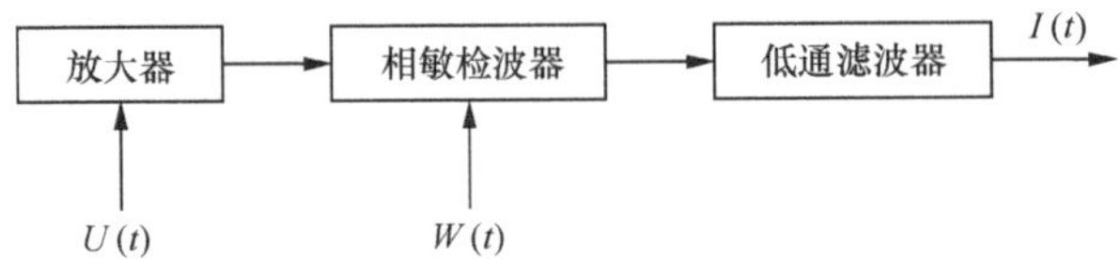

图 5.12　通过相敏检波器解调超声信号原理框图

这里将光电探测器输出光电流滤掉直流项，整理为

$$U(t) = A\cos(\omega_B t + 4\pi u(t)/\lambda_{opt} + \phi) \tag{5.20}$$

声光调制器的另一个输出端口可以输出参考信号，其表达式为

$$W(t) = B\cos(\omega_B t + \phi_1) \tag{5.21}$$

调相信号 $U(t)$ 经放大器后和参考信号 $W(t)$ 在相敏检波器中相乘整理为

$$I(t)=U(t)W(t)$$
$$=\frac{1}{2}AB\cos(2\omega_{\mathrm{B}}t+4\pi u(t)/\lambda_{\mathrm{opt}}+\phi+\phi_1)+\frac{1}{2}AB\cos(4\pi u(t)/\lambda_{\mathrm{opt}}+\phi-\phi_1) \tag{5.22}$$

调整相位使 ϕ 与 ϕ_1 相差 $\pi/2$，所以可得

$$I(t)=\frac{1}{2}AB\sin(4\pi u(t)/\lambda_{\mathrm{opt}})\approx 2\pi ABu(t)/\lambda_{\mathrm{opt}}=Ku(t) \tag{5.23}$$

$$K=2\pi AB/\lambda_{\mathrm{opt}}$$

因此输出电流正比于超声振动位移，比例系数为 K，据此可检测超声振动位移。

（2）通过锁相环解调

锁相环是一个自动跟踪信号相位的闭环控制系统。锁相环和积分器组成了调相信号的解调器，图 5.13 是解调信号的原理框图。环路包括鉴相器、环路滤波器和压控振荡器。高通滤波器是将解调输出中因环境振动引起的低频干扰以及一些低频电路噪声滤除，以便得到一个稳定的输出。

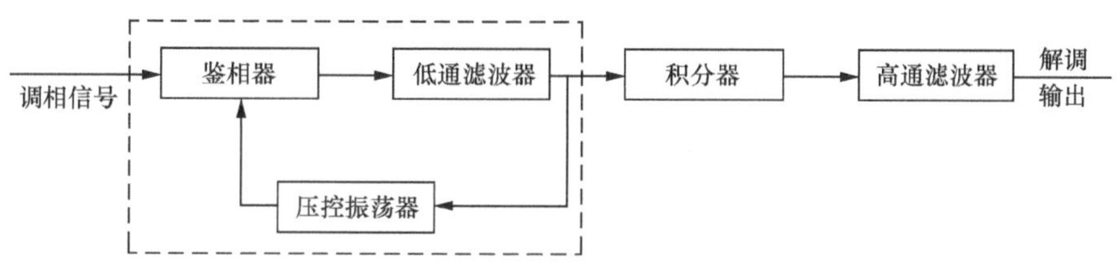

图 5.13　调相信号的锁相环解调原理框图

调相信号送到锁相环，经过环路的自动反馈控制后，压控振荡器输出信号的频率等于输入信号的频率，两者的相位差达到一个相当小的稳定值，称为稳态相差，环路即达到“锁定”，保持相位同步。当输入信号的频率低于环路的截止频率，环路就可以良好地传递相位调制信号，压控振荡器的输出电压 $V_c(t)$ 跟踪了输入电压的相位调制，这种跟踪称为调制跟踪。在调制跟踪状态，误差相位比较小，这时锁相环和积分器就可以作为调频和调相信号的解调器。

将调相信号 $U(t)$ 的相位表示为

$$\varPhi(t)=4\pi u(t)/\lambda_{\mathrm{opt}}+\phi \tag{5.24}$$

对于良好设计的调制跟踪锁相环的闭环传递函数 $|H(\mathrm{j}\varOmega)|=1$，相移 $\mathrm{Arg}H(\mathrm{j}\varOmega)=0$，因而压控振荡器的输出信号的相位为

$$\varPhi_1(t)=4\pi u(t)/\lambda_{\mathrm{opt}}+\phi \tag{5.25}$$

根据压控振荡器的控制特性

$$V_c(t)=\frac{1}{K_0}\frac{\mathrm{d}\varPhi_1(t)}{\mathrm{d}t} \tag{5.26}$$

积分器的输出电压为

$$V(t)=\frac{1}{RC}\int V_c(t)\mathrm{d}t=\frac{1}{K_0}\frac{1}{RC}4\pi u(t)/\lambda_{\mathrm{opt}} \tag{5.27}$$

由此看出，输出信号 $V(t)$ 与超声位移信号 $u(t)$ 成正比，解调输出与信号光和参考光之间的相差 ϕ 无关，这意味着光外差干涉仪的两束光的光程差可以任意取值，它不影响检测的灵敏度，

这也是光外差干涉用锁相环解调的重要优点之一。

（3）通过频谱分析仪解调

假设超声振动位移信号是一个正弦函数，表示为 $u(t)=U\sin\omega_{\mathrm{u}}t$ ，ω_{u} 为超声角频率，U 为超声振幅。将光电探测器输出的光电流表达式改写为

$$i(t)=I_{\mathrm{s}}+I_{\mathrm{R}}+2\sqrt{I_{\mathrm{s}}I_{\mathrm{R}}}\cos(\omega_{\mathrm{B}}t+4\pi U(\sin\omega_{\mathrm{u}}t)/\lambda_{\mathrm{opt}}+\phi) \tag{5.28}$$

对于振幅 U 远小于光波波长 λ_{opt} 的情况，即 $4\pi U/\lambda_{\mathrm{opt}}<<1$ ，式（5.28）可近似整理为

$$\begin{aligned}i(t)=I_{\mathrm{s}}+I_{\mathrm{R}}+2\sqrt{I_{\mathrm{s}}I_{\mathrm{R}}}[\cos\omega_{\mathrm{B}}t+2\pi U\cos(\omega_{\mathrm{B}}t+\omega_{\mathrm{u}}t)/\lambda_{\mathrm{opt}}\\-2\pi U\cos(\omega_{\mathrm{B}}t-\omega_{\mathrm{u}}t)/\lambda_{\mathrm{opt}}+\phi)]\end{aligned} \tag{5.29}$$

由式（5.29）可知相位调制信号变成具有一个频谱为中心角频率 ω_{B} 和两个边频 $\omega_{\mathrm{B}}-\omega_{\mathrm{u}}$ 和 $\omega_{\mathrm{B}}+\omega_{\mathrm{u}}$ 的信号。中心频率峰值和边频峰值的比为 $K=\lambda_{\mathrm{opt}}/2\pi U$ 。通过频谱分析仪测得中心频率和边频峰值之比 K ，就可以得到超声位移的峰值 $U=\lambda_{\mathrm{opt}}/2\pi K$ 。

光外差干涉最小可探测超声信号幅度可表示为

$$U_{\min}=\frac{\lambda}{2}\sqrt{\frac{2\Delta fhf_{\mathrm{opt}}}{\eta P_{\mathrm{s}}}} \tag{5.30}$$

$$P_{\mathrm{s}}=P(1-\eta_{1})C_{1}\prod R_{i}R \tag{5.31}$$

式中，Δf 为干涉仪带宽，P_{s} 为入射到探测器光敏面上的光功率，η_{1} 为布拉格衍射效率，C_{1} 为相干光入射到光敏面上的百分比，R_{i} 为第 i 个反射镜的反射率，R 为抛光样品表面反射率。

外差干涉法探测的最大振动速度为

$$V_{\max}=\frac{1}{2}\lambda_{\mathrm{opt}}f_{\mathrm{B}} \tag{5.32}$$

外差干涉可探测的超声振动的最大速度受限于差频和光波长的大小。

在上面的讨论中，我们默认物体表面为光学反射平面，因此反射后的物光束能重新准直成平面波。当物体表面为粗糙面时，散射后的物光一般为散斑。这时，干涉仪的探测精度将会降低两个数量级。造成这种情况的原因有两个：第一，采集到的总光功率比反射平面时采集到的要小；第二，非平面物光束（光束的光学相位随机改变）不能与平面参考光束有效地干涉。

目前国内外多家公司可提供基于外差干涉的测振仪。如德国 Polytec 公司，如 UHF-120，标称可测的最大频率为 1.2GHz。图 5.14 是基于外差干涉测振仪，在牙齿表面探测到的由 266nm 激光激发的声表面波信号[8]。由于牙齿表面非镜面，且也无法通过抛光等方式加工成镜面，因而很难利用双光束自差干涉测试方法获得理想的结果，而采用外差干涉的方法可以探测到信噪比很好的信号。

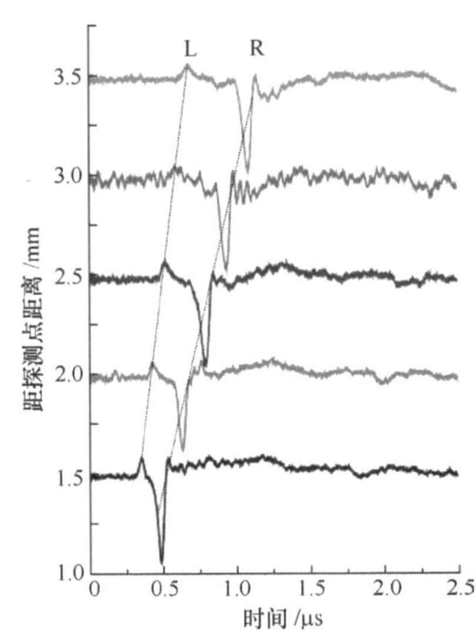

图 5.14　在离牙齿激发点不同距离得到的激光超声表面波信号

5.2.2 自参考干涉技术

自参考干涉技术是由包含物体位移信息的散斑物光束与一束可以携带也可以不携带信号信息但必须是波前匹配的参考光束混合。由于这两束光为波前匹配，可以将两束光在空间上进行有效的混合从而得到所要的信号，因此在粗糙表面上，自参考干涉仪的探测效果会有明显的提高。常用的自参考干涉仪有时延干涉仪、法布里-珀罗（F-P）干涉仪、自适应全息干涉仪（双波混合干涉仪）。另外激光散斑干涉探测，可获得某时刻激光超声的全场信息。

1. 时延干涉技术

图 5.15 所示为长光程时延干涉仪。物体发出的散射光束经透镜聚焦后，再经过分束镜被分成两束光。两束光均被反射镜反射回来，其中一束通过短臂，另一束通过长臂。由于相干的两束光都是由物体表面发出的散射光束产生，因此它们是波前匹配的。但是，其中一束光通过的光程要比另外一束光长。每一条臂中所包含的超声信息与时间有关。

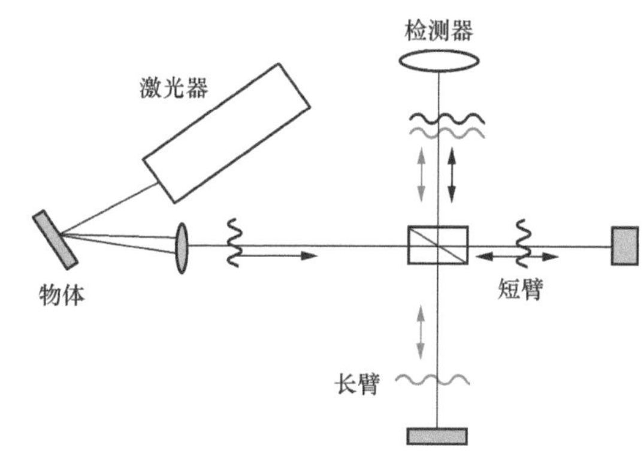

图 5.15 时延干涉仪原理装置

由于长光束和短光束是在不同时刻对超声信号进行采样，相干的两束光的表达式可写成

$$E_{\mathrm{S}} = a_{\mathrm{S}} \exp\left\{\mathrm{j}\left[\omega_{\mathrm{opt}} t - k_{\mathrm{opt}}(L_{\mathrm{S}} + 2u(t)\right]\right\} \tag{5.33}$$

$$E_{\mathrm{L}} = a_{\mathrm{L}} \exp\left\{\mathrm{j}\left[\omega_{\mathrm{opt}} t - k_{\mathrm{opt}}(L_{\mathrm{S}} + 2u(t')\right]\right\} \tag{5.34}$$

式中，$t' = t - (L_{\mathrm{L}} - L_{\mathrm{S}})/C = t - \tau$。光电探测器所探测到的相干强度为

$$P_{\mathrm{D}} = P_{\mathrm{tot}}\left\{1 + M\cos\left[k_{\mathrm{opt}}(L_{\mathrm{L}} - L_{\mathrm{S}}) - 2(u(t') - u(t))\right]\right\} \tag{5.35}$$

如果所探测的超声信号的持续时间与延时 τ 相比要短得多，则该干涉技术就可以用来直接测量超声位移，在实际应用中就意味着需要很长的光程差，因此需要有长相干长度的激光源。对较短的光程差，该干涉仪可以得到有关超声振动的时间差分信息。

从方程（5.35）我们可以看到输出信号对低频信号是不敏感（即超声位移随着时间 τ 缓慢变化）的，同时当超声信号的周期为 τ/n（n 为任一整数时）就没有信号输出，因此，时延干涉仪的频率响应是非常不一致的，只适用于探测已知频率范围的窄带超声信号。

2. 法布里-珀罗干涉

来自检测物体的光被聚焦到由两个平面反射镜或共焦反射镜构成（两个球面镜共焦放置）的装置中，它们形成一个法布里-珀罗（Fabry-Perot，F-P）腔。反射镜的反射率通常要很高，来保证光能在两个反射镜之间进行多次反射并且每次反射都会有部分光从边缘射出。入射光在相对两面上反复反射和折射后产生多束相干反射光和透射光，透射光束相干叠加后形成的净透射光功率与入射光功率之比为

$$T_{\mathrm{tr}} = \frac{T^2}{1 + R^2 - 2R\cos(2\pi\omega_{\mathrm{opt}}/\omega_{\mathrm{fsr}})} \tag{5.36}$$

式中，R、T 分别代表强度的反射和透射系数，在不考虑吸收的情况下 $R+T=1$。$\omega_{fsr}=\dfrac{c}{2L}$ 为 F-P 干涉仪的自由光谱范围（L 为腔长）。从式（5.36）我们可以看到，透射光功率与光频率有关，可以将 F-P 看作一个光频分辨器，它能够选择性地让某些频率的光透过（通频带）。对足够高反射系数的平面 F-P 腔，每个通频带的半峰值带宽为

$$\frac{\Delta\omega_{whm}}{\omega_{fsr}}=\frac{(1-R)}{\pi\sqrt{R}}\equiv\frac{1}{F} \tag{5.37}$$

式中，F 称为干涉仪的精细度。图 5.16 是在不同的精细度，即对应不同的平面镜系数下的归一化的透射光功率曲线。平面镜反射系数越趋近于 1，精细度就越高，干涉仪的通频带就越窄，对微小频移的灵敏度就越高。

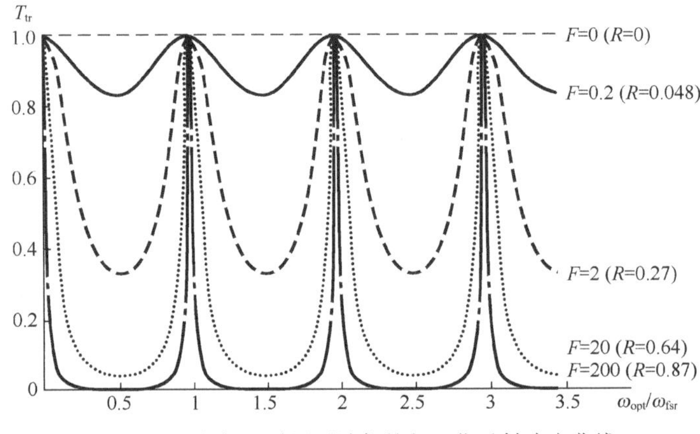

图 5.16　法布里-珀罗干涉仪的归一化透射响应曲线

F-P 干涉仪的透射响应曲线在半峰值处是近似线性的，因此一般工作点选择在某个半峰值处，这可以通过调整腔长 L 来实现。在半峰值处的归一化透射强度变化的表达式为

$$\Delta T_{tr}=\frac{F}{\omega_{fsr}}\Delta\omega_{opt} \tag{5.38}$$

假设超声位移呈正弦规律变化，$u(t)=U\sin\omega_u t$，$2k_{opt}U<<1$，根据式（5.8）则对应的频移为

$$\Delta\omega_{opt}=\frac{2\omega_{opt}}{C}\omega_u U\sin\omega_u t \tag{5.39}$$

F-P 干涉仪输出功率可以写成

$$P_{tr}=P_0\left[\frac{1}{2}+\frac{F}{\omega_{fsr}}\cdot\frac{2\omega_{opt}}{C}\omega_u U\sin\omega_u t\right] \tag{5.40}$$

相应的信噪比 SNR 为

$$SNR=\left\{\frac{2\eta P_0}{h\nu_{opt}B}\right\}^{1/2}\left\{\frac{F}{\omega_{fsr}}\frac{\omega_{opt}}{C}\omega_u U\right\} \tag{5.41}$$

从式（5.41）中可以看出 F-P 干涉仪的信噪比与超声频率成正比，这意味着它在低频处的响应较差。由于探测物体周围的环境振动通常是低频振动，因而不会对装置产生影响，因此 F-P 干涉仪能够应用于工业的复杂环境中[9]。当然，如果周围环境振动使 F-P 腔长发生改变的话，

则要采取一些额外的稳定措施。在中间频率处，F-P 干涉仪的测量效果很好，但当超声频率更高时，系统响应会超出线性区域（如图 5.16），这样式（5.41）就不再适用。当频移超过仪器的通频带时，系统的响应会更差。

另外，共焦 F-P 干涉仪具有宽带、灵敏及较大的入射孔径的特点，但通常只能测量法向位移。如果在试样表面用一薄膜光栅加以修饰，这样就可以同时测量表面的法向和切向位移[10]。

3. 动态全息干涉仪

这一类干涉仪主要是以在光折射介质中动态全息记录为依据。一种方法是利用相位共轭对散斑物光束进行平面波化[11]。即将这畸变的反射波前经一相位共轭镜（如 $BaTiO_3$ 晶体） 反射而变成有共轭相位的畸变波前。当这光束再入射到反射区时，畸变的相位得到了补偿而复原。这样，在双光束零差或外差干涉仪中，经过平面波化的物光束能够与平面参考光束进行有效的干涉，获得试样表面的运动信息。另外，与静态物光束有相同散斑结构的参考光束可以通过与包含超声信息的物光发生相干，利用全息法得到重建[12][13]。通过在光折射介质中双波混合的过程就能很容易达到上述要求[14]。

双波混合其实质是一个动态全息过程，即两束相干光（泵浦/参考光和探测/信号光）在光折变晶体中相互作用的过程。光折变晶体在一定强度的激光的照射下，折射率会发生变化。双波混合干涉原理如图 5.17 所示。由试样表面反射的信号光束与参考光束在光折变晶体内相干涉，干涉光场的分布为周期的光强分布，此干涉条纹因晶体的光折变效应而被以折射率调制的方式记录在晶体中，形成动态光栅结构。当光照射在光栅上时，会引起作用光束的衍射。

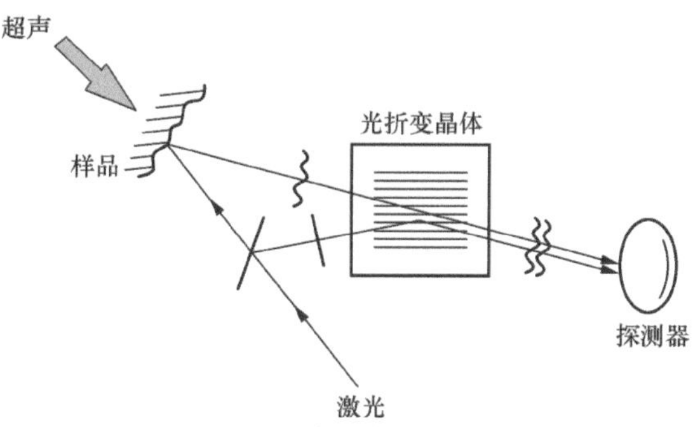

图 5.17　双波混合干涉原理图

该过程的作用结果使信号光束和参考光束经形成的光栅衍射，分别被衍射至各自对方的方向上，从而使从晶体出射的光是原来透射光（零级衍射）与经相位光栅衍射后的对方一级衍射光相干涉的光。由于相位光栅一级衍射光和零级衍射光有$\pi/2$ 的相位差，因此通过选择合适的光折变晶体以及光轴取向，可使透射的参考光与一级衍射的信号光形成相消干涉，而透射的信号光与一级衍射的参考光形成相长干涉。由于光折变过程具有一定的响应时间（它取决于所使用的光折变材料、使用的电场和入射光强度），因此它不能充分反映信号光束中的高频调制，只能反映入射光中慢于响应时间的变化。这样信号光所携带的高频超声导致的相位调制不会通过光折变效应反映出来，因此衍射参考光束与无超声信号调制的信号光束具有相同的波前结构，从而使得衍射至信号光方向上的参考光束与携带超声相位信息的透射信号光束形成高效率的干涉。如果在光路中引入正交偏振系统，可使双波混合干涉仪输出的干涉信号强度直接与表面位移成正比。而且，来自周围振动或物体的缓慢位移等引起的低频调制可以通过对晶体中建立的光栅全息图进行实时修正而得到补偿，所以双波混合干涉不需要附加的主动稳定装置来克服环境噪声。

图 5.18 所示是可以实现上述过程的一种各向同性衍射装置[15]，该装置中的光折变晶体是硅酸铋晶体（BSO）。从待测样品散射的信号光（S 偏振）通过半波片后，其偏振方向旋转了 45°，得到相等的 S 偏振和 P 偏振分量光，其电场由下式表示：

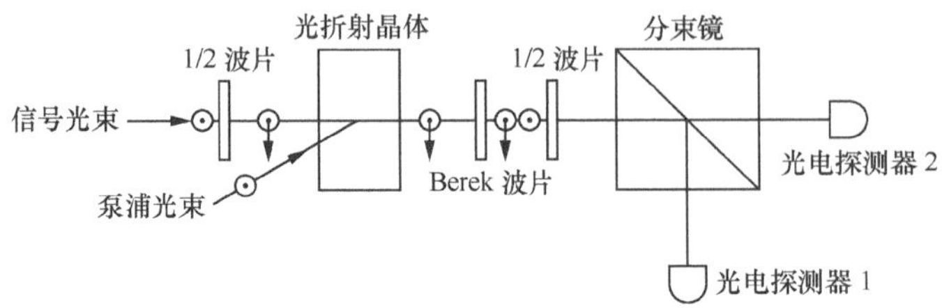

图 5.18　各向同性衍射装置的结构图

$$E_{S0} = a\exp\left[\mathrm{j}(\omega_{opt}t - \Phi(t))\right] \tag{5.42}$$

式中 $\Phi(t) \approx 2k_{opt}u(t)$。信号光的 S 偏振分量和泵浦光（参考光）的 S 偏振分量干涉形成了光折变光栅。参考光从晶体出射的衍射光（也为 S 偏振）由下式给出：

$$E_R = a\exp\left[\mathrm{j}\omega_{opt}t\right]\left[\exp(-\alpha d/2)\right]\left\{\left[\exp(\gamma d)-1\right]+\exp\left[-\mathrm{j}\Phi(t)\right]\right\} \tag{5.43}$$

式中，$\gamma = \gamma_r + \mathrm{j}\gamma_i$ 是复折射率的增益，α 为是晶体的光吸收系数，d 为晶体的厚度。信号光的 P 偏振分量不受影响（除了吸收的部分），可以由下式给出：

$$E_S = a\exp(-\alpha d/2)\exp\left[\mathrm{j}\left(\omega_{opt}t - \Phi(t)\right)\right] \tag{5.44}$$

此时从 BSO 衍射的参考光和透射的信号光是正交偏振的，因此要通过一个 Berek 波片在透射信号光中引入额外的 Φ_d 相移。这两束光再通过一个与 S 偏振和 P 偏振成 45° 的偏振分光棱镜后形成两组干涉光由两个光电探测器接收。在单纯的光折变增益过程中，即衍射光相位不受双波混合过程影响的情况下，可设定 $\Phi_L = \pi/2$。此时，两个光电探测器信号经差分放大输出后为

$$I_d = P_{tot}\mathrm{e}^{-\alpha d}(\mathrm{e}^{\gamma d}-1)\Phi(t) = 2k_{opt}P_{tot}\mathrm{e}^{-\alpha d}(\mathrm{e}^{\gamma d}-1)u(t) \tag{5.45}$$

式中，$P_{tot} = 2a^2$ 与从物体表面散射的光功率成正比。因此，在单纯的光折变增益情况下，输出信号与超声位移成正比。此时信噪比表达式为

$$\mathrm{SNR} = 2k_{opt}U\sqrt{\frac{\eta P_{tot}}{h\nu_{opt}}}\mathrm{e}^{-\frac{\alpha d}{2}}\frac{\mathrm{e}^{\gamma d}-1}{(\mathrm{e}^{2\gamma d}+1)^{1/2}} \tag{5.46}$$

从式（5.46）可以看出，吸收率越低，光折变增益越高，信噪比也越大。

4. 激光散斑探测技术

在一些应用场合我们需要对物体表面多点同时进行超声探测。例如超声衰减测量要求在样品上两不同点处测量同一超声波包。同样，超声导波的色散也可以通过测量已知相距距离的两点处的宽带超声信号得到。上述的干涉测试方法都是单点测量方法，在进一步改进的情况下也可以用于多点测量。Huang 等曾建立基于外差干涉的双点探测系统[16]，Murray 和 Krishnaswamy 研制了一套基于多重双波混合的干涉仪，该干涉仪能够对样品表面上多点的声波同时进行探测[17]。虽然多点探测技术能够同时获得样品表面多个位置的激光超声的振动情况，然而，有时我们需要知道某个时刻样品表面的超声传播情况。如果采用点扫描的方式，费时费力，若能同时测量全场超声位移，就可以大大提高探测效率。激光散斑探测技术就是这样一种技术。该方法可以得到激光超声引起样品表面振动某时刻的全场分布。

（1）测试原理

当相干光照射在粗糙表面（即表面平均起伏大于光波波长）时，可以观察到随机分布的颗粒状结构的图案，这就是光通过散射介质和自由空间传播时形成的散斑（颗粒状结构斑点称为

散斑）。利用散斑干涉测量位移精度可以达到纳米量级，因而，可以用于激光超声振动引起的样品表面的位移的探测。

散斑干涉中需要物光波和参考光波，物光波和参考光波的光强分布可以分别写为 $A(x,y,t)$ 和 $B(x,y,t)$：

$$A(x,y,t)=a(x,y)\exp[\mathrm{i}\varphi(x,y,t)] \tag{5.47}$$

$$B(x,y,t)=b(x,y)\exp[\mathrm{i}\psi(x,y,t)] \tag{5.48}$$

其中，$a(x,y)$ 和 $b(x,y)$ 分别为物光和参考光的光强振幅；$\varphi(x,y,t)$ 和 $\psi(x,y,t)$ 分别为物光和参考光的位相分布。

当物光与参考光发生干涉，在相平面上叠加形成散斑场，光强分布为

$$I=a^2+b^2+2ab\cos[\varphi-\psi] \tag{5.49}$$

当激光作用在被测样品表面后，样品表面发生变形，此时物光的光程将发生变化，即物光的位相会有改变 $\Delta\varphi$，而参考光的光程保持不变，叠加后的光强可以表示为

$$I_1=a^2+b^2+2ab\cos[\varphi-\psi+\Delta\varphi] \tag{5.50}$$

将激光作用前后所得到的图像相减并取平方以后得到

$$\begin{aligned}(I_1-I)^2&=16a^2b^2\sin(\Delta\varphi/2)\sin^2(\varphi+\Delta\varphi/2-\psi)\\&=8a^2b^2(1-\cos\Delta\varphi)\sin^2(\varphi+\Delta\varphi/2-\psi)\end{aligned} \tag{5.51}$$

从式（5.51）中可以看出最后处理得到的图像是被高频载波项调制的低频条纹，它取决于物体变形引起的光波位相变化。所以，由光强和相位就可以测出物体的微小位移。如果采用合适的测试方案，可以实现纳米量级的面内位移测量。

（2）激光散斑在激光超声探测中的应用

图 5.19 所示为用于探测激光超声的实验装置示意图。用于探测的激光器为 Nd:YAG 调 Q 固体激光器，其工作波长为 532nm。探测光照射到样品的粗糙表面，产生的散射光经由透镜和光阑以及剪切干涉装置到达 CCD，由 CCD 拍摄图像。剪切干涉装置中的两个反射镜，其作用分别为引入剪切量和相移。通过调节其中一个反射镜的水平或垂直旋钮可以在对应方向上引入剪切量。

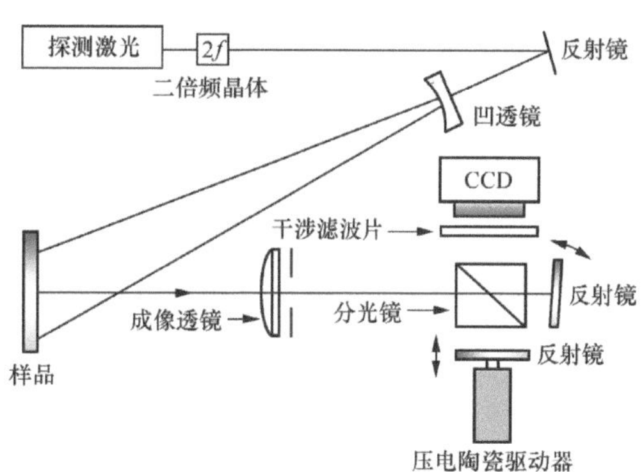

图 5.19　数字剪切散斑干涉实验装置

由于相移技术可以自动确定剪切散斑成像的条纹位相分布，可以给出每个像素点的位相值，改善拍摄得到的图像质量，提高灵敏度，因此实验系统中通过将压电陶瓷驱动器与另一个反射镜相连，当加电压到压电陶瓷驱动器上将产生位移，使得光波行程发生改变来实现相移。

图 5.20 是采用该装置获得的激光在薄铝板中激发得到的 Lamb 波场分布和声学“黑洞”的实验结果。声学“黑洞”结构是在铝薄板样品上加工的一个半径与深度成线性变化的圆台。声学“黑洞”实验中大部分入射波以楔波的形式在洞的边缘被“黑洞”捕获。从这两个实验结果可以看出，激光散斑干涉技术在激光超声的全场捕获中有着独特的优势。

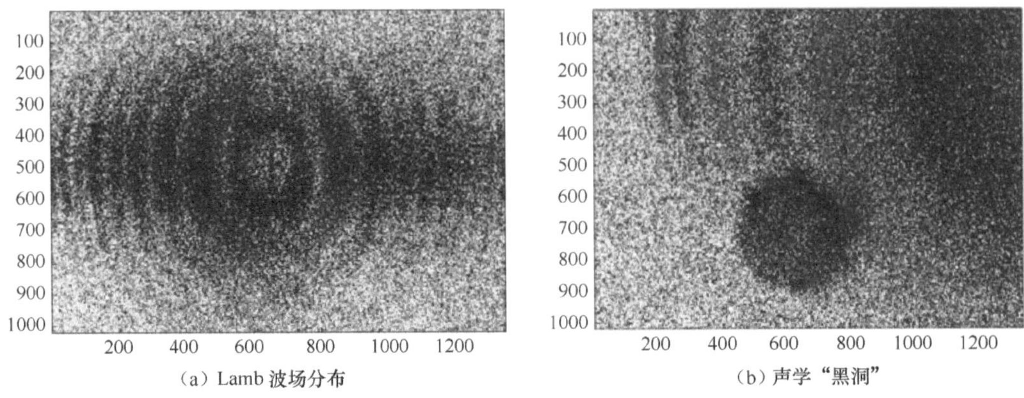

（a）Lamb 波场分布　　（b）声学“黑洞”

图 5.20　Lamb 波场和声学“黑洞”效应散斑图

参考文献

[1] Krishnaswami S. Theory and applications of laser-ultrasonic techniques. In: Kundu T.Ultrasonic nondestructive evaluation: Engineering and biological material characterization. CRC press, 2003: 435-494.

[2] Rogers J A, Maznev A A, Banet M J, et al. Optical generation and characterization of acoustic waves in thin films: Fundamentals and applications[J]. Annual Review of Materials Science, 2000, 30(1): 117-157.

[3] Ruello P, Gusev V E. Physical mechanisms of coherent acoustic phonons generation by ultrafast laser action[J]. Ultrasonics, 2015, 56: 21-35.

[4] Adler R, Korpel A, Desmares P. An instrument for making surface waves visible[J]. Sonics and Ultrasonics, IEEE Transactions on, 1968, 15(3): 157-160.

[5] Li J, et al. Analysis of laser generated ultrasonic wave frequency characteristics induced by a partially closed surface-breaking crack[J]. Applied optics, 2013， 52(18): 4179-4185.

[6] Maznev A A, et al. Laser-based surface acoustic wave spectrometer for industrial applications[J]. Review of Scientific Instruments, 2003， 74(1): 667-669.

[7] Johnson J A, et al. Phase-controlled, heterodyne laser-induced transient grating measurements of thermal transport properties in opaque material[J]. Journal of Applied Physics, 2012， 111(2): 023503-1-7.

[8] 孙凯华. 激光声表面波用于早期龋齿和牙隐裂的诊断与评估[D]. 南京理工大学, 2014.

[9] Monchalin J P. Progress towards the application of laser-ultrasonics in industry[M]. Springer US, 1993.

[10] Qian M, Pan Y, Zhang Z. Measurement of ultrasonic displacement vector with an F-P interferometer[J]. The Journal of the Acoustical Society of America, 1998, 103(5): 3048-3048.

[11] Delaye P, et al. Heterodyne detection of ultrasound from rough surfaces using a double phase conjugate mirror[J]. Applied physics letters, 1995， 67(22): 3251-3253.

[12] Delaye P, De Montmorillon L-A， Roosen G. Transmission of time modulated optical signals through an absorbing photorefractive crystal[J]. Optics Communications, 1995 ， 118(1): 154-164.

[13] Pouet B F, et al. Heterodyne interferometer with two wave mixing in photorefractive crystals for ultrasound detection on rough surfaces[J]. Applied physics letters, 1996，69(25): 3782-3784.

[14] Yeh P. Introduction to photorefractive nonlinear optics[M]. Wiley-Interscience, 1993.

[15] Delaye P, et al. Detection of ultrasonic motion of a scattering surface by photorefractive InP: Fe under an applied dc field[J]. JOSA B, 1997，14(7): 1723-1734.

[16] Huang J，Achenbach J. Measurement of material anisotropy by dual-probe laser interferometer[J]. Research in Nondestructive Evaluation, 1994，5(3): 225-235.

[17] Murray T W, Tuovinen H，Krishnaswamy S. Adaptive optical array receivers for detection of surface acoustic waves[J]. Applied optics, 2000，39(19): 3276-3284.

第6章 激光超声的应用

激光超声技术的主要应用之一是材料性质表征。材料的几何性质（如厚度、密度等）、微结构性质（如晶粒尺寸、各向异性等）、力学性质（如弹性模量等）的表征，还有表面性质和界面结合强度的检测，甚至热力学过程的监测等，均可通过激光超声技术实现。这些性质表征所对应的一个最简单也是用途最多的测量问题是测量超声脉冲的飞行时间。若材料内传播的超声声速已知，可根据超声在材料内的传播时间得到材料厚度等几何尺寸。反之，若已知材料的几何尺寸，则可测量声速，从而进一步推导出材料的弹性模量和密度等参数。除此之外，测量声速的变化还可推导残余应力、监测内部温度变化等，在各向异性材料中，测量不同方向的声速可以得到组织结构的各向异性等。这些问题的核心在于超声脉冲飞行时间的精确测量，而这正是激光超声的一大优势。除飞行时间外，利用超声进行材料性质表征的另一个常用测量参数是超声的衰减。频率相关的超声衰减是与材料的微结构特征，如晶粒边界、位错等引起的散射联系在一起的，因此从频率相关的超声衰减可以了解材料的微结构特征。由于激光激发的一大特征就是宽带激发，激光激发出的宽带超声波脉冲可以覆盖整个感兴趣的频率范围，因此更加适用于频率相关的超声衰减测量。

激光超声技术的另一个重要应用领域是对裂纹、脱粘等缺陷的检测。利用激光作为超声激发/探测源来探测缺陷，在具备超声波法无损、可测任意深度的缺陷分布的优点以外，还可发挥激光易扫描、空间分辨率高、远距离激发及接收等优点。裂纹是固体材料中一类常见的缺陷，其出现和扩展会使工件的机械性能明显变差并最终造成工件的断裂。因此，裂纹的无损检测一直是科研和工业领域的研究重点之一。激光超声技术因其独特的优势，近年来逐渐成为裂纹无损检测领域的研究热点。概括地说，激光超声技术在裂纹检测领域的进展大致可分为三个阶段。

第一阶段是使用激光源代替传统的换能器作为超声的激发源，在裂纹的远场（几个超声波波长之外的区域）进行超声的激发，然后通过检测超声波脉冲和裂纹相互作用后的反射、透射或散射波来识别裂纹，包括投捕法（Pitch-Catch）、脉冲回波法（Pulse-Echo）等。

第二阶段是激发和探测激光源以灵活多样的方式在样品表面实现扫查，通过观测激发光/探测光与裂纹相互作用后引起的超声信号在时延、幅值、频率上的变化来识别，包括时间飞行散射法（Time Of Flight Diffraction Technique，TOFD）、扫描激光源法（Scanning Laser Source，SLS）和双光源法（Dual-laser-source Technique）等。

第三阶段的研究重点是实际裂纹在施加载荷时产生的闭合以及由此引起的各种现象，如和频、倍频和差频的激发、对 Rayleigh 波的参数调制、调制转移、类噪声非线性声波信号的激发以及非线性的声弹效应等，利用这些现象可对开口很小的实际裂纹进行有效的检测。这一类裂纹检测方法是近年来蓬勃发展的激光超声裂纹检测的新方向。这一阶段中具有代表性的裂纹检测方法有基于光热调制的激光超声方法和非线性混频激光超声方法（Nonlinear Frequency-Mixing Technique）等。

本章重点介绍激光超声应用于材料性质检测和缺陷检测的原理、方法及研究进展情况。材料性质检测包括厚度测量、力学性质表征、微结构和相变过程监测等，缺陷检测则主要是裂纹、脱粘检测。其中绝大部分研究目前还在实验室阶段，部分应用，比如厚度测量、脱粘缺陷检测已经成功地从实验室走向工业应用[1]。

6.1 厚度测量

激光超声技术用于测厚的实验室研究最早报道于 1976 年[2]。Bondarenko 等人在厚度约为 1mm 钢板样品同侧激发和探测超声波，测得一系列超声脉冲回波的时间间隔，在已知超声声速的情况下，计算出了钢板的厚度。Tam 等人利用脉宽为 0.5 ns 的氮分子激光在厚度为十几到上百微米的钢箔样品中激发超声，并对样品厚度进行了检测[3]。他们在钢箔样品中可检测的最小超声脉冲宽度约为 1ns，测得最薄的样品厚度为 12.57μm，准确度为 1%，而使用千分尺测得同一样品的厚度为（14±2）μm。这一类测厚技术都是利用激光激发的超声体波，主要是纵波，在已知材料声速的条件下，根据脉冲时间间隔得到厚度。这种激光超声测厚技术在工业上最成功的应用是高温下钢管厚度在线检测。加拿大国家研究委员会工业材料院和美国 TimKen 公司合作开发了一套对生产过程中无缝管厚度的激光超声在线检测系统。这套系统中的激光器、F-P 干涉仪、电子控制设备以及电脑等均安放在专门的控制室中，激发、探测光通过光纤引导至钢管生产线上的检测单元，并辐照于待测钢管上。激发光在钢管表面聚焦激发超声，F-P 干涉仪的探测激光与激发光聚焦于同一位置接收超声回波。该系统的检测单元中还配备了一套光纤耦合的位置测量系统以及一套光纤耦合测温仪。前者主要用于确定激光源位于钢管表面的位置，便于实现待测钢管的在线全场厚度测量；后者用以实时监测钢管的温度。该系统的设计充分考虑了使用时的用眼安全性，并具有易拆装的特点，使得工人在进行相关维护时的危险性和难度大大降低。

除上述超声纵波的脉冲回波方式测厚以外，还有一种方法是利用薄板中的 Lamb 波。Lamb 波有对称模态（S_i，$i=0,1,2,\cdots$）和反对称模态（A_i，$i=0,1,2,\cdots$）。激光较易在板中激发出低阶 Lamb 波，即 S_0 和 A_0 模态，通过这两种模态的传播速度和色散，也可实现样品厚度的检测。这种方法无需已知板材料的声速。

虽然通常情况下，两种模态的 Lamb 波都是色散的，但当 Lamb 波的波长 Λ_L 远大于板的厚度 h（$\Lambda_L >> h$）时，S_0 模态可以近似地认为是非色散的。图 6.1 为实验测得的 Lamb 波信号[4]，若已知激发源—探测源间距离 l 和 S_0 模态的传播时间 t，S_0 模态声波的传播速度 c_S 可以由 $c_S = l/t$ 得到。反对称模态 A_0 的圆频率-波数（ω-k）关系可表示为

$$\omega = ak^2 + bk^4 \tag{6.1}$$

式中，

$$a = \frac{1}{\sqrt{3}} c_S h \tag{6.2}$$

$$b = \frac{1}{30\sqrt{3}} \left(\frac{20}{\kappa^2} - 27 \right) c_S h^3 \tag{6.3}$$

式中，κ 为纵波速度和横波速度之比。

在已测得 c_S 的基础上，如能从式（6.1）中得到常数 a，则样品厚度 h 可由式（6.2）得到。这需要对实验测得的时域信号进行小波变换[4]或二维傅里叶变换[5]，获得各模态声波的频散曲线；然后通过将反对称模态 A_0 的频散曲线与理论曲线拟合得到参数 a。

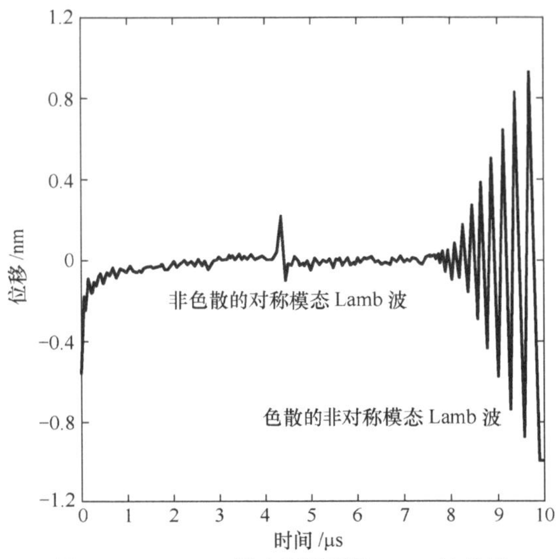

图 6.1 Dewhurst 等人探测到的 Lamb 波信号

Dewhurst 等人使用脉宽为 20ns 的 Nd:YAG 调 Q 激光器在不同厚度的铝板中激发 Lamb 波，使用干涉仪接收 Lamb 波信号，测到了薄板样品的厚度[6]。他们的实验结果表明：对于满足 $A_L \gg h$ 的待测样品，该方法的准确度优于 2%，而随着待测样品厚度的增加，该方法的准确度随之降低。除金属薄板外，他们还用该方法测量了聚合物薄膜的厚度[7]。Hayashi 等人使用激光激发的 Lamb 波检测方法对 5 片不锈钢箔片（AISI304）的测量结果与千分尺及扫描电子显微镜的厚度测量结果进行了对比，如表 6.1 所示。从表 6.1 所示结果可以看出，相比于扫描式电子显微镜和千分尺等测量方法，激光超声方法对厚度为 10～20μm 的样品有着较高的测量准确度。

表 6.1 不同检测方法得到的样品厚度（单位：μm）

标称厚度	扫描式电子显微镜	千分尺	激光超声方法（误差）
8	7.78	7.7	8.35（8.4%）
10	9.96	10.4	10.40（2.0%）
20	19.29	19.3	19.78（2.5%）
30	30.46	30.2	27.26（10.0%）
40	41.75	41.7	36.89（11.5%）

6.2 力学性质表征

6.2.1 体材料弹性常数测量

1. 二阶弹性常数

对于各向同性材料来说，独立的二阶弹性常数只有两个，且与纵波和横波速度有如下关系：

$$\begin{aligned} c_{11} &= \rho c_L^2 \\ c_{44} &= \rho c_T^2 \end{aligned} \quad (6.4)$$

常用的弹性常数声学测量方法是共振法（测量已知结构样品的纵向和扭曲共振频率）和脉

冲回波法（测量纵波和横波的速度）。利用 PZT 换能器实施的脉冲回波法在一些陶瓷材料及高温环境下难以实施，共振法虽然可以用于高温环境，但需要将材料加工成合适的形状，并且精确确定共振峰也是比较困难的。由于激光超声方法是非接触式直接激发和探测，因此可以克服上述的问题，另外激光超声多模式（横波、纵波等）同时激发的特点也是其优势之一。早期的激光超声测量弹性常数主要是利用激光在融蚀机制下激发的超声，原因是热弹机制下激发的超声的信噪比相对传统超声而言比较低，只有在融蚀机制下纵波的信噪比能够达到传统超声换能器的量级。但是，融蚀机制激发超声的一个问题是会带来样品表面的损伤，另外，融蚀机制下横波的信噪比很低，因此要精确测定横波的速度就很困难。在这些研究中，对于横波速度的测定有的是利用纵波到横波的模式转换，有的是利用偏离对心的方法接收横波。模式转换的方法需要将样品加工成特殊的形状，如圆柱形，而偏离对心的接收方式则依赖于对偏离值的精确测定。Aussel 等人[8]的进一步改进是利用热弹机制或轻微融蚀方式激发，对心接收的方式探测纵波和横波及其多个回波，并采用波形相关算法得到纵波和横波的时间延迟，只需测定样品厚度就可以得到纵波和横波速度。这种方法对信号的信噪比要求相对低一些，在对散射引起的误差进行进一步校正的基础上，得到了与传统超声方法同样的测量精度，达到 0.1%。

除了上述利用对心接收的纵波和横波速度测定弹性模量的方法，同时利用激光激发的 Rayleigh 波和同侧接收的底面反射纵波和横波也是一种有效的方法[9]。激光在材料中热弹激发的 Rayleigh 波信号幅值远大于纵波或横波，其信噪比比纵波和横波要大得多。纵波速度 c_L、横波速度 c_T 与 Rayleigh 波速度 c_R 满足下面的瑞利方程：

$$\left(\frac{c_R}{c_T}\right)^6-8\left(\frac{c_R}{c_T}\right)^4+\left[24-16\left(\frac{c_T}{c_L}\right)^2\right]\left(\frac{c_R}{c_T}\right)^2-16\left[1-\left(\frac{c_T}{c_L}\right)^2\right]=0 \tag{6.5}$$

由于激光在材料内激发的体波具有方向性，可利用激光超声方法激发/检测位置灵活的特点，采用固定探测点不动，以固定步长扫描激光线源的方式在材料中激发超声波信号，分别探测到线源移动过程中信噪比最高的纵波和横波的底面反射回波信号，如图 6.2 所示。图 6.3 给出了在铝样品中当激发光位于 X_N 处探测到的激光超声信号，图中的 R、L、S 分别表示直达的 Rayleigh 波、经底面反射的纵波和经底面反射的横波。可以发现，在这个位置探测到的直达 Rayleigh 波和反射纵波信号具有较高的信噪比，而横波的信噪比则相对较差。为了获得较高信噪比的横波信号，需要使线源向远端进一步扫描，将具有横波最高信噪比的位置记为 X_T，并记录横波到达时间 t_T 和光源移动距离 d。

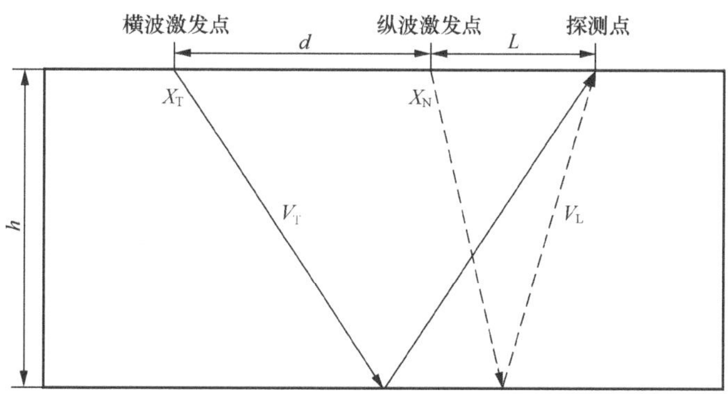

图 6.2　纵波与横波的传播路径示意图

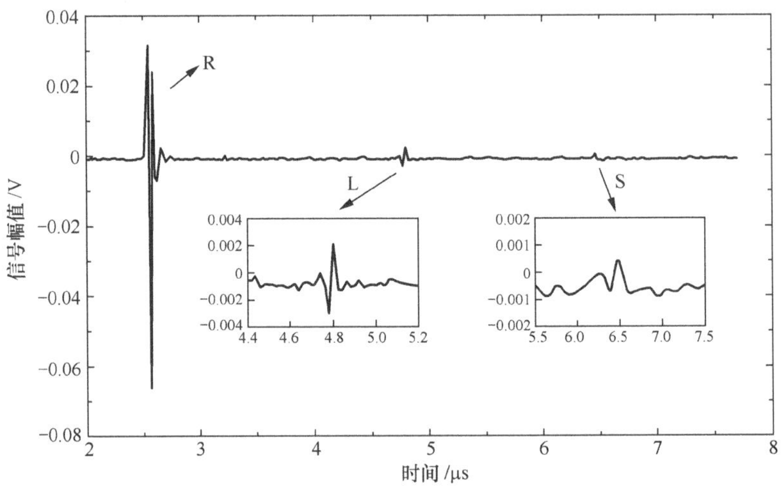

图 6.3　铝样品中获得的 3 个模式的超声信号

Rayleigh 波速度可以通过激光扫描距离及 Rayleigh 波飞行时间得到。通过探测激发源扫描过程中激发的 Rayleigh 波信号，并利用波形相关等算法得到各步的时间相对延迟 Δt，对位置变化 Δx 与 Δt 进行线性拟合，其斜率的倒数即为 Rayleigh 波波速 c_R。在此基础上，结合 X_N 处激发的 Rayleigh 波到达时间，可以得到图 6.2 中的 L。这样，只要测定样品厚度 h 就可以根据下式得到纵波和横波的速度：

$$c_L = \sqrt{L^2 + 4h^2} / t_L \tag{6.6}$$

$$c_T = \sqrt{(L+d)^2 + 4h^2} / t_T \tag{6.7}$$

把上述三种模式的超声波速度值代入式（6.4）和式（6.5），即可反演得到材料的二阶弹性常数 C_{11}、C_{44}。需要说明的是，这种方法是同时利用了纵波、横波和 Rayleigh 波三种波速，但其中横波速度的误差相对较大，因此在反演的过程中实际上采用了加权的反演法。

该测量方法的误差主要来源于测量纵波、横波及 Rayleigh 波速度的误差，而测速的误差则主要取决于测长误差（测厚 h 和激发点与探测点距离的 L、d）以及测时误差。对铝样品检测结果进行的误差分析结果表明，该方法对所测样品的二阶弹性常数 C_{11} 和 C_{44} 的测量准确度优于 0.3%。

各向异性材料弹性常数的确定要相对复杂得多。采用激光激发的超声来反演各向异性材料的弹性常数一般采用点源激发和点探测的方式[10]，图 6.4 是实验示意图。Q 开关激光聚焦成点源在材料中激发出向各个方向传播的超声波，在样品的另一侧点接收超声体波，改变激发点和探测点的相对位置，得到沿不同方向传播的超声信号。当然，这些波不是具有确定单一波矢的平面波，而是平面波相干叠加而成的，以瞬态波群速度沿各个方向从源往外传播的。只有一些特殊的方向上的数据，比如相速度和群速度一致的高对称方向上，反演弹性常数才比较简单。一方面由于各向异性材料中超声体波的相速度与材料弹性常数是通过克里斯托菲尔方程联系起来的，另一方面即使在没有色散和衰减的情况下，任意传

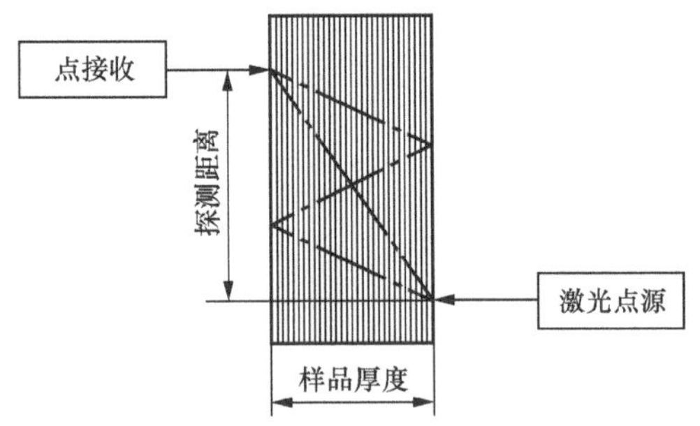

图 6.4　激光点源激发-点源接收实验示意图

播方向上的相速度和群速度也是不一致的，因此对于任意传播方向，要从沿不同方向传播的群速度数据中反演弹性常数是比较困难的，需要一些优化的反演算法[11]。但是，上述从群速度数据中恢复弹性常数的方法涉及了两个数值迭代的过程，因此对速度测量的精度要求非常高。Audoin 等[12][13]采用激光线源阵列激发的方式激发出平面波，从而使得相速度数据的测量成为可能，并进而直接从相速度数据中反演弹性常数。此后，他们[14]又进一步将该方法成功用于结合在基底上的各向异性层的弹性常数表征，在这种结构中只能在样品的一侧激发和探测声波，从反射平面波的相速度数据反演出弹性常数。此外，同济大学的潘永东等人使用激光线源激发，光学外差干涉法检测，获得了柱状样品中传播的纵波、横波声速，并以此反演得到了样品的弹性常数[15]。

2. 三阶弹性常数

反映非线性 Hooker 定律的三阶弹性常数描述了非线性力作用下的材料的力学响应问题。对于基于声弹性效应的应力测定等应用而言，其中一个非常重要的参数是声弹性系数，而该系数一般是二阶和三阶弹性常数（Third Order Elastic Constants，TOE 常数）的线性结合，因此三阶弹性常数的精确测定在金属焊接残余应力检测等领域具有很重要的实用意义。

轴向应力加载法是材料三阶弹性常数的传统检测方法之一，主要通过测量材料在单轴应力载荷下超声波波速变化来实现三阶弹性常数的检测，但该方法一方面需要大型的加载设备，另一方面对样品尺寸和形状等有特殊的要求。Johal 等人[16]指出了单轴应力载荷方法测量 TOE 常数的不可靠性，并给出了静水压力条件下一些立方晶系半导体和金属的三阶弹性常数。静水压力法主要依靠检测弹性体受到稳定的静态流体压力时超声波的波速变化来测定三阶弹性常数。采用均匀热膨胀来对材料施加均匀各向同性变形是静水压力法的一种等效方法，结合激光超声技术可以测定材料的三阶弹性常数[17]。

对于各向同性介质来说，有三个独立的三阶弹性常数：c_{111}，c_{112} 和 c_{144}。当金属各方向受到同样的热应力，相当于在静水压力条件下，材料的等效二阶弹性常数和密度分别可以表示为

$$\begin{aligned}
\tilde{c}_{11} &= c_{11} + \alpha_{\mathrm{T}} T(c_{111} + 2c_{112} + 2c_{11} + 2c_{12}) \\
\tilde{c}_{44} &= c_{44} + \alpha_{\mathrm{T}} T(c_{144} + 2c_{166} + c_{11} + c_{44} + 2c_{12}) \\
\tilde{\rho} &= \rho/(1 + 3\alpha_{\mathrm{T}} T)
\end{aligned} \tag{6.8}$$

未带上标的参数均为无应变状态下的参数，α_{T} 为线膨胀系数，T 为温升。此时，纵波和横波的传播速度分别为

$$\tilde{V}_{\mathrm{L}} = \sqrt{\tilde{c}_{11}/\tilde{\rho}} \qquad \tilde{V}_{\mathrm{T}} = \sqrt{\tilde{c}_{44}/\tilde{\rho}} \tag{6.9}$$

对应的声 Rayleigh 波速 $\tilde{V}_{\mathrm{R}}$ 满足下述方程：

$$\left(\frac{\tilde{V}_{\mathrm{R}}}{\tilde{V}_{\mathrm{T}}}\right)^6 - 8\left(\frac{\tilde{V}_{\mathrm{R}}}{\tilde{V}_{\mathrm{T}}}\right)^4 + \left(24 - 16\left(\frac{\tilde{V}_{\mathrm{T}}}{\tilde{V}_{\mathrm{L}}}\right)^2\right)\left(\frac{\tilde{V}_{\mathrm{R}}}{\tilde{V}_{\mathrm{T}}}\right)^2 - 16\left(1 - \left(\frac{\tilde{V}_{\mathrm{T}}}{\tilde{V}_{\mathrm{L}}}\right)^2\right) = 0 \tag{6.10}$$

结合上一节的三个无外加应变状态下的纵波、横波和 Rayleigh 波速度公式及测试方法，只要精确测定常温下和温升为 T 时的三个声速，就可以利用式（6.8）～式（6.10）得到三阶弹性常数。需要说明的是公式（6.10）与公式（6.9）中的两个方程并不相互独立，因此难以求得三个未知的三阶弹性常数 c_{111}、c_{112} 和 c_{144}。研究表明[18]，对于大部分金属材料（Cauchy 金属）来说，c_{144} 的值远小于其他两个三阶弹性常数，因此这里可以只考虑 c_{111} 和 c_{112}，即假设 $c_{144} = 0$。

当然，这种假设会对 c_{111} 和 c_{112} 的测定带来系统误差，但后面进一步的分析可以看到，这种假设带来的系统误差是很小的。

图 6.5 所示是静水压力法测试三阶弹性常数的激光超声实验系统，样品放在一恒温水浴锅中，通过加热恒温水浴锅使样品处于一个恒定的温度值，以均匀热膨胀的方式使样品处于静水压力作用状态。图 6.6 所示是测试得到的样品温度从 28℃到 100℃的 Rayeigh 波速度随温度变化曲线。在此温度变化范围内，Rayleigh 波的速度呈线性下降，下降幅度大约为1.5%，这样的线性变化趋势说明该速度变化是由于加热应变产生的，而样品本身结构没有产生变化，这就保证了该测试方法在实验温度范围内的不同应力状态下的测试准确性和稳定性。用该方法测定得到的铝样品的三阶弹性常数为 $c_{111}=-1130.7\ \text{GPa}$ 和 $c_{112}=-299.7\ \text{GPa}$ 。

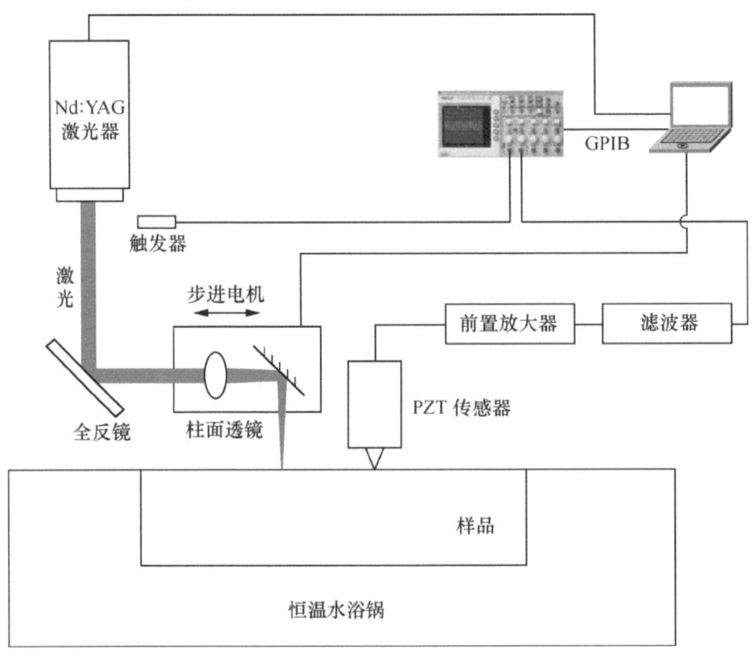

图 6.5　静水压力法测试 TOE 常数实验系统示意图

当然，这一结果是在忽略 c_{144} 的基础上得到的，因此有必要估算一下由此产生的系统误差。当 $c_{144}\neq 0$ 时，另两个三阶弹性常数可表示为 c_{144} 的函数：$c_{111}(s)$ 和 $c_{112}(s)$，其中令 $c_{144}=s$ 。由式（6.8），可以推导三阶弹性常数与 c_{144} 的微分关系为

$$\begin{aligned} \mathrm{d}c_{111}/\mathrm{d}s&=\frac{c_{111}(s)-c_{111}(0)}{c_{144}}=1.3 \\ \mathrm{d}c_{112}/\mathrm{d}s&=\frac{c_{112}(s)-c_{112}(0)}{c_{144}}=0.7 \end{aligned} \tag{6.11}$$

根据式（6.11）便可由可能的 c_{144} 值推导其他两个三阶弹性常数的误差。例如，在文献[19]中对于铝材料有 $c_{144}=-23\text{GPa}$ ，那么这里的误差为

$$\begin{aligned} \delta_3 c_{111}&=-29.9\text{GPa},\quad \frac{\delta_3 c_{111}}{c_{111}}=2.6\% \\ \delta_3 c_{112}&=-16.1\text{GPa},\quad \frac{\delta_3 c_{112}}{c_{112}}=5.3\% \end{aligned} \tag{6.12}$$

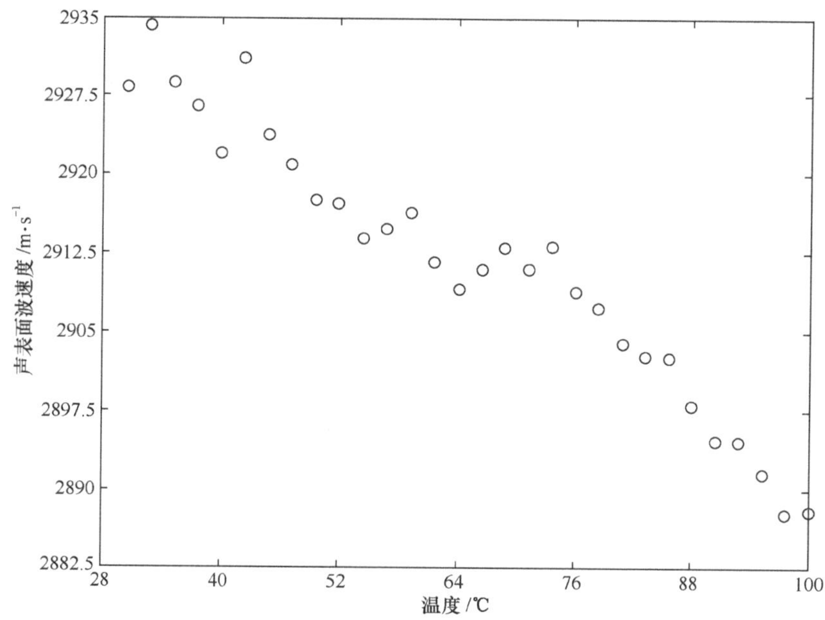

图 6.6 Rayleigh 波速随温度变化趋势

因此，忽略 c_{144} 值带来的系统误差比由于波速测量误差和二阶弹性常数误差带来的影响要大得多，后者给 c_{111} 和 c_{112} 带来的误差分别为 0.06% 和 0.02% 。尽管如此，测试结果与现有文献中同类铝合金材料参数值能够较好地吻合，如 Yu 的测试结果[20]：$c_{111}=-1100\text{GPa}$，$c_{112}=-315\text{GPa}$。

6.2.2 薄膜力学性质表征

在微电子器件制造等领域有重要应用的多种新型薄膜，如多晶硅、金刚石薄膜等，其厚度在微米量级甚至更薄，难以自支撑，一般沉积在较厚的基片上。在单纯的基底上，表面波是不色散的，而当基底上有薄膜的存在，由于薄膜与基底的力学性质的不同，导致了表面波在传播过程中的色散现象。根据层状材料中表面波的传播理论，该色散曲线中包含了薄膜的力学性质和薄膜厚度等信息。对于可以近似为各向同性的薄膜，其弹性性质主要由杨氏模量和泊松比表示，而对于各向异性薄膜，则包括更多个弹性常数，例如，正交各向异性的纳米金刚石薄膜有三个独立的线弹性常数。激光可以通过直接聚焦激发出宽带 Rayleigh 波，或者通过一定方式激发具有序列频谱的窄带 Rayleigh 波，通过一定的频谱分析手段可以从实验上得到薄膜/基底系统中的 Rayleigh 波色散曲线，通过拟合理论的色散曲线从而进一步得到薄膜的一个或多个力学参数。

1. 各向同性薄膜

一般宽带 Rayleigh 波脉冲由脉冲激光在样品上聚焦成点光源或线光源直接激发。为了保证传播的方向性，通常采用柱透镜聚焦成线源激发。激发出的 Rayleigh 波的带宽由激光脉冲的宽度和聚焦光斑的大小共同决定，而探测到的 Rayleigh 波的带宽则还取决于样品中的传播衰减特性和探测系统的带宽。

为了得到表面波在薄膜/基底中的色散曲线，必须至少记录两个不同位置处的 Rayleigh 波，这可以通过移动激发源或者探测源实现，一般比较常用的方法是固定探测点，移动激发源。对两个不同位置处的 Rayleigh 波进行傅里叶变换，得到其相位谱，由相位谱变化根据下面的公式得到色散关系：

$$v(f)=\frac{2\pi fd}{\phi_2(f)-\phi_1(f)} \tag{6.13}$$

其中 d 是两个探测点（激发点）之间的距离，ϕ_1、ϕ_2 是两个 Rayleigh 波的相位谱。图 6.7（a）[21]是硅基底纳米金刚石薄膜中检测到两个距离 4mm 的激光激发的 Rayleigh 波，图 6.7（b）中曲线 2 是对应的色散曲线。由于纳米金刚石薄膜比硅基底硬，因此其色散是反常色散。为了减小色散曲线的误差，一种改进的方法是扫描激发光，记录多个位置的 Rayleigh 波波形，对这些 Rayleigh 波进行傅里叶变换得到其相位谱，从而得到不同频率对应的相位随距离的变化数据，如图 6.8 所示。对每一频率 f 的相位变化曲线用 $\phi=\frac{2\pi f}{v}x$ 进行直线拟合，从拟合直线的斜率可得到该对应频率的相速度 v。

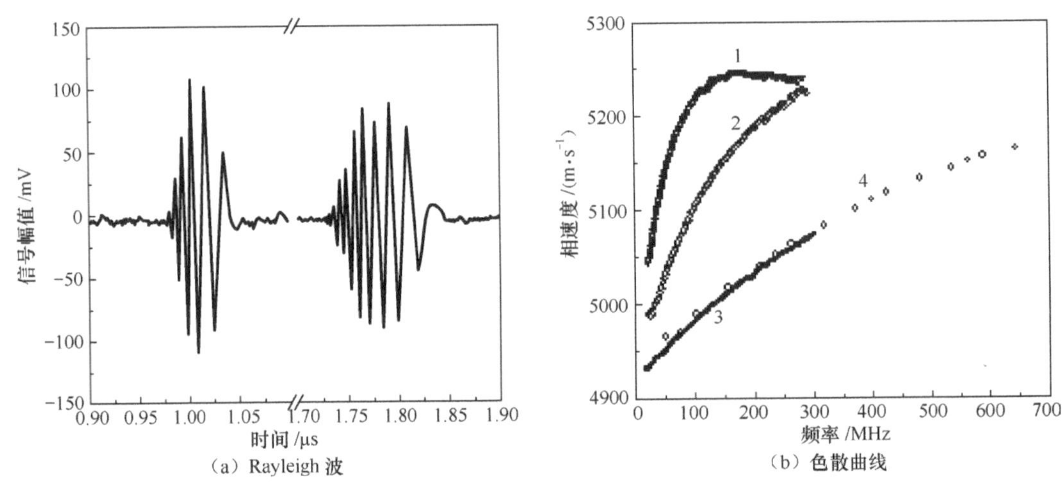

（a）Rayleigh 波　　（b）色散曲线

图 6.7　硅基底纳米金刚石薄膜上的激光 Rayleigh 波及色散曲线

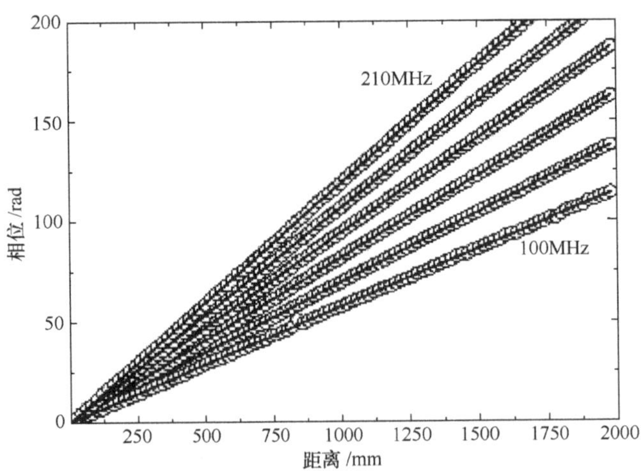

图 6.8　不同频率的相位随扫描距离的变化

根据层状媒质中 Rayleigh 波的传播理论，在基底性质已知的情况下，该色散曲线由薄膜的厚度、密度、杨氏模量及泊松比四个参数决定。因此，从理论上拟合实验色散曲线就可以得到这些参数。理论计算表明，在膜较薄的情况下色散曲线对泊松比不敏感，因此一般情况下泊松比可设为常数，厚度通常也可以通过其他办法测量，因此主要需要表征的参数就是密度和杨氏模量。理论研究表明 10%的厚度数据误差在拟合过程中带来的杨氏模量误差约为 5%，密度误差约为 2%。从实验色散曲线中能同时反演薄膜性质中的一个还是多个的能力主要取决于最大厚度波数积$\gamma_{max} = k_{max} \cdot h$的值，其中 h 是薄膜厚度，k_{max}是相应于实验检测到的具有足够信噪比的最大频率的波数。一般情况下，当$\gamma_{max} < 0.1$，色散关系近似直线，只能反演一个薄膜参数，如图 6.7（b）中所示色散曲线 3。对于较大的γ_{max}，色散曲线的非线性增强，可以同时反演两个甚至三个参数，如图 6.7（b）中所示色散曲线 1。图 6.7（b）中所示曲线 1、2、3 对应的是不同厚度的样品，其表面波频率范围相同，但由于曲线 3 对应的薄膜厚度最小，只有 120nm，因此其最大厚度波数积很小。要想反演两个参数，必须激发和探测更高频率的 Rayleigh 波，如图 6.7（b）中的曲线 4。用这种表面波色散的方法，很多学者研究了多种新型薄膜的力学性质[22]-[26]，特别是一些超硬薄膜材料，比如纳米金刚石薄膜[24]、氮化硅[25]、立方氮化硼[26]等。但是，这种方法在提取表面波色散过程中，涉及相位的解卷绕以及要设定一个初相位，因此会给色散曲线带来比较大的误差。因此，另一种利用窄带序列表面波的方法，由于不涉及相位解卷绕问题，在色散曲线提取上具有更大的优势。另外，窄带序列 Rayleigh 波的激发方法还可以激发出更高频率的 Rayleigh 波。

利用脉冲激光激发窄带超声的常用的方法之一是利用两束激光以一定夹角入射到样品表面同一区域，在样品表面干涉叠加形成一瞬态光栅，该光栅在热弹机制下由于空间周期性的加热和膨胀激发出两个相向传播的窄带声波。该声波的频率由样品表面形成的激光光栅的空间周期决定，而该空间周期又是由两束相干光的夹角决定的，因此通过调节两束相干光的夹角可以改变激发出的声波的频率，从而得到不同频率的 Rayleigh 波传播速度。

另一种激发窄带 Rayleigh 波相对简单的方法是激发激光通过掩膜板入射到样品表面[21][23][27]。掩膜板为由石英基底上镀加抗反射的金属 Cr 膜后再刻蚀形成周期性的矩形金属掩膜。皮秒激光脉冲直接经过掩膜板入射到样品表面形成热栅，激发出窄带 Rayleigh 波。

图 6.9 是实验装置示意图。与宽带 Rayleigh 波提取色散曲线至少需要两个不同位置记录的 Rayleigh 波信号不同的是，从窄带 Rayleigh 波提取色散曲线只需要一个固定位置探测的表面波。每个窄带 Rayleigh 波中不仅包含了对应于波长$\lambda = d$的基频，还有对应于波长$\lambda = \frac{d}{2}, \frac{d}{3}, \cdots$的高阶谐波，这里的 d 是掩膜板的周期，如图 6.10 所示。根据简单的速度计算公式$v(f) = \lambda \cdot f$就可以得到相应的色散曲线。图 6.7（b）中色散曲线 4 就是采用了不同占空比的周期分别为 10μm、20μm、30μm、40μm、80μm 和 120μm 的掩膜板得到的。

2. 各向异性厚硬膜的表征

一般地，对于沉积在硬基底的软膜来说，比如沉积在 Si 基底上的 SiO_2 膜，其色散曲线是正常色散；而对于沉积在软基底上的硬膜来说，比如 Si 基底上的金刚石薄膜，当膜的厚度在几微米及以下时，其表面波色散曲线实际上是在很宽的一个频带范围的瑞利波的反常色散，如图 6.7（b）中色散曲线。这两种情况下相速度变化都是从低频极限下的基底瑞利波速度开始单调减小或增大。如上节所述，对于各向同性的薄膜而言，这样的一条色散曲线就可以反演 1～2 个弹性常数。

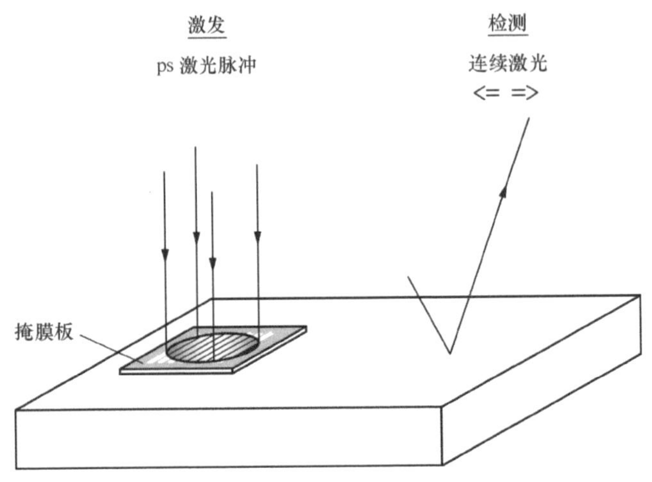

图 6.9 激光透过掩膜板激发的窄带 Rayleigh 波示意图

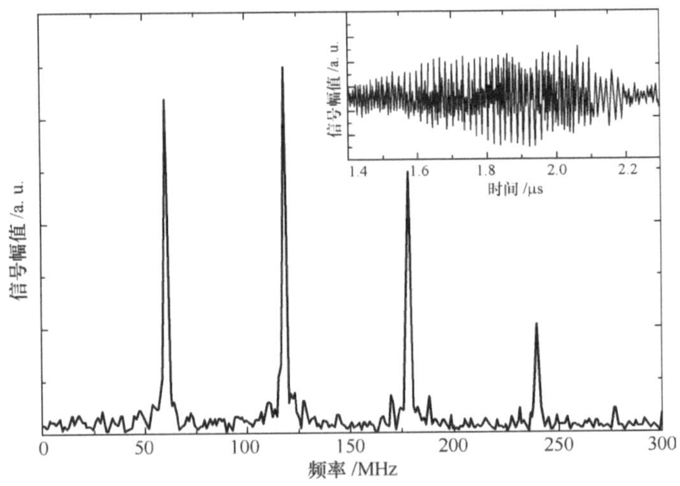

图 6.10 激光透过掩膜板激发的窄带 Rayleigh 波及其频谱

对于沉积在软基底上的各向异性厚硬膜而言，比如 Si 基底上的百微米厚度的金刚石膜，面临的问题要相对复杂。在这种软基底厚硬膜结构中，当反常色散的 Rayleigh 波速度在某些特定频率等于基底的体波速度时，Rayleigh 波会与这些体波耦合，成为伪表面波（Pseudo SAWs）。这样无泄漏的 Rayleigh 波仅在很窄的一个低频范围内存在，但对于激光激发来说，这一低频范围的信噪比是非常低的，因此，实际能够探测到的往往是相速度介于分别对应于基底的横波速度与纵波速度的两个截止频率之间的一段频段范围很窄的伪表面波，这对于独立弹性常数有 3 个（C_{11}，C_{12}，C_{44}）的各向异性金刚石膜来说，很难通过这样一段色散曲线来同时确定 3 个弹性参数。事实上，这种结构中的表面波的模式非常丰富，图 6.11 所示是用频率域格林函数法计算得到的沉积在硅基底（100）面上的正交各向异性纳米金刚石膜中沿[110]方向的表面波的色散曲线，薄膜的厚度是 110μm。相速度在硅基底的横波速度以下的无泄漏的 Rayleigh 波频率在 5MHz 以下，实验信噪比很低，相速度介于基底的纵波速度和膜层的 Rayleigh 波速度之间的第二个伪表面波模式在实验上也很难探测到。而介于两个截止点（对应于基底的横波和纵波）之间的第一个伪表面波频率在 5～45MHz，这是实验上信噪比相对较高的一段信号，是可以利用的一段色散曲线。但是，单靠这段色散曲线是很难同时拟合 3 个弹性参数的。另一个可以利用的 Rayleigh 波模式是频率在 100MHz 以上的几乎完全在厚膜层中传播的 Rayleigh 波。因此可以利用这两个不同的 Rayleigh 波模式色散曲线同时进行反演，考虑到膜和基底的各向异性，还可以同时利用沿不同晶向传播的 Rayleigh 波。

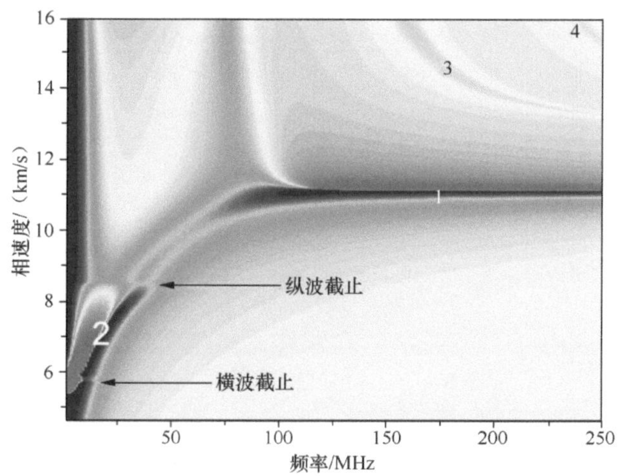

1—Rayleigh 波模态；2—伪表面波模态；3、4—高阶模态

图 6.11　金刚石/硅中的表面波模态

图 6.12 所示是脉宽为 1ns 激光激发，用光偏转法探测到的金刚石膜上的典型的 Rayleigh 波波形[28]，横坐标是探测点离激发源的距离，纵坐标是时间，灰度表示表面振动速度的大小。图中第一个频率最高的模式是局域在表面金刚石膜层中传播的 Rayleigh 波，第二个低频模式是最低阶的 Rayleigh 波模式，其很大一部分能量是在基底中传播的。这两个模式中包含了表面膜层的力学性质信息，因此可以利用这两个模式的相速度色散曲线进行性质表征。

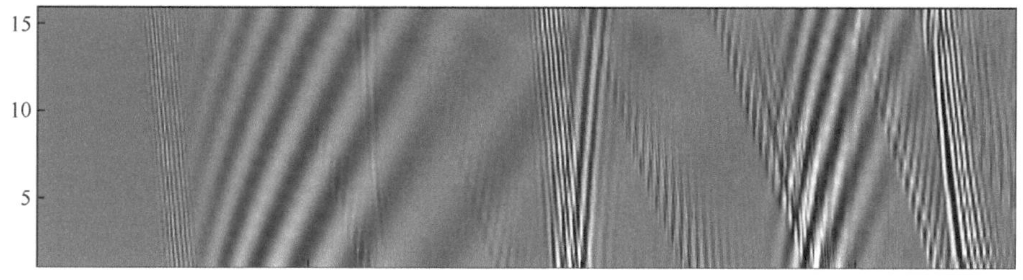

图 6.12　实验探测到的金刚石/硅结构的表面波波形

图 6.13 所示是实验上得到的沿[001]和[011]晶向传播的 Rayleigh 波相速度随频率变化曲线及其理论拟合曲线。其中每一方向的相速度曲线都由两部分构成，具有反常色散的部分是第一个伪表面波，有较高信噪比的频率范围在 10～30MHz 范围，局域在表面金刚石膜层中传播的 Rayleigh 波其频率范围在高频 90～350MHz，由于其传播仅受表面膜层影响，因此是无色散的，其传播速度等于金刚石膜的 Rayleigh 波传播速度。从两个不同晶向的 Rayleigh 波传播速度的不同就可以看出该金刚石膜的各向异性。理论上采用最小二乘法同时拟合沿不同晶向传播不同频段范围的四条曲线可以得到金刚石膜的三个弹性参数 C_{11}、C_{12} 和 C_{44} 及密度ρ共四个参量，分别

为 C_{11}=1118 GPa, C_{12}=144 GPa, C_{44}=566 GPa 和ρ=3.50 g/cm^3，相应的各向异性率 $\eta = 2C_{44}/(C_{11} - C_{12})$为 1.16。

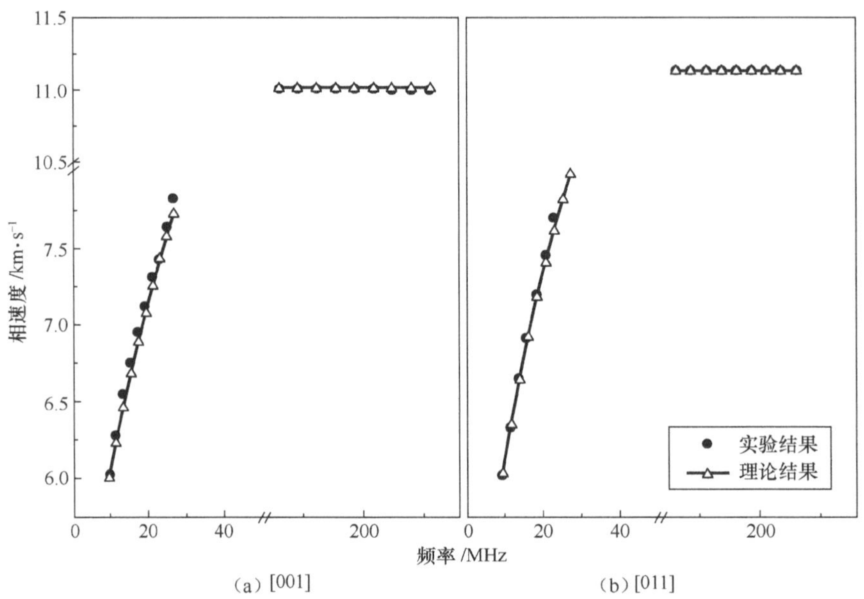

图 6.13　金刚石/硅结构的实验色散曲线和理论拟合曲线

6.3 晶粒尺寸的激光超声检测

除了晶相法等常规有损方法外，诸多传统声学方法，如衰减法和声速法等已被成功地应用于晶粒尺寸的无损检测中。激光超声技术在检测原理上与常规的超声方法相同，但其非接触式激发/探测的特点使得其可用于高温、腐蚀环境中。衰减法是通过测量工件两个平行表面中超声反射回波的频谱衰减，再和晶粒度相关联，从而评价平均晶粒尺寸的方法。这一方法的优点是声信号能量的损失或衰减较易观测。目前激光超声技术中报道的主要是衰减法。

超声波在金属中传播时，如果不计声束的扩展，则超声波的衰减主要由超声波的散射和吸收引起。在一般金属中，吸收衰减可以忽略，通常认为散射是超声能量损失的主要原因。多晶体中的声衰减系数 α_{A} 取决于超声波波长 Λ 和平均晶粒尺寸 D 之间的关系，有以下三种方式。

瑞利散射过程：当 $\Lambda \gg D$ ，$\alpha_{\mathrm{A}} = K_r D^3 f^4$ ；

随机散射过程：当 $\Lambda \sim D$ ，$\alpha_{\mathrm{A}} = K_s D f^2$ ；

漫散射过程：当 $\Lambda \ll D$ ，$\alpha_{\mathrm{A}} = K_d / D$ 。

其中常数 K_r 、K_s 和 K_d 与材料有关[29]，f 为超声波频率。Dubois[29]和 Lim[30]等人的研究结果表明，当金属材料内的声散射接近随机散射时，声衰减系数将随着晶粒尺寸的增大而增加。以上三种散射过程可通过下式描述：

$$\alpha_A = K(T)D^{\gamma-1}f^{\gamma} \tag{6.14}$$

式中，$K(T)$为和材料与温度有关的变量，γ可在 0 到 4 内连续变化，实验上可从声衰减系数和晶粒尺寸关系的对数图中获得[30]。

在实际测量中，通常使用体纵波实现金属材料内部晶粒尺寸的检测。宽带纵波脉冲可由脉冲激光聚焦在样品上激发，并使用干涉仪、光偏转等方法在样品表面同一点或对心位置接收。Dubois 等人采用对心激发/接收的方式，在 1200℃环境下 A36 钢样品上探测到的纵波反射信号如图 6.14（a）所示[29]。对两个纵波信号进行快速傅里叶变换，分别得到两信号的能谱 P_{1st} 和 P_{2nd}，频率为 f 的超声信号衰减系数可表示为

$$\alpha = \frac{1}{2L} \cdot \frac{P_{2nd}(f)}{P_{1st}(f)} \tag{6.15}$$

式中，L 是样品的厚度。各频率超声的衰减系数如图 6.14（b）所示。结合式（6.14）和式（6.15），即可由频率为 f 超声波的衰减系数求出晶粒尺寸[29]。Dubois 等人使用该方法获得了 1150℃时 A36 钢样品在奥氏体结晶过程中晶粒尺寸与 $f = 15$MHz 的超声衰减系数的对应关系，如图 6.15 所示。

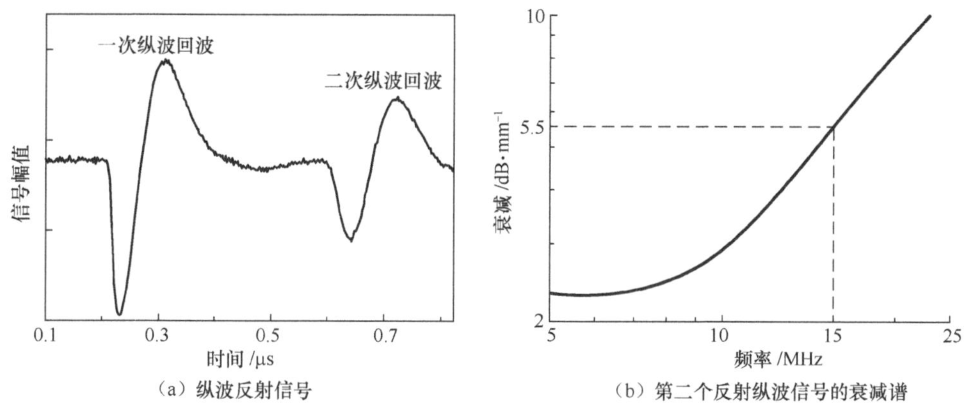

图 6.14　1200℃时在 A36 钢样品上获得的超声信号和衰减谱

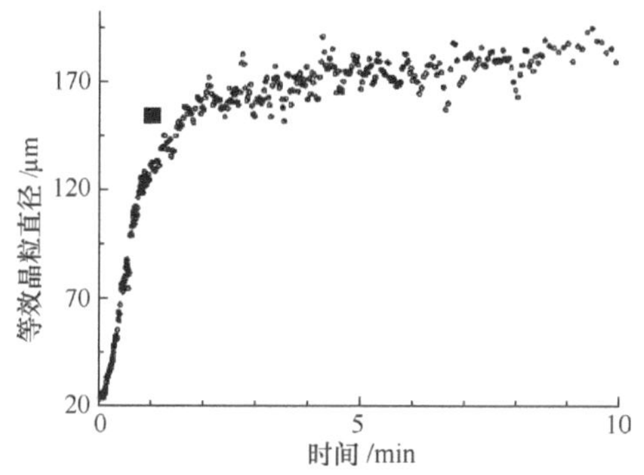

图 6.15　1150℃时 A36 钢样品在奥氏体结晶过程中晶粒尺寸与 f=15MHz 的超声衰减系数随时间变化关系

此外，Smith 等人[31]使用激光超声衰减法对形变的奥氏碳锰钢的晶体再结晶动力学过程进行了原位监测。他们通过实验测得的超声衰减系数计算得到了样品重结晶过程中晶粒尺寸的变化，这一结果与使用光学显微镜获得的结果吻合。Lim 等人[30]与日本制铁会社合作开发了一套

基于激光超声衰减法检测晶粒尺寸的设备，并将该套设备成功地应用在了热轧钢板的试运行生产线中。

6.4 相变过程的激光超声监测

材料在发生相变时，其弹性性质等会发生明显的改变。因为材料的弹性性质和在材料内传播的超声速度紧密联系，所以通过检测材料内的超声速度变化，可对材料的相变过程进行监测。虽然使用接触式声学换能器可以实现超声声速的高精度检测，但通常物体的相变过程监测需在高温或高压等恶劣环境下进行，因此接触式换能器在相变监测领域的应用受到极大的限制。激光超声由于其非接触等特点，成为了相变监测的有效手段之一。

Dewhurst 等人[30][32]使用调 Q 脉冲激光激发，迈克尔逊干涉仪探测，得到了不同温度下铁样品中超声速度的变化。他们的实验结果如图 6.16 所示，随着铁样品温度的升高，超声纵波速度逐渐下降。在发生铁磁-顺磁转变（～768℃）和铁素体-奥氏体相变（～910℃）时，纵波变化速率会发生改变。

Dubois 等人[33]用 Gleeble 热模拟仪对不同含碳量（0.05%、0.21%、0.34%和 0.72%）的热轧和冷轧碳钢样品进行了加热和冷却，并使用激光超声声速法监测了这些碳钢样品的相变过程。他们的研究结果显示，对于热轧钢样品来说，在加热和冷却过程中除含碳量为 0.05%的样品外，其他样品中的纵波速度变化会发生改变，如图 6.17 中温度在 650℃到 750℃的区域，认为这一现象主要由相变和铁磁-顺磁转变共同引起。对于冷轧钢样品来说，在初次加温时，超声速度在相变温度附近会由于相变过程导致的晶向改变而显著减小。

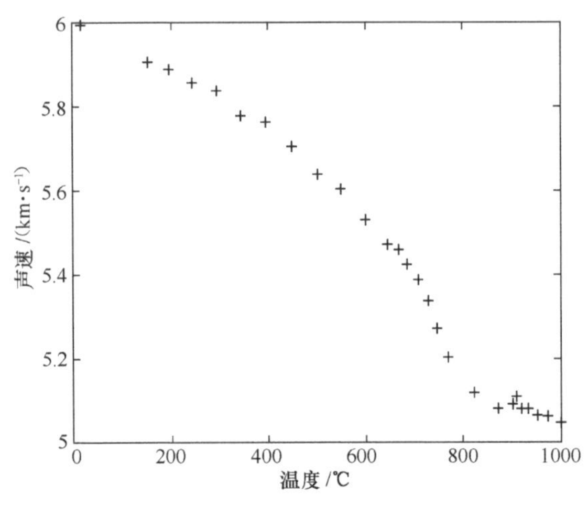

图 6.16　Dewhurst 等人测得的铁样品中超声纵波速度随温度的变化

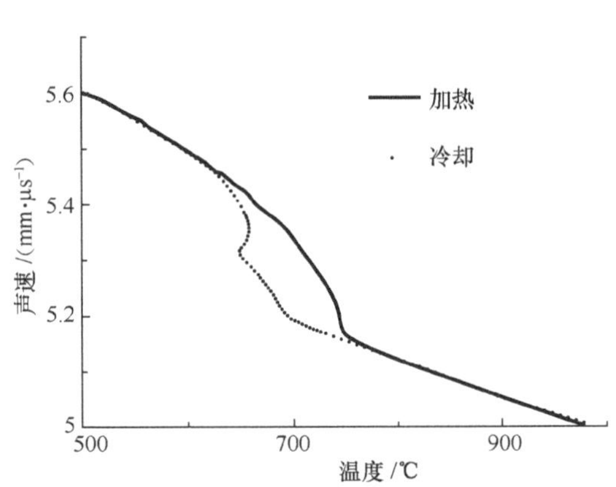

图 6.17　使用激光超声声速法测得的碳钢样品（含碳量 0.34%）中超声纵波速度随温度的变化

美国西北大学的 Fomitchov 等人报道了利用激光超声技术监测聚合物基复合材料固化过程的装置[34]。该套称为 LUM 的监测装置如图 6.18 所示。一束 Nd:YAG 激光器发出的激光通过光开关选择，耦合入四路多模光纤中的任一路，经过转折后在玻璃窗异侧的石墨层上激发超声波。四路多模光纤输出可以在不移动样品或激发光位置的情况下实现四个不同位置的超声激发。超声波在石墨层被激发后，传入复合材料。他们的研究结果显示，这一玻璃-石墨复合层不仅可以耐受模具内的高温，而且其超声激发效率远高于金属或陶瓷靶材。超声的检测通过一套内嵌的 Sagnac 光纤干涉仪完成。

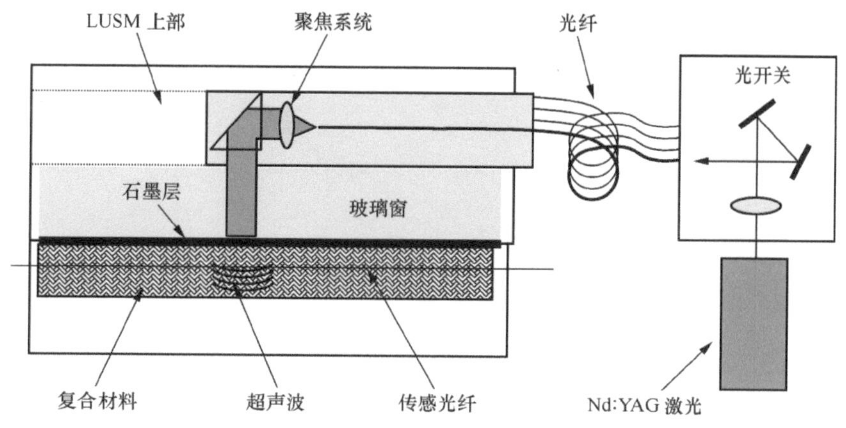

图 6.18　聚合物基复合材料固化过程监测装置示意图

使用这套检测装置获得的单组时域信号和多组 B 扫结果如图 6.19 所示。B 扫结果中，横轴、纵轴和灰度分别为固化时间（单位为 min）、信号到达时间（单位为μs）和信号幅值。从 B 扫结果中可以看出以下几点。

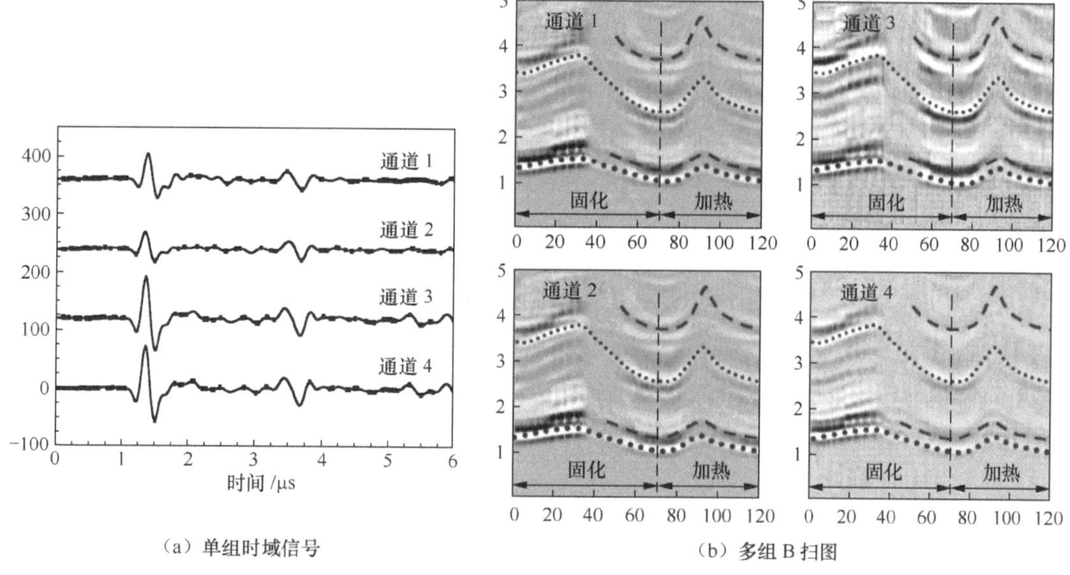

图 6.19　使用 LUM 系统检测的单组时域信号和多组 B 扫图

（1）在整个固化-加热过程中，直接和反射声波的到达时间均有规律地改变。

（2）在固化过程中，声信号的衰减非常明显，特别是在固化时间约为 40min 和 90min 时，信号几乎检测不到。

（3）当环氧树脂为液态时（0～35min），只能检测到纵波信号。

（4）当环氧树脂凝固后（50 min 之后），横波信号开始出现。

由以上结果，可计算得到聚合物基复合材料固化过程中的超声声速变化，如图 6.20 所示。图中 4 条曲线代表了 4 个不同位置的声速变化。将这一声速减小-增大的变化与液态环氧树脂的固化联系起来，进而通过观测声速在材料中的变化，以实现聚合物基复合材料固化过程的监测。

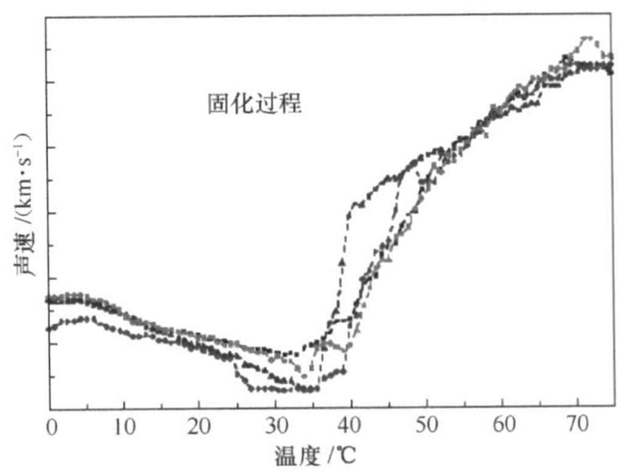

图 6.20　计算得到的声速-温度对应关系

6.5 缺陷的激光超声检测

6.5.1 脉冲回波法与投捕法

脉冲回波法（Pulse-echo）和投捕法（Pitch-catch）是激光超声裂纹检测发展第一阶段的代表方法。这些方法主要是借助探测在裂纹远场区域激发的各种模式超声波，如纵波、横波或 Rayleigh 波等，在传播至裂纹产生的反射（脉冲回波法）或透射（投捕法）信号来确定裂纹的存在。激光激发的各模式超声波中，Rayleigh 波仅沿样品表面传播，且具有激发效率高、衰减小和易于检测等优点，因此更适宜对表面裂纹进行检测和定位。

脉冲回波法主要靠监测由裂纹反射的超声信号来实现裂纹的检测。如图 6.21（a）所示[35]，当激发光和探测点位于表面裂纹同侧时（以下称“反射模式”），除了直接入射的 Rayleigh 波信号“R”外，还可接收到在裂纹处反射并传至探测点的 Rayleigh 波信号“RR”，这一信号可作为裂纹是否存在的判据。若探测-激发点之间的距离和声速已知，则可通过信号“RR”的到达时间结合激发源位置计算出裂纹的位置。

投捕法主要靠监测由裂纹透射的超声信号来实现裂纹的检测。如图 6.21（b）所示，若激发光和探测点位于表面裂纹异测（以下称“透射模式”），则激发光激发的 Rayleigh 波信号需越过裂纹才能到达接收点。激光激发的表面波，一部分将跨过表面裂纹，向探测点传播（记为“TR”信号）。由于越过裂纹时将被散射，因此“TR”信号幅值在透过裂纹传至接收点后会显著减小。

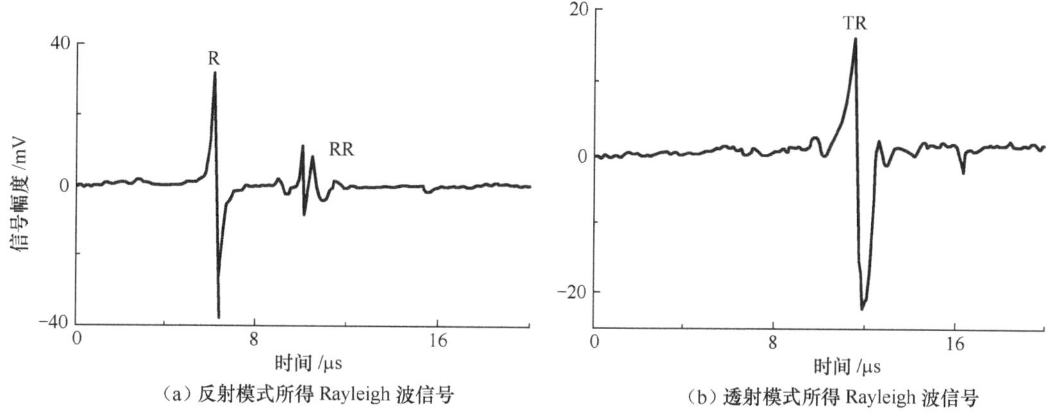

（a）反射模式所得 Rayleigh 波信号　　（b）透射模式所得 Rayleigh 波信号

图 6.21　含有 d=0.75mm 表面裂纹的铝样品中获得的 Rayleigh 波信号

若从频域对相同实验结果进一步分析，可粗略获得裂纹的深度 d 等信息。图 6.22 给出了图 6.21 中各时域信号分量的频谱。图 6.22（a）中，反射声波频谱低于 2MHz 的部分明显小于入射声波的频谱。这一频率对应波长为 1.5mm 的 Rayleigh 波，也就是说被反射声波分量均小于这一波长阈值，而大于这一波长阈值的 Rayleigh 波分量将穿过裂纹。图 6.22（b）所示的透射超声频谱中，高于 1MHz 的超声频谱明显衰减，意味着高频超声分量被裂纹反射或散射。通过这种频谱分析可大致获得裂纹的尺寸信息。为了提高对微弱的散射超声信号的辨识能力，并从各模式超声波分量中获取更多的信息，可进一步利用时间飞行散射法。

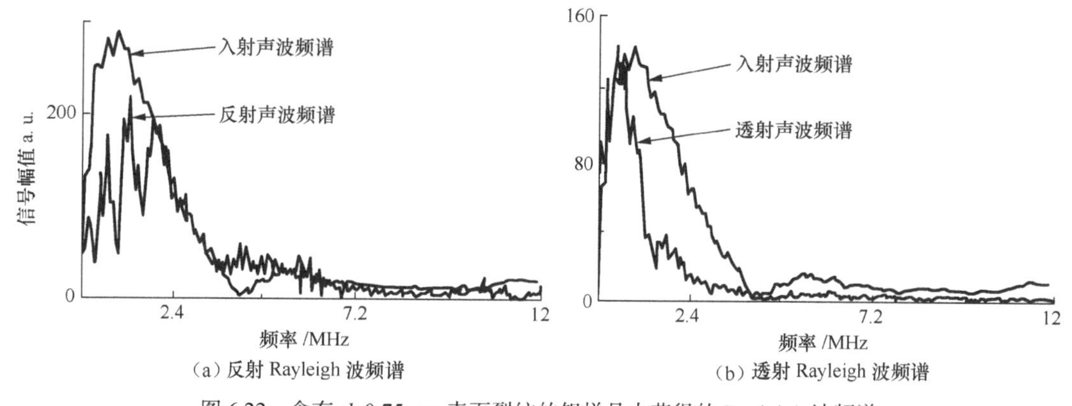

（a）反射 Rayleigh 波频谱　　（b）透射 Rayleigh 波频谱

图 6.22　含有 d=0.75mm 表面裂纹的铝样品中获得的 Rayleigh 波频谱

6.5.2　时间飞行散射法

时间飞行散射法（Time of Flight Diffraction，TOFD）是一种 20 世纪 70 年代末发展起来的缺陷超声无损检测技术。与脉冲回波法和投捕法等传统方法不同，时间飞行散射法不是通过检测在缺陷处的单一反射或透射信号来确定裂纹，而是将缺陷的不同部位看成多个超声散射源，通过探测超声波在缺陷不同部位产生的散射信号来达到检测的目的。有些散射超声信号还与裂纹类缺陷的长度以及埋藏深度紧密相关，因此通过分析这些散射超声信号的传播时间还可以获得裂纹长度以及体缺陷的埋藏深度等更为丰富的信息。相比于传统的接触式换能器激发，使用激光可更加灵活地在样品内激发超声，因此更适于在时间飞行散射法中作为超声激发源。

1. 埋藏缺陷与脱粘的检测

随着工业的发展，各类复合材料因其具有很多常规材料所不能比拟的优点，如强度高、比刚度大、质量轻和隔热抗震等，在各个领域中被广泛应用。复合材料结构中常用的三明治结构、蜂窝结构等在制造、使用时可能在内部出现脱粘等缺陷。与这类缺陷类似的还有材料中的气孔等内部缺陷，本节中将脱粘缺陷与气孔等内部缺陷统称埋藏缺陷。由于这类缺陷均埋藏于待测工件表面之下，因此给检测带来了相当的难度。

在工业无损检测领域中，对于这类埋藏缺陷，TOFD 法是一种公认的有效检测手段。虽然使用传统的声换能器即可满足这一检测要求，但由于传统声换能器在复杂表面结构上难以实现大规模扫查，因此非接触式的激光超声技术在需要大面积扫查的应用场合就可以发挥重要作用。

对于这类埋藏缺陷的检测，一般由脉冲激光聚焦在样品上激发体纵波或横波，检测光光斑与激发光光斑重合[36]，或位于对心位置[37]，在样品的同侧或异侧检测超声信号，通过固定激发和探测光源，移动样品，可实现样品的二维扫查。孙凯华等人[37]使用脉宽为 10ns 的 Nd:YAG 激光激发，激光测振仪（633nm 连续光）探测，在实验室条件下对含有不同尺寸埋藏气孔的 10 mm 厚铝样品进行了检测，结果如图 6.23 所示。图中深色区域即为埋藏气孔，这一结果与样品内实际埋藏气孔尺寸吻合。

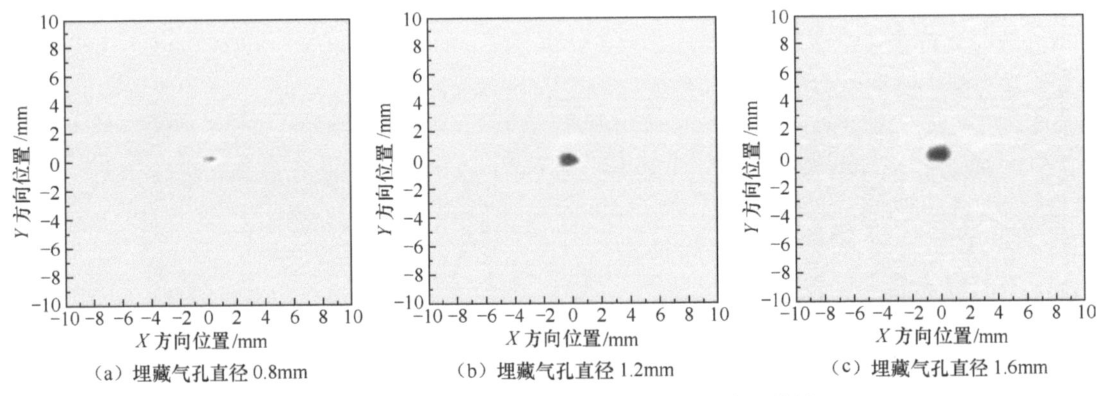

（a）埋藏气孔直径 0.8mm　（b）埋藏气孔直径 1.2mm　（c）埋藏气孔直径 1.6mm

图 6.23　使用激光超声 TOFD 法对铝样品的检测结果

目前使用激光激发的 TOFD 法检测埋藏缺陷的技术已被成功应用于飞机树脂基复合材料部件的检测中[1]。加拿大国家研究委员会工业材料学院和美国洛克希德·马丁航空公司共同开发研制了名为激光超声检测系统（Laser Ultrasonic Inspection System，LUIS）的装置，主要供美国军方在 F-22 战斗机日常维护时，对其机翼、机身以及其他关键部位的脱粘层进行检测。因为通常飞行器部件的形貌较为复杂，因此相比于其他无损检测技术，具有非接触独特优点的激光超声技术更能胜任这类部件的检测。

LUIS 由激发单元、检测单元和信号处理三个单元组成。航空飞行器的大部分待测部件均为树脂基复合材料制成。为了提高激发光在该种材料表层的穿透深度，LUIS 使用了一台波长为 10.6μm 的 TEA CO_2 脉冲激光器作为超声的激发源。相应波长的激光在飞行器使用的树脂基复合材料以及其他涂层和多层材料中的穿透深度均可达到十微米量级。

由于待测部件通常尺寸较大，因此 LUIS 需与待测部件保持一定的距离，以实现大面积的扫查检测。另外，LUIS 的激发单元还可安放于大型的三维平移台上，并由机械手臂带动实现大规模的扫查，以及某些特殊部位的检测。

LUIS 的检测单元通过使用长脉宽的 Nd:YAG 激光器（通常脉宽在几十到一百微秒）或 F-P 干涉仪实现超声信号的检测。探测光通过光纤引至待测部件表面。LUIS 的信号处理单元对检测单元获得的信号进行处理和图像显示。为了方便运输和检测，LUIS 可安放在一辆汽车内，如图 6.24 所示。使用 LUIS 对机翼水平平面检测的结果如图 6.25 所示。结果显示，所检测的飞机机翼存在着多处脱粘区域。其他无损检测方法所得结果与该结果一致，从而证明了 LUIS 的可靠性。

图 6.24　LUIS 外观

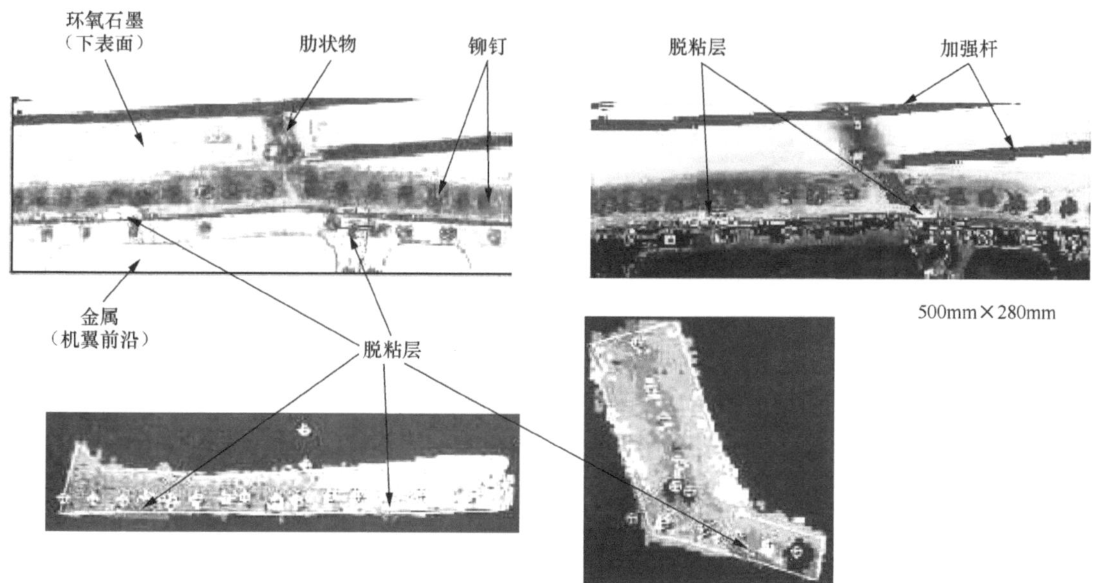

图 6.25　使用 LUIS 测试结果图

除了机翼之外，LUIS 还可对其他复杂结构的部件进行检测。图 6.26 给出了使用 LUIS 对飞行器减摇鳍角的检测结果。减摇鳍角为三明治结构，由于其具有一定的弧度，一般只能通过手工方法检测。若三明治结构中出现脱粘层，则会造成整个鳍角的报废。由于 LUIS 非接触检测的特点，使得其可适用于这类带有弧度部件的检测。

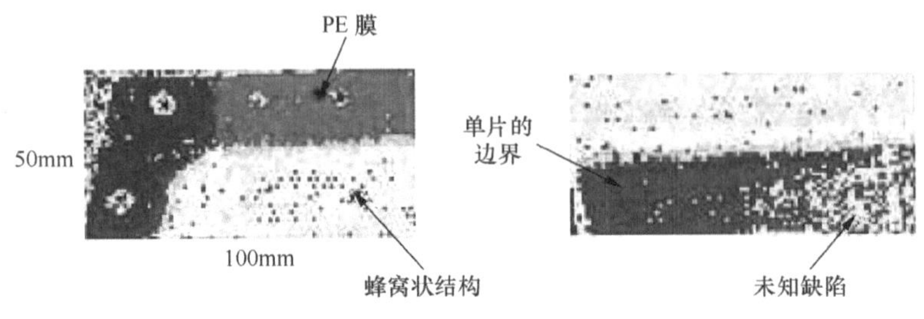

图 6.26　减摇鳍角的检测结果

2. 亚表面裂纹的检测

当样品内部存在垂直于上下表面的裂纹时，使用上节介绍的对心/同侧激发/接收超声的方法很难实现有效检测。对于这类裂纹，可通过使用 TOFD 法检测体声波在埋藏裂纹不同位置的散射分量来实现检测。

当样品中存在如图 6.27 所示的埋藏裂纹时，部分体纵波将在裂纹尖端散射并传至接收点（图中“dL”信号），同时由样品底面反射的纵波信号（图中“rL_B”信号）将由于裂纹的存在而明显减弱。

一般情况下较难从单个激发-探测信号中分辨各超声信号，可通过移动样品的方式来实现扫查，并借助不同声信号随扫查而发生的斜率变化进行分辨。图 6.27 中，样品的移动将引起激发光和裂纹间距离 x 的变化，“dL”信号的到达时间可以表示为

$$t_{\mathrm{dL}}=\left\{\left(x^2+z^2\right)^{\frac{1}{2}}+\left[\left(x_0-x\right)^2+z^2\right]^{\frac{1}{2}}\right\}/c_{\mathrm{L}} \tag{6.16}$$

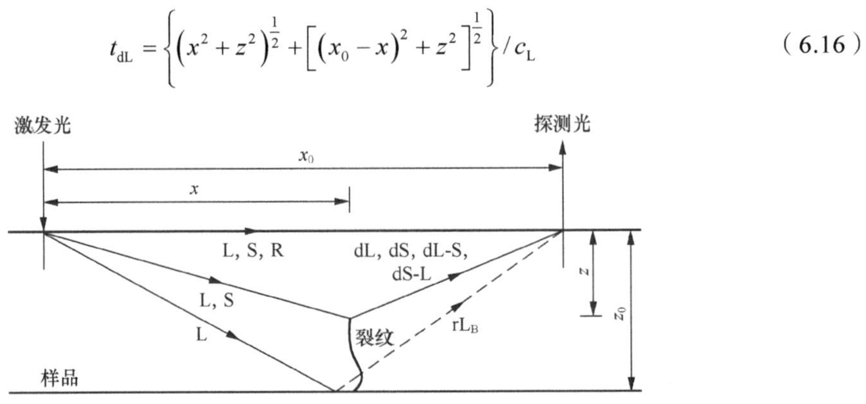

图 6.27　超声波在含有裂纹材料中的传播路径

“dL”信号的到达时间在直达纵波信号“L”和“rL_B”信号之间，通常可结合移动样品获得的B扫图辨认，如图6.28所示。扫查过程中，“dL”信号到达时间最短处为裂纹恰好位于 $x=\dfrac{1}{2}x_0$ 处。进一步，结合式（6.16）还可算出裂纹的埋藏深度 z。

在使用 TOFD 方法检测埋藏裂纹时，可通过多种方式提高激光激发声信号的强度。Aindow 等人通过加大激发激光的能量，以熔蚀激发的方法有效提高了体声波的强度[38]，但这一方法会对样品表面造成损伤；Pei 等人使用由波长 1064nm，单脉冲脉宽 10ns 的光纤阵列激光源发出的脉冲光序列辐照于铝样品表面，形成空间间隔为 1.5mm，时间间隔为 0.194μs 的线光源序列，在样品内实现了高强度、强方向性的体超声信号的热弹无损激发[39][40]，并对多个圆柱形体缺陷[39]和体裂纹[40]等进行了检测。图 6.29 给出了对含有三道不同长度（10mm、5mm 和 2mm）体裂纹

样品的 B 扫结果。其中各信号分量角标分别代表三条裂纹，信号“LTL”为在裂纹尖端处散射的体纵波信号，信号“LTS”为纵波在裂纹尖端模式转换成为横波的声信号。

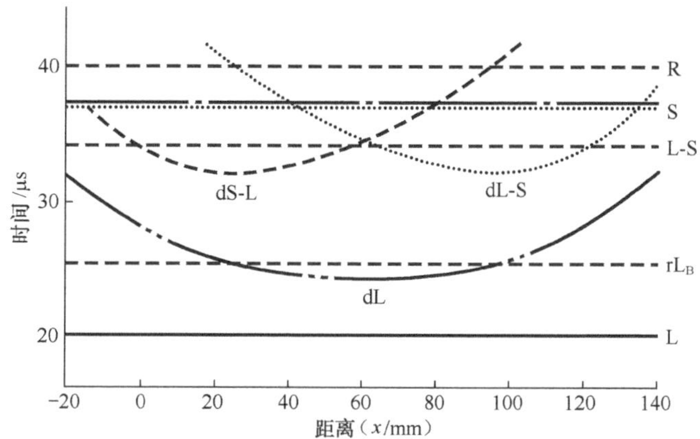

图 6.28 使用 TOFD 方法检测裂纹的 B 扫结果示意图

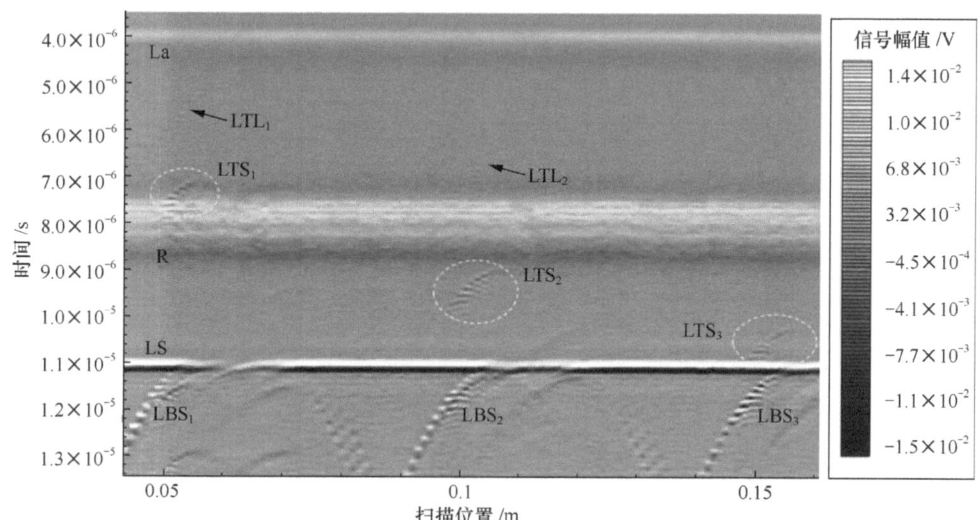

图 6.29 Pei 等人使用光纤相控阵列激光源在样品内激发声信号的 TOFD B 扫图[40]

3. 表面裂纹的检测

由于 Rayleigh 波沿样品表面传播，且幅值远大于其他超声波，因此当样品表面存在裂纹时，可通过使用 TOFD 法检测 Rayleigh 波在裂纹不同位置的散射和模式转换声信号来实现表面裂纹的检测。

如图 6.30 所示，当 Rayleigh 波传播至裂纹时，有反射 Rayleigh 波信号“rR”，模式转换成纵波和横波的“rL_0”和“rS_0”，透射 Rayleigh 波信号“tR”。另外，有一部分能量将沿着裂纹壁向裂纹尖端传播，并在裂纹尖端发生模式转换并散射，沿图 6.30（b）和图 6.30（c）所示的路径分别沿裂纹壁和从样品体内传至探测点。

根据以上分析，可根据图 6.30 中光源与裂纹的位置得到各超声波分量的到达时间：

$$t_{rA_1}=\frac{b+a+d}{c_R}+\frac{a+d}{c_A} \tag{6.17}$$

$$t_{\mathrm{rA}_2}=\frac{b+a+d}{c_{\mathrm{R}}}+\frac{\sqrt{a^2+d^2}}{c_{\mathrm{A}}} \tag{6.18}$$

$$t_{\mathrm{tR}}=\frac{b+a+e}{c_{\mathrm{R}}} \tag{6.19}$$

$$t_{\mathrm{tA}_1}=\frac{b+a+d}{c_{\mathrm{R}}}+\frac{d+e}{c_{\mathrm{A}}} \tag{6.20}$$

$$t_{\mathrm{tA}_2}=\frac{b+a+d}{c_{\mathrm{R}}}+\frac{\sqrt{d^2+e^2}}{c_{\mathrm{A}}} \tag{6.21}$$

以上各式中，c_{R} 为 Rayleigh 波速度。脚标“A”代表超声的模式，如式（6.17）和式（6.20）中“A”可为纵波（标记为“L”）、横波（标记为“S”）或 Rayleigh 波（标记为“R”），C_{A} 为待求对应模式的声速；因为 Rayleigh 波无法沿图 6.30（c）的路径传播，因此式（6.18）和式（6.21）中脚标“A”只能为“L”或“S”。

特别地，图 6.30（b）、（c）中各超声波分量均携带了裂纹深度 d 的信息，通过探测这些分量的到达时间，可获得 d。但通常情况下，散射声波信号幅值很小，仅通过单个激发-探测位置获得的信号难以辨认。为了解决这一问题，借助激光源移动灵活的特点，通过移动激发光源、移动检测光源或移动样品等方式进行扫查，在样品表面不同位置激发或探测超声波，随着扫查中激发光、探测光和裂纹相对位置的变化，各散射超声波分量的到达时间将组成斜率不同的直线。通过分析这些直线的相对位置和斜率，即可辨别出各散射信号，并最终提取出裂纹的信息。

移动激发光源[41]、移动探测光源[42]，以及移动样品[43]扫查所得的超声 B 扫结果如图 6.31 所示。图中灰度值代表探测点接收到的竖直方向位移的大小，不同模式的超声波由于速度差异而构成斜率不同的直线。

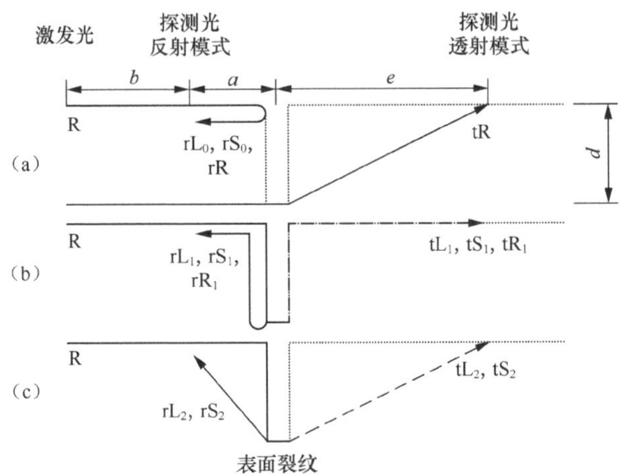

图 6.30　Rayleigh 波在裂纹处散射的示意图

图 6.31（a）和（b）中，随着扫查源逐渐靠近裂纹，信号“R”和各反射、模式转换信号逐渐靠近，当这些信号构成的直线相交于一点时，意味着扫查源已扫查至裂纹的位置。随着扫查源继续移动，各透射信号分量出现。由于裂纹的存在，这些超声波分量到达探测点的时间比信号“R”等的到达时间延迟很多。当通过移动样品实现扫查时，激发点-探测点间的距离没有

变化，直接入射的纵波信号“L”和“R”信号组成的直线垂直于横坐标轴，如图 6.31（c）所示。随着样品的移动，裂纹首先掠过探测点。反射信号“rR”和“rL”逐渐接近直接入射信号，并最终汇聚，意味着裂纹移动到了探测光位置。

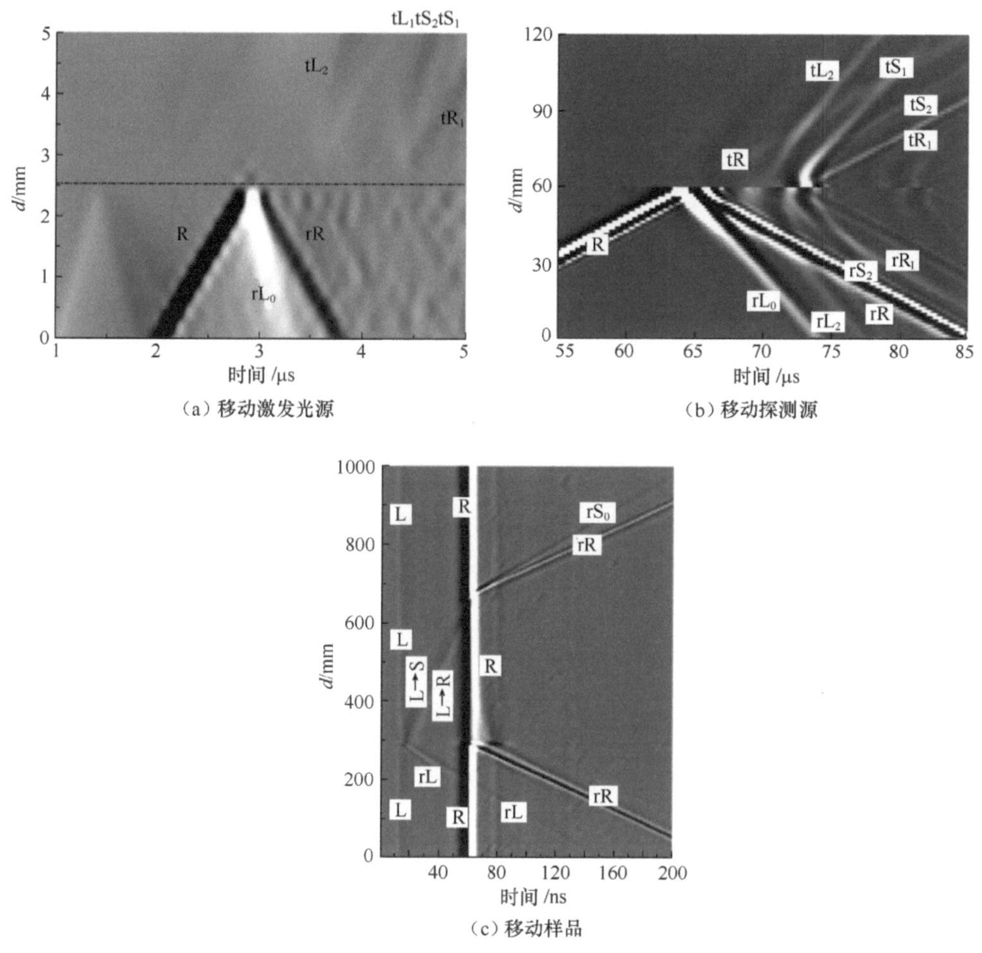

图 6.31　移动激发光源、移动探测源以及移动样品的 B 扫结果图

4. 双光源法

裂纹检测中，有时裂纹取向并不严格与样品上表面垂直。通过分析 TOFD 法获得的各超声波分量到达时间，可由三角关系获得这一裂纹取向信息。特别地，当激发光源恰好位于裂纹上方，且光源空间分布宽度大于表面裂纹开口宽度时，激发光源将同时在表面裂纹的两侧激发超声波，可等效为有两个独立的光源在同一时刻分别在表面裂纹的两侧激发超声波，这样在裂纹尖端散射的超声波分量最强。分辨并记录各散射超声波分量到达探测点所用的时间，可获得表面裂纹的取向角度α以及深度 d 等信息[41][44][45]。

若将探测点放置在远场区域探测超声信号，且已知探测点到裂纹的距离 a，则可由下式得到裂纹的深度 h 和与上表面所呈角度α：

$$d=\frac{c_{\mathrm{R}}t_{\mathrm{rR_1}}-a}{2} \tag{6.22}$$

$$\alpha = \cos^{-1}\frac{1}{4}\cdot\left[\frac{4t_R^2+\left(t_{rR_1}-t_R\right)^2}{t_R\cdot\left(t_{rR_1}-t_R\right)}-\frac{{c_S}^2\left(2t_{rS_2}+t_R-t_{rR_1}\right)^2}{{c_R}^2\cdot t_R\cdot\left(t_{rR_1}-t_R\right)}\right] \tag{6.23}$$

其中不同脚标的“t”为对应超声分量到达探测点的时间。图 6.32 为实验测得的双光源法在含有一道 $\alpha=120^\circ$，$d=1.5\mathrm{mm}$ 裂纹的样品内激发的超声信号。根据图中标出的“R”“r_{S2}”和“r_{R1}”信号的到达时间，结合式（6.22）和式（6.23），可得该表面缺陷深度和取向分别为 $d\approx1.49\mathrm{mm}$，$\alpha\approx120.7^\circ$，与真实值吻合较好。

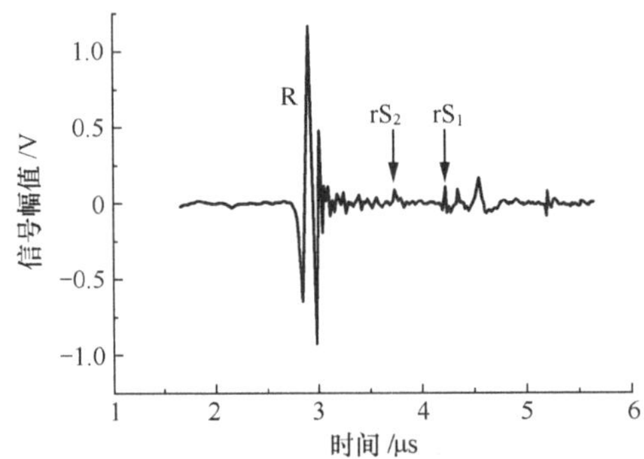

图 6.32　双光源法在样品上激发超声波的实验曲线

6.5.3　扫描激光源法

从对时间飞行散射法检测表面裂纹的分析可以看出，当激发或检测激光源靠近裂纹时，会引起超声幅值的明显变化。超声波的这些幅值变化也可以作为裂纹检测的依据。基于这一思路，美国西北大学的 Achenbach 教授带领的研究小组提出了采用扫描激光源技术（Scanning Laser Source，SLS）探测表面微裂纹的无损检测新手段[46]。这种检测方法可以大大提高微小缺陷的检测能力，并且具有较高的信噪比。

1. 表面裂纹检测

一般来说，扫描激光源技术多是将激发激光束汇聚成点源或线源在样品表面激发 Rayleigh 波并实现扫查，而 Rayleigh 波的探测可以使用传统的接触式的换能器，也可以使用非接触式的光学方法。与飞行时间散射法类似，探测位置可以固定，也可以随激发光源一同移动，保持激发点和探测点之间相对位置固定。

利用扫描激光源技术进行表面裂纹检测如图 6.33 所示。在一块含有表面裂纹的样品中，激光分别大致扫查到图中①、②和③区域时，所激发的 Rayleigh 波幅度会呈现以下变化规律。

（1）当样品表面没有表面裂纹或者激发光源离表面裂纹较远的时候（对应图 6.33 中区域①），激发的直达 Rayleigh 波幅度在激发光源扫描过程中几乎保持不变（非强衰减材料），且远大于背景噪声的幅度。

（2）当激发光源扫描到表面裂纹位置附近，即表面裂纹进入激光热弹性超声源的近场区域时（对应图 6.33 中区域②），由于裂纹边缘对超声激发条件的改变，以及直接入射 Rayleigh 波信号与裂纹处的反射声信号发生的干涉加强，探测到的 Rayleigh 波信号幅度会显著增大。

（3）当激发光源扫过表面裂纹时（对应图 6.33 中区域③），由于表面裂纹对 Rayleigh 波的反射和散射，越过表面裂纹到达另一侧探测点的超声信号会显著减小。

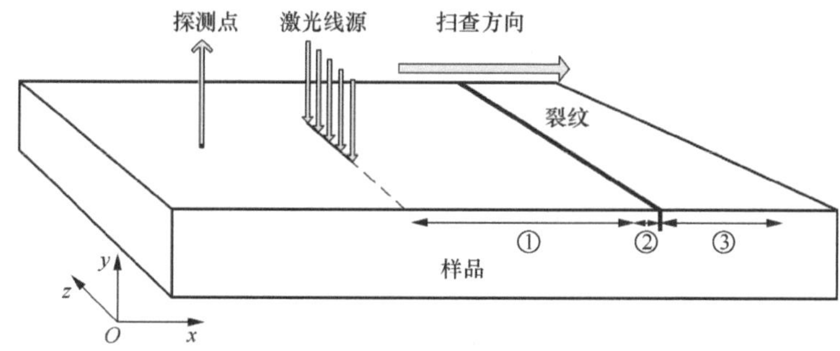

图 6.33　扫描激光源技术检测表面裂纹示意图

图 6.34 给出了实验获得的三个区域中 Rayleigh 波信号[47]。从图 6.34（a）、（b）两图中可以看出，当激发光源移动至裂纹近场区域［见图 6.34（b）］时，Rayleigh 波信号幅值较激发光在裂纹远场区域［见图 6.34（a）］激发时明显增大，表明裂纹的作用。另外从图 6.34（a）中可知，在该实验中，反射 Rayleigh 波信号极其微弱，已完全淹没在噪声中，因此无法使用传统的激光超声方法，通过观测反射信号来检测裂纹。

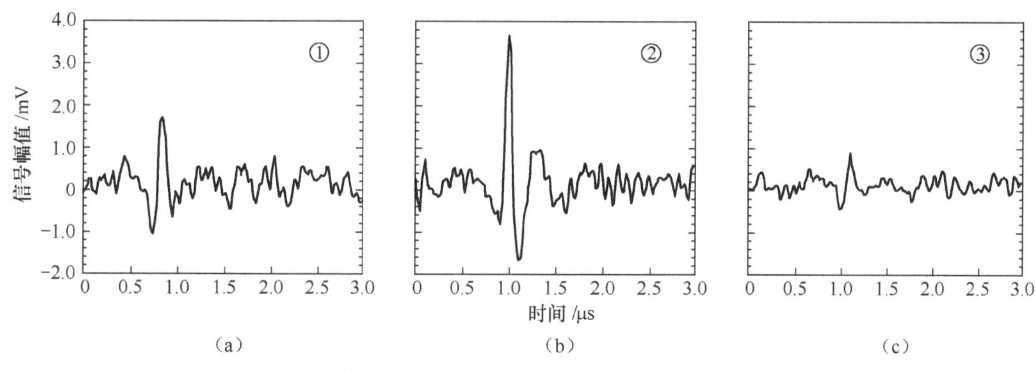

图 6.34　在图 6.33 中所示的“①”“②”和“③”区域探测到的 Rayleigh 波信号

扫查每步获得的Rayleigh波时域峰峰值与对应扫查位置如图6.35所示[47]。从图中可以看出，随着激发光源由裂纹远场扫至近场并最终扫过裂纹区域，Rayleigh 波幅值变化明显，通过观测 Rayleigh 波信号在该区域内的这一急剧变化，即可判断裂纹的存在。另外值得注意的是，区域“①”内激发的 Rayleigh 波信号峰峰值大于区域“③”内激发的 Rayleigh 波信号峰峰值。有研究表明，这一 Rayleigh 波信号峰峰值的差与裂纹深度和 Rayleigh 波中心波长之比有关[47]。

在整个扫查过程中，除了探测到的超声波信号幅度会发生以上的变化之外，探测到的超声波信号的频谱也会发生相应的变化，如图 6.36 所示。通过检测接收到的超声波频谱内峰值的变化，也可以得到表面裂纹的位置信息[47]。

2．薄板中裂纹的检测

与 Rayleigh 波类似，通过激光激发 Lamb 波在裂纹近场区域的增强，也可实现薄板材料中裂纹的检测。不同的是，Lamb 波包含的模态较多，在时域中交叠在一起，因此很难在时域内研究各模态 Lamb 波与裂纹的相互作用。Niethammer 等人用时频分析法[48]从频域中分析特定的 Lamb 波模态在某一频厚积范围区间内的变化，有效地避免了时域内信号叠加对检测的干扰。

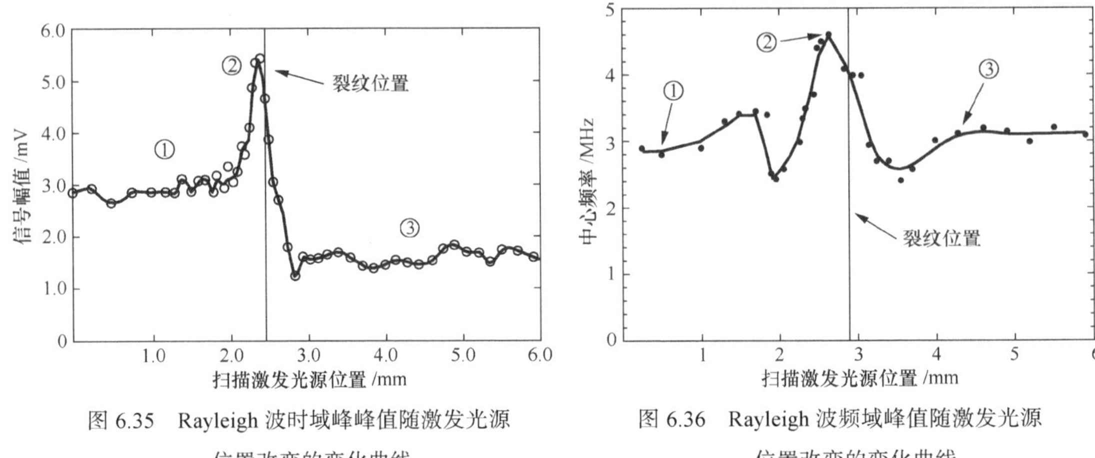

图 6.35 Rayleigh 波时域峰峰值随激发光源位置改变的变化曲线

图 6.36 Rayleigh 波频域峰值随激发光源位置改变的变化曲线

Edwards 等人使用线光源（Nd:YAG 脉冲激光器，波长 1064 nm，脉宽 10 ns，激发光斑长 6mm，宽 300μm）激发，点光源探测（IOS 双波混合干涉仪）的方式，对几块铝板样品中的表面裂纹进行了检测[49][50]。检测过程中两光源相对位置固定，样品移动实现扫查。无裂纹区域和当激发点进入裂纹近场区域所得的声像图和时域信号如图 6.37 所示。对比图 6.37（a）和（b）可见，当激发光进入裂纹区域时，A_0 模态在图中“A”框处的幅值以及 S_0 模态在“B”框处的幅值均有明显的增强。分别提取整个扫查过程中“A”“B”两位置的信号幅值变化，如图 6.38 所示，可见当激发光源进入表面裂纹近场区域时，两模态的 Lamb 波幅值变化明显。此外，对比图 6.38（a）、（b）可以发现 S_0 模态和 A_0 模态 Lamb 波最大幅值的出现位置略有不同。Edwards 等人认为这主要是由入射声波和反射声波相互作用导致的相位变化引起的。

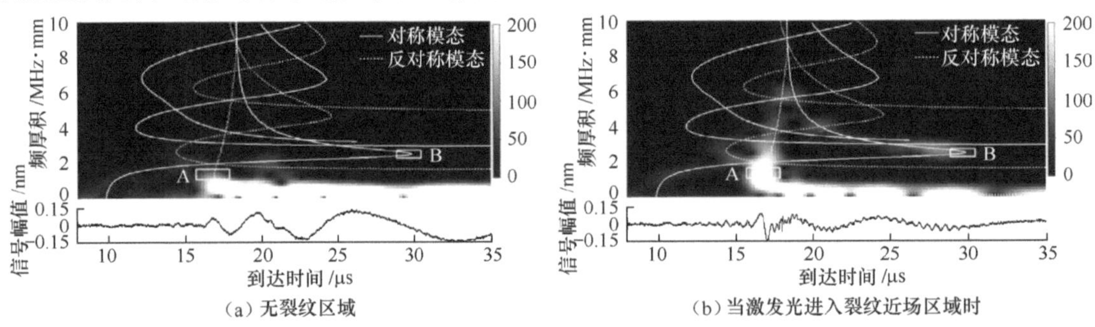

图 6.37 在铝样品无裂纹区域和当激发光进入裂纹近场区域时获得的声像图和时域信号图（声像图中曲线为样品的色散曲线）

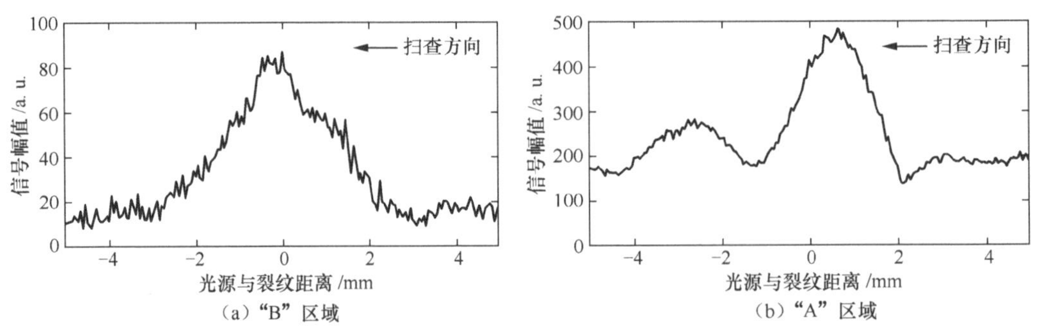

图 6.38 扫查过程中 S_0 模态在“B”区域和 A_0 模态在“A”区域的频率幅度变化

6.5.4 光热调制辅助的激光超声法

前面介绍的几种裂纹激光超声检测方法的检测灵敏度通常与超声波在裂纹处的反射系数和透射系数紧密联系。当裂纹的开口宽度减小到一定的程度（通常在十微米量级，肉眼不可见）或闭合时，表面裂纹对超声波的反射系数将显著减小，而透射系数显著增大。这将导致 Rayleigh 波直接穿过裂纹而不发生散射。这种情况下，扫描激光源法等检测方法将不能检测到这一表面微裂纹。在实际的工业生产中，这类开口极小或闭合的表面微裂纹在一定的外部因素作用下，会继续生长，最终发展成为肉眼可见的裂纹，从而引起工件的报废或损坏。由于这类不可见裂纹的隐蔽性和对超声波良好的透过性，使得使用传统的线性检测方法很难将其检测出来。这也为微裂纹，特别是开口很小或闭合微裂纹的检测提出了更高的要求。一般实际微裂纹的内壁不是理想的光滑面，存在很多的“突起”，如图 6.39 所示。当对样品的裂纹区域施加载荷而使得裂纹的开口宽度减小时，裂纹内的“突起”区域会与异侧裂纹壁接触，并最终在裂纹局部形成“闭合”区域。这一过程中，裂纹对声波的反射逐渐减弱，透射逐渐增强。当移除载荷时，裂纹将再次张开。这一过程中，裂纹对声波的反射逐渐增强，透射逐渐减弱。整个过程循环往复，裂纹的开合动作犹如在“呼吸”一般。当超声波与“呼吸”的裂纹作用后，将携带裂纹这一“呼吸”的信息，并在频域和时域内反映出来[51]。通过检测由裂纹改变引起的超声波变化可实现实际裂纹的检测，且检测灵敏度远高于传统的激光超声裂纹检测方法。

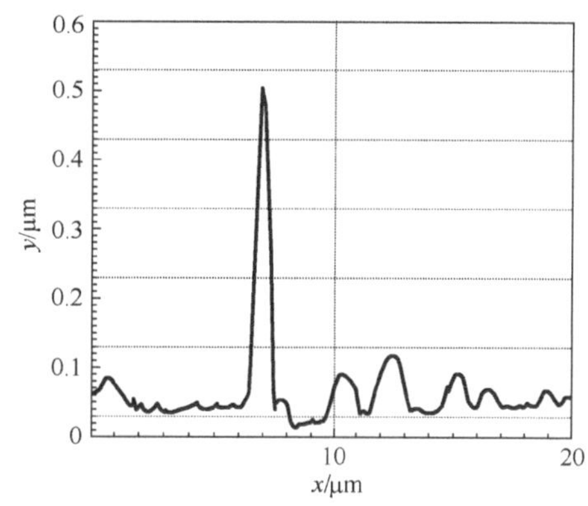

图 6.39 玻璃样品裂纹壁形貌（x 轴为裂纹壁方向，y 轴为裂纹壁上突起的高度）

1. 光热调制下的裂纹闭合

当一束长脉宽的调制激光照射样品上的裂纹处，产生的周期热应力场相当于一种非接触式的加载，也可使实际裂纹产生周期性的开合。就引起裂纹闭合的应力加载来说，利用激光辐照引入的热弹应力仅存在于激光光斑辐照区域附近，与传统的整体施加载荷方法得到的样品体内的应力分布相比，不易对样品造成损害。

图 6.40 所示为一玻璃样品上裂纹的原子力显微图像[52]。以该裂纹为例，当不同功率的加热光（波长 800 nm）辐照于其上时，反射/透射模式获得的超声信号变化分别如图 6.41 和图 6.42 所示。实验中激发激光（波长 1064nm，脉宽 750ps）聚焦成线源。

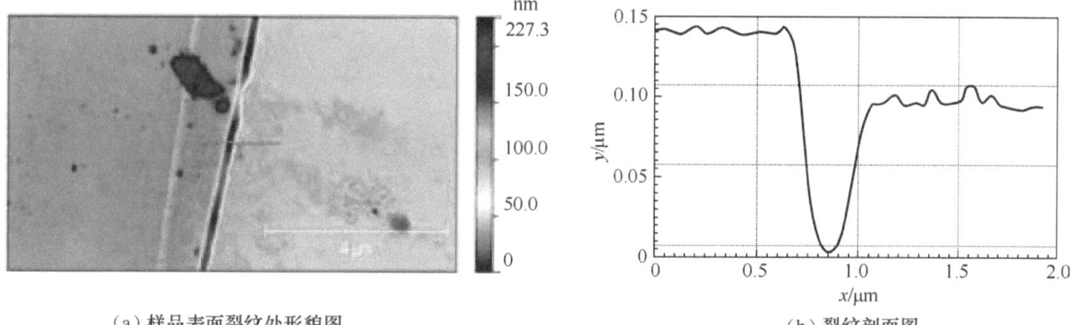

（a）样品表面裂纹处形貌图

（b）裂纹剖面图

图 6.40 玻璃样品上裂纹的原子力显微图像

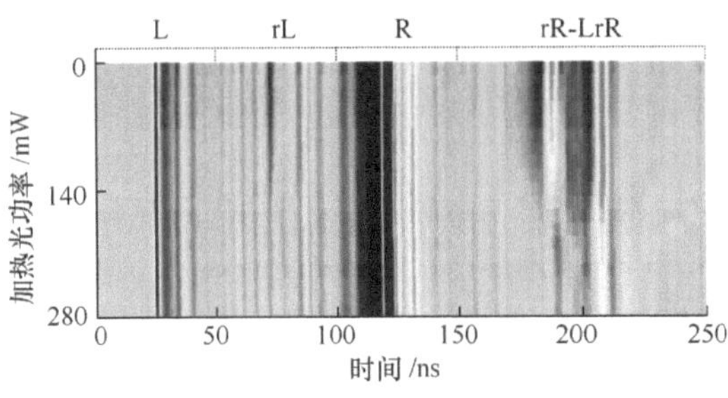

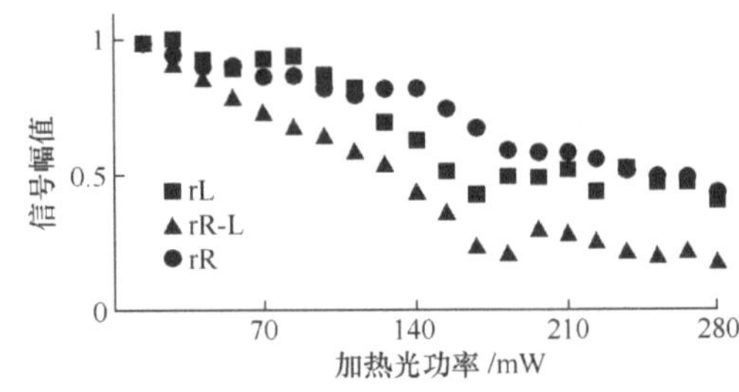

（a）探测到的反射超声波信号随加热光功率增加的变化　（b）rL、rR-L 和 rR 信号峰峰值随加热光功率增加的变化

图 6.41　“反射模式”下的实验结果

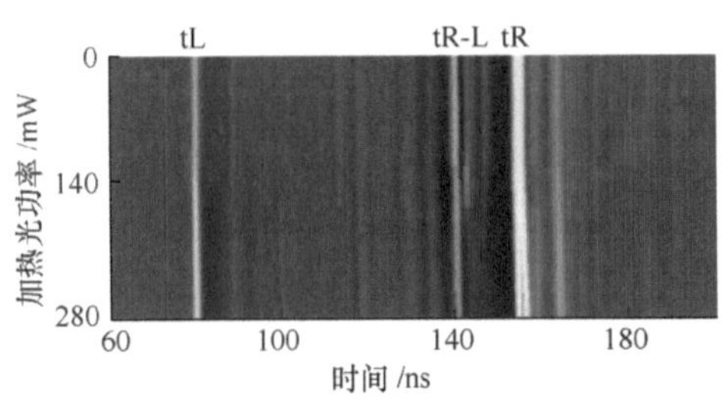

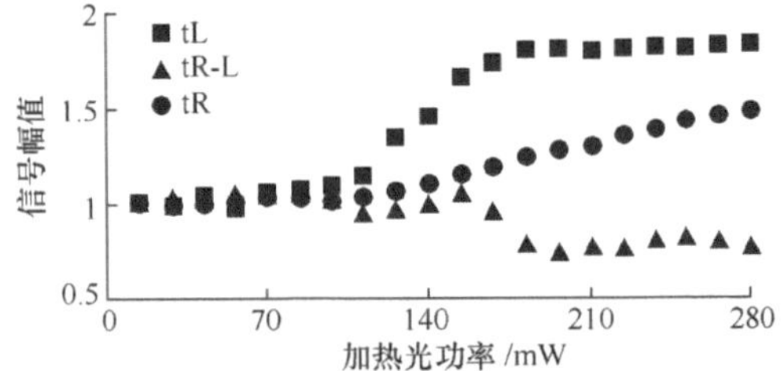

（a）探测到的透射超声波信号随加热光功率增加的变化　（b）rL、rR-L 和 tR 信号峰峰值随加热光功率增加的变化

图 6.42　“透射模式”下的实验结果

在“反射模式”中观测到的各超声波分量峰峰值随加热光功率增加而减小，“透射模式”中“tL”和“tR”信号峰峰值随加热光功率增加而增大，以及“tR-L”信号峰峰值随加热光功率增加而减小等现象，都是裂纹在加载加热激光后闭合的表现。由于裂纹的闭合，使得峰峰值信号中反射和透射纵波信号的幅值最大均变化了两倍左右，反射模式转换信号“rR-L”的最大幅值变化达到了四倍。

另外，各超声波信号在加热光功率达到170mW时的显著变化或饱和，均是裂纹在该加热光功率下，两裂纹壁开始接触的标志。这一现象已于经典的非线性光声混频裂纹检测实验中被观测到[53]。根据实验中所用参数，结合文献[53]中给出的公式，可以估算出加热激光可使得裂纹壁发生的移动为 $\Delta l \approx 300\,\text{nm}$，与 AFM 观测到的裂纹开口宽度吻合。

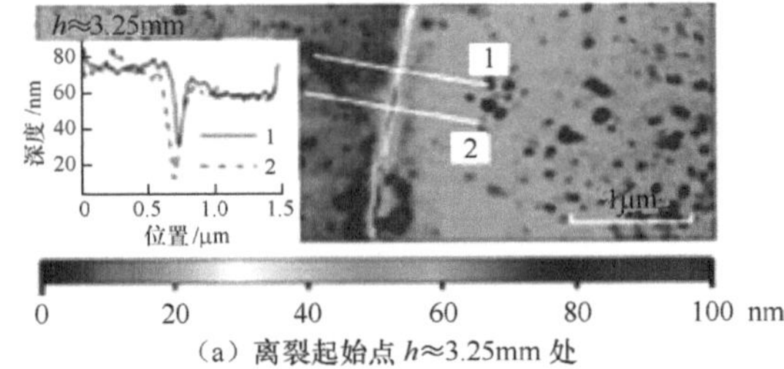

（a）离裂起始点 $h \approx 3.25$mm 处

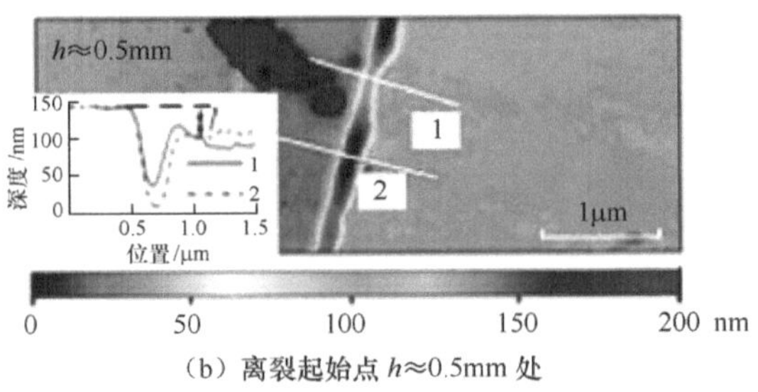

（b）离裂起始点 $h \approx 0.5$mm 处

图 6.43　玻璃样品上裂纹两不同位置的原子力显微图像

由于线源具有一定的宽度，因此使用线源激发所观察到的是沿线源长度范围内裂纹变化的平均情况。相比于线源，使用点源更容易获得裂纹局部在光热调制下的变化[54]。图 6.43 所示为使用原子力显微镜观测到的裂纹在离裂起始点 $h \approx 3.25$mm 和 $h \approx 0.5$mm 处的形貌。图中颜色（见彩插）代表高度，蓝色为

正，黑色为零。附图中给出了主图中实线位置处裂纹的剖面图[54]。根据参考文献[53]给出的理论估算，这一宽度范围的裂纹将在功率为 50～150mW 的加热光下闭合。在图 6.43 两位置探测的反射/透射模式下超声信号随加热光的变化分别如图 6.44 和图 6.45 所示。

图 6.44 所示是“反射模式”下，在 $h\approx3.25$ mm（第一行）和 $h\approx0.5$ mm（第二行）处得到的实验结果。左列为探测到的超声波信号随加热光功率增大的变化，颜色（见彩插）代表信号幅值，红为正，蓝为负。可分辨的超声波模式已于图中标出，rL、rR-L 和 rR 信号分别代表反射掠面纵波、由纵波在裂纹处模式转换成为 Rayleigh 波并被反射的分量和反射 Rayleigh 波。右列为可分辨的超声波模式峰峰值随加热光功率增大的变化。图 6.45 所示是“透射模式”下，在 $h\approx3.25$ mm（第一行）和 $h\approx0.5$ mm（第二行）处得到的实验结果。左列为探测到的超声波信号随加热光功率增大的变化，颜色（见彩插）代表信号幅值，红为正，蓝为负。可分辨的超声波模式已于图中标出，tL、tR-L 和 tR 信号分别代表透射掠面纵波、由纵波在裂纹处模式转换成为 Rayleigh 波并透射的分量和透射 Rayleigh 波。右列为可分辨的超声波模式峰峰值随加热光功率增大的变化。

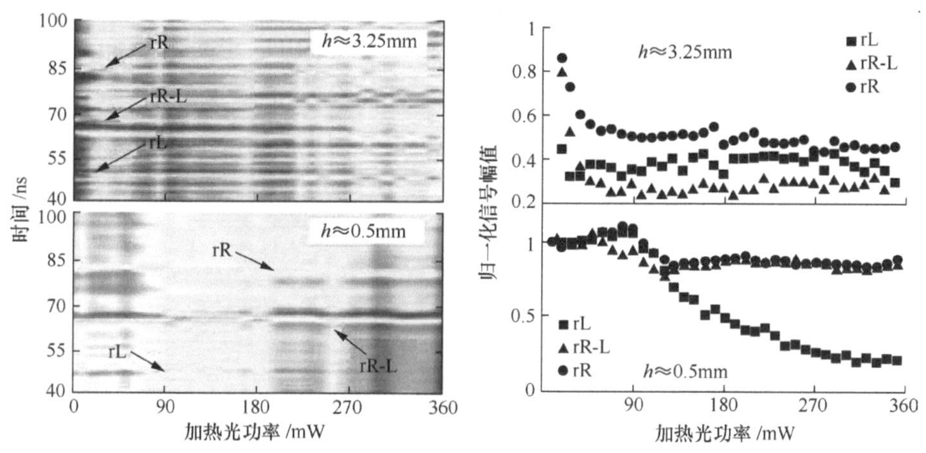

图 6.44 反射模式下超声信号随加热光功率增大的变化

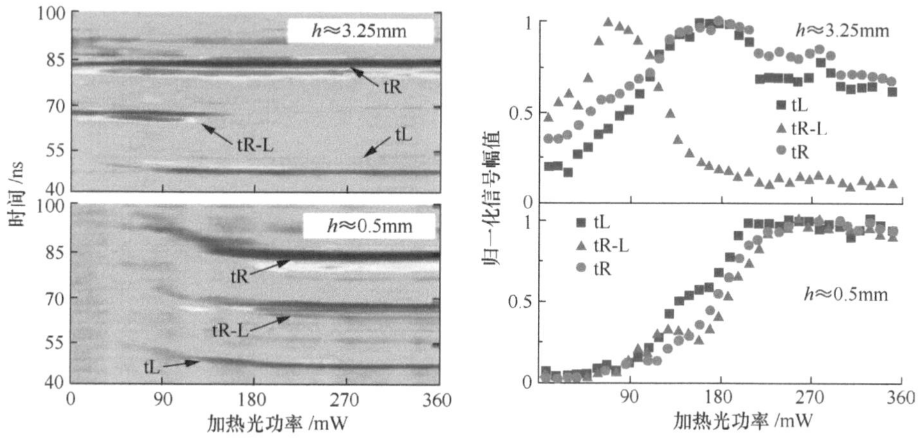

图 6.45 透射模式下超声信号随加热光功率增大的变化

可以发现，使用点光源激发在裂纹较窄（$h\approx3.25$ mm）处得到的实验结果和使用线光源激发现象类似。若裂纹开口较宽，当没有加载加热光时，超声信号可能无法穿过裂纹，从而检测不到透射超声信号（图 6.45 中 $h \approx 0.5$ mm）。随着加热光功率逐渐增大，由于裂纹逐渐闭合，一部分超声能量开始透过裂纹，从而使得反射超声信号能量减小，如图 6.45 中增大到约 90 mW 的阈值附近时。同时，由于超声信号在裂纹闭合过程中传播路径的改变（见图 6.46），使得超声信号到达时间会随着加热光功率的增加而提前。当加热光功率超过某个阈值时，超声波可以沿最短传播距离到达接收点［见图 6.46（b）］，之后其到达时间也不会再随加热光功率的增加而改变，如图 6.45 中 $h \approx 0.5$ mm 所示。

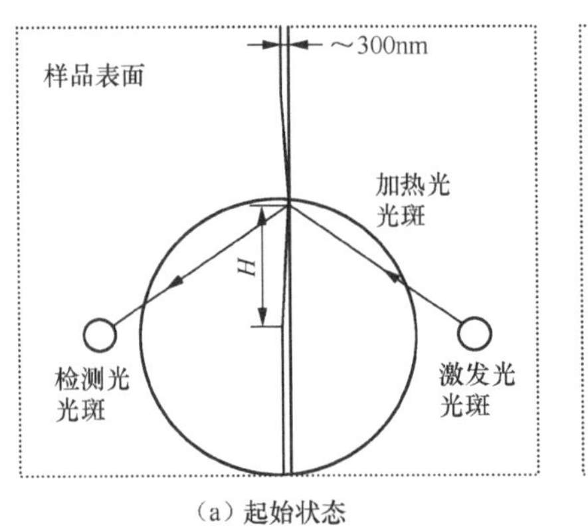

（a）起始状态

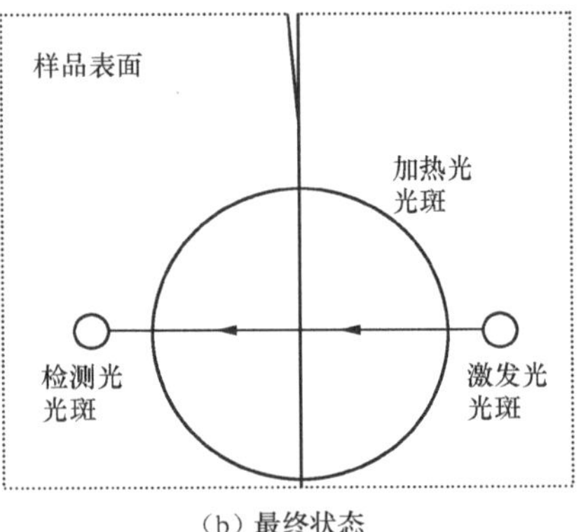

（b）最终状态

图 6.46　超声波在含有“窄区”裂纹处的传播路径示意图

（H 为初始接触点与由激发点和探测点连线之间的距离）

通过将表面裂纹在加载加热光时的闭合效应与前文介绍的扫描激光源法或时间飞行法等相结合，可实现不同的裂纹检测目的。

2. 光热调制辅助的扫描激发光源法

若使加热光光斑与激发光光斑重合，并同时在样品表面与扫描激光源法一样进行扫查，可实现表面闭合和部分闭合裂纹的检测。与经典扫描激光源法不同，光热调制辅助的扫描激光源法检测的是在加热光开启和关闭情况下 Rayleigh 波信号的差值（以下简称“差值信号”）。换句话说，该方法检测的是裂纹在加载加热激光时产生的变化，而非其本身对超声的散射，因此相比于传统的线性性质检测，该检测方法具有更好的对比度和更高的检测灵敏度。

为了将光热调制辅助的扫描激光源法和传统的扫描激光源法对裂纹的检测灵敏度进行对比，分别使用两种方法对铝样品上的同一裂纹进行了检测，结果如图 6.47 所示。根据材料和实验参数，可估算出裂纹宽度的改变量在几到几十 nm。图中（a）栏为样品上表面裂纹的实物照片，从上而下的 6 条虚线代表激光源沿裂纹深度方向（y 方向）扫查的位置，而其中每条虚线代表激光源沿 x 方向扫查的轨迹；（a）栏中的虚线为使用传统的扫描激光源法获得的 Rayleigh 波信号的峰峰值曲线，实线为差值信号的峰峰值曲线，（c）栏为（a）栏的峰峰值曲线与该点处 Rayleigh 波信号峰峰值的比值。

实验结果表明，在某些位置（如 y=5.4mm 处），仍然能观测到由裂纹引起的差值信号的变化，而从作为参照的 Rayleigh 波峰峰值中已经无法分辨裂纹的存在。这一现象表明，利用结合光热调制的扫描激光源法进行裂纹检测相比于传统的扫描激光源法，具有更高的检测灵敏度。

研究还发现，通过激光辐照施加载荷时，其在裂纹区域形成的瞬态温度场不仅会使裂纹闭合，还会改变激光光斑辐照区域内材料的物理性质，从而使得该区域内超声的激发和传播条件改变。图 6.48（a）中差值信号峰峰值在无裂纹区域的增大即源于此，但其增幅远远小于在有裂纹处的信号增幅。在作为参考的图 6.48（b）中，却不能观察到 Rayleigh 波信号幅度随加热激光输出功率变化的规律性变化。

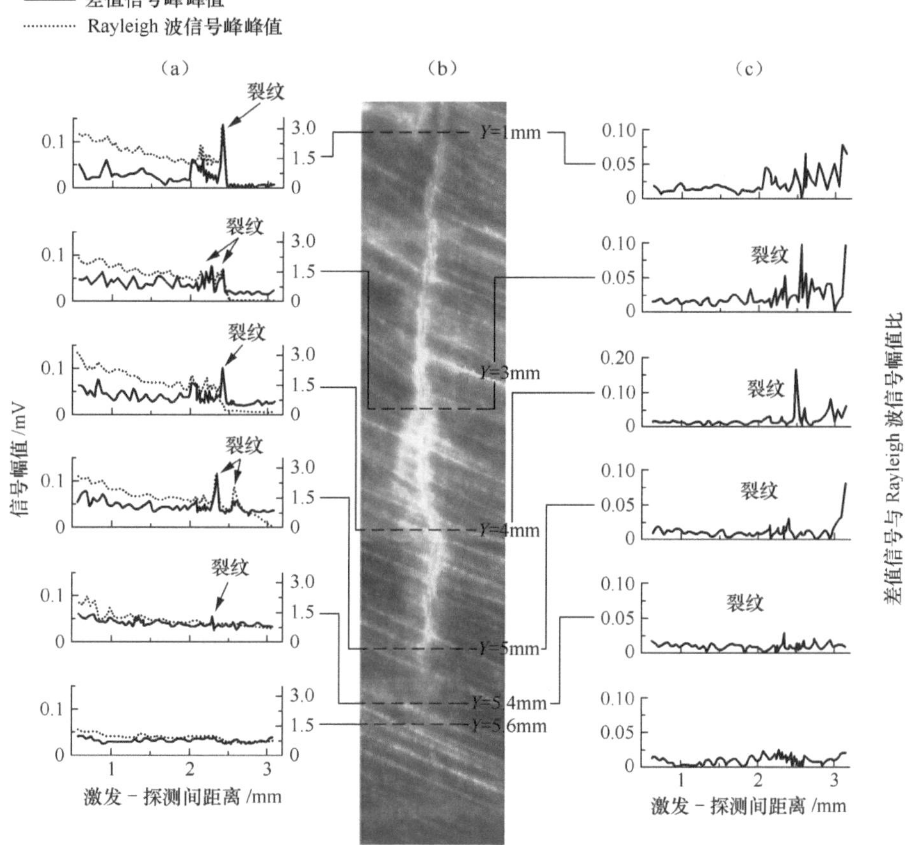

图 6.47　结合光热调制的扫描激光点源法所得实验结果

3. 扫描加热光源法

表面裂纹在加载加热光时的闭合效应还可与投捕法相结合，固定激发光源和探测点，扫查加热激光源，通过观察接收到的超声波时域信号幅值的变化达到检测裂纹的目的。

使用传统的声学方法检测裂纹时，主要判据为超声波在裂纹处的散射或透射分量。因此当材料表面或内部存在一些其他表面散射物（如表面突起、凹槽、腐蚀坑等）时，使用传统的声学方法无法将表面裂纹与这些散射物区分开来。由于扫描加热源法检测的是超声信号在裂纹闭合时的“变化”，而非超声信号幅值本身，因此扫描加热源法可为表面裂纹与其他表面散射物的区分这一问题提供一种解决方案。

图 6.49 所示为利用扫描加热光源法检测裂纹的示意图[55][56]。激发线光源波长 1064nm，脉宽 1ns，在样品表面聚焦成长 1.5mm、宽 0.3mm 的线光源，以热弹机制激发超声波。超声波的检测由一台波长 532nm 的双波混合干涉仪完成。一束连续激光经过石英光纤辐照到样品表面形成加热点光源。当样品中含有裂纹时，分别记录每步扫查中加热光关闭和开启时所得超声信号

的差值，并绘成 B 扫图，如图 6.50 所示。从图中可以看出，差值信号的幅值变化以裂纹为中心，呈近似对称分布，信号最大值处即为裂纹的中心位置，宽度约为加热光光斑的直径。

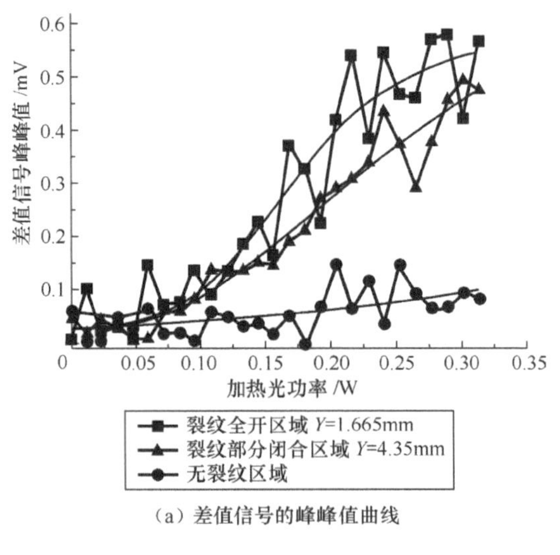

（a）差值信号的峰峰值曲线

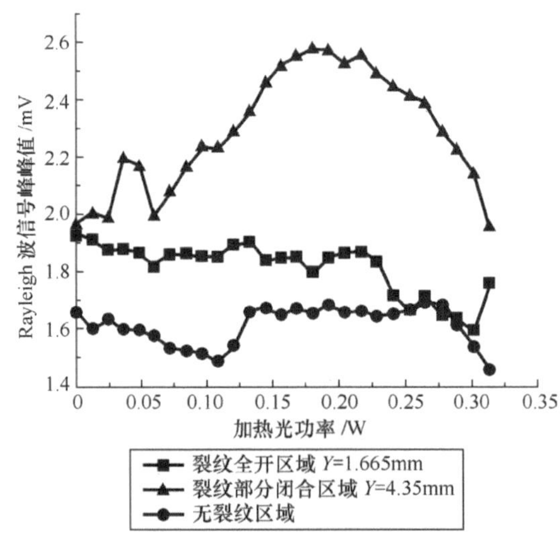

（b）Rayleigh 波信号的峰峰值曲线

图 6.48　加热激光功率对超声波与裂纹相互作用的非线性性质影响的实验结果

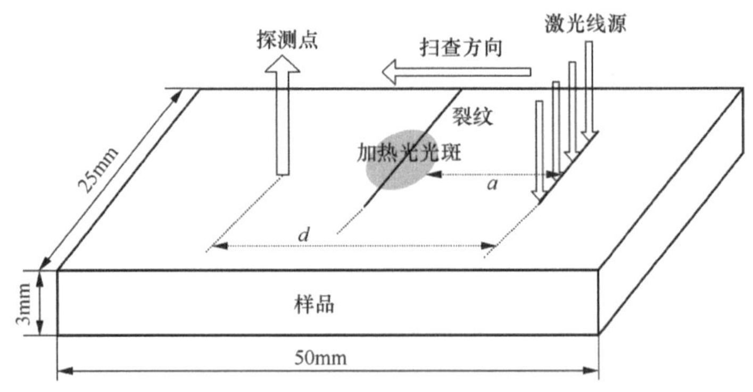

图 6.49　扫描加热光源法示意图

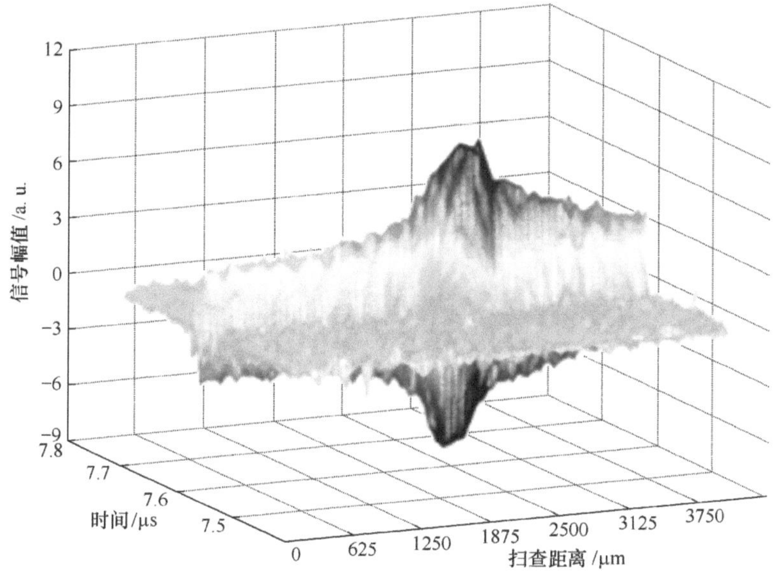

图 6.50　沿垂直于样品裂纹方向一维扫描的加热信号 B 扫图

为了比较扫描激发光源法与扫描加热光源法对表面裂纹的检测和辨别能力，分别使用这两种方法对一含有一条表面裂纹 M 和一条由焊锡丝附着形成的细长突起 N 的样品进行了检测，结果分别如图 6.51 和图 6.52 所示。从图 6.51 中可以看出，超声波在裂纹和突起都会发生反射（图中“rR1”和“rR2”）和透射（图中“tL-R1”和“tL-R2”）。由此可见，通过扫描激光源的方法，可以有效地检测出样品表面裂纹和突起的准确位置，但是不能将微裂纹与表面突起区分开来。使用扫描加热激光源法所得的结果（见图 6.52）显示，差值信号在 M 处变化明显，而在 N 处无改变。由此可见，扫描加热源法利用微裂纹受热膨胀发生局部闭合的特性，可以有效地将微裂纹与表面突起等附着区分开。

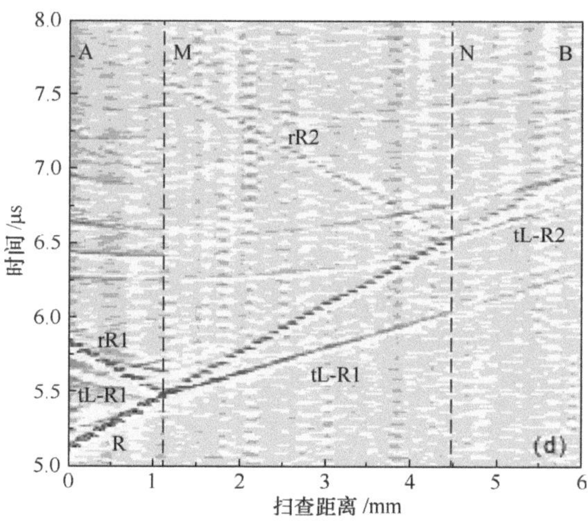

R—直达 Rayleigh 波；rR1—由裂纹反射的 Rayleigh 波；rL-R1—在裂纹处反射并模式转换成为 Rayleigh 波的掠面纵波分量；rR2—由突起反射的 Rayleigh 波；tL-R1—在裂纹处透射并模式转换成 Rayleigh 波的纵波；tL-R2—在突起处透射并模式转换成 Rayleigh 波的纵波

图 6.51　扫描激发光源法得到的时域 B 扫图

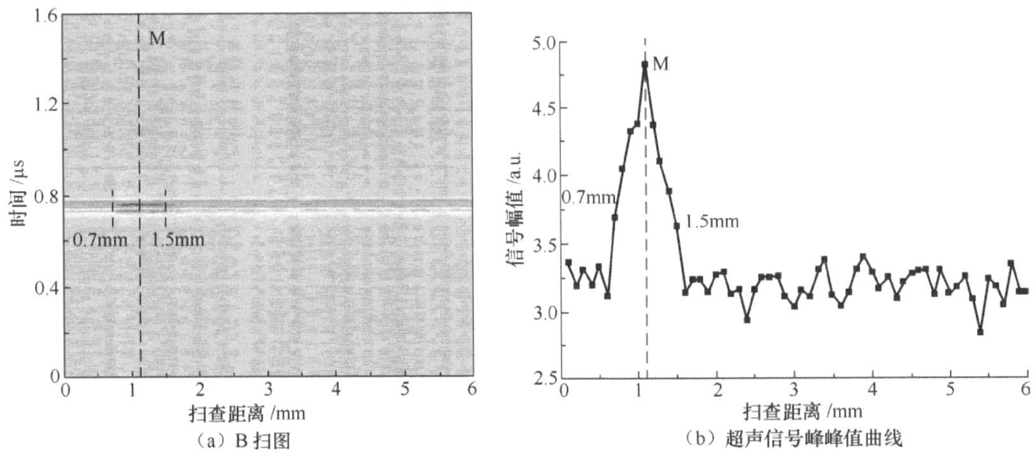

(a) B 扫图　　(b) 超声信号峰峰值曲线

图 6.52　扫描加热光源法获得的 B 扫图及超声信号峰峰值曲线

6.5.5　非线性混频激光超声方法

通过在频域内分析不同的由裂纹闭合/移动引起的非线性声学现象，如和频、倍频的激发、差频的激发等，也可对开口较小的实际裂纹进行有效检测。

近几年，研究人员报道了使用全光学方法在频域内观测到的裂纹闭合时产生的非线性现象[53][57][58][59]。他们将调制加热光辐照于裂纹区域，使裂纹产生周期性如“呼吸”般的开合，并使用光学方法在远场区域探测到了由裂纹“呼吸”引起的非线性混频效应。通过将该方法获得的结果与传统的线性激光超声方法结果对比发现，非线性混频方法对实际的部分闭合裂纹的检测灵敏度远高于传统的线性激光超声裂纹检测方法。

非线性混频方法使用了两束光强分别为 $I_{\mathrm{H,L}} \propto 1+\cos\left(2\pi f_{\mathrm{H,L}} t\right)$ 的调制激光，作为超声的激发源（调制频率为 f_{H}）和裂纹的加热源（调制频率为 f_{L}）。由于材料的非线性性质，通过传统的声学/光学检测方法，可以在材料中获得多种混频信号 $mf_{\mathrm{H}} + nf_{\mathrm{L}}$，$(m, n = \pm1, \pm2, \pm3, \cdots)$。超声激发光和加热光的调制频率必须满足 $f_{\mathrm{H}} >> f_{\mathrm{L}}$，从而确保由激发光引起的温度振荡 T_{H}、应变变化 ε_{H} 以及相应的位移变化 u_{H} 远远小于由加热光引起的温度振荡 T_{L}、应变变化 ε_{L} 和相应的位移变化 u_{L}。

在如图 6.53（a）所示的实验装置中，两束波长为 800 nm 的激光分别进行幅度调制，实现超声的激发和裂纹的加热，调制频率为 $f_{\mathrm{H}} = 16.6\,\mathrm{kHz}$ 和 $f_{\mathrm{L}} = 5\,\mathrm{Hz}$。其中 f_{H} 为样品的基频共振模态所在频率，且保证激发源在该频率时获得的超声信号幅值最大。两束激光的功率分别为 $P_{\mathrm{H}} = 180\ \mathrm{mW}$ 和 $P_{\mathrm{L}} = 120\ \mathrm{mW}$，重合并通过同一个透镜，聚焦在样品表面成为一个半径为 $a \approx 100\,\mu\mathrm{m}$ 的光斑。超声信号的接收可以通过传统的接触式换能器或第 5 章介绍的各种光学非接触探测方式。

调制激光在样品内激发的热波波长可表示为 $\lambda_{\mathrm{th}}\left(f\right) = 2\sqrt{\pi\chi / f}$。由于由加热光激发的热波波长 $\lambda_{\mathrm{th}}\left(f_{\mathrm{L}}\right) \approx 1.5\,\mathrm{mm}$，远大于玻璃样品对该波长为 800nm 激光的吸收深度 l 和光源半径 α，通过参考文献[53]给出的公式计算可得，加热激光可在玻璃材料表面引起 $T_{\mathrm{L}} \leqslant 80\,\mathrm{K}$ 的温升，相应产生的热弹应变为 $\varepsilon_{\mathrm{L}} \propto \alpha T_{\mathrm{L}} \leqslant 6\times10^{-5}$，加热光斑辐照内可引起的裂纹移动为 $u_{\mathrm{L}} \propto 2a\varepsilon_{\mathrm{L}} \leqslant 12\,\mathrm{nm}$，其中 α 为材料的线性热膨胀系数。

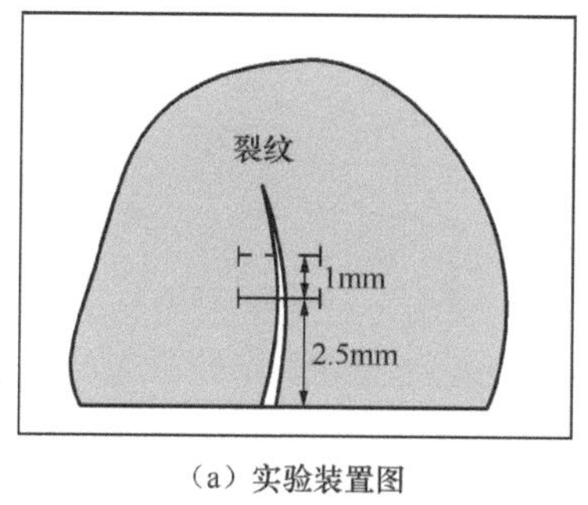

（a）实验装置图

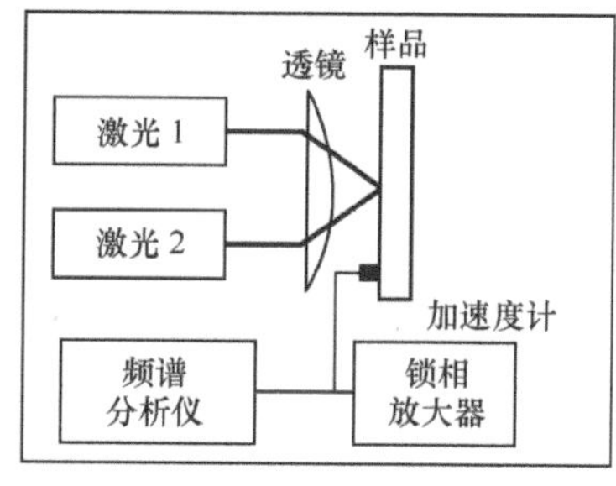

（b）实验位置图

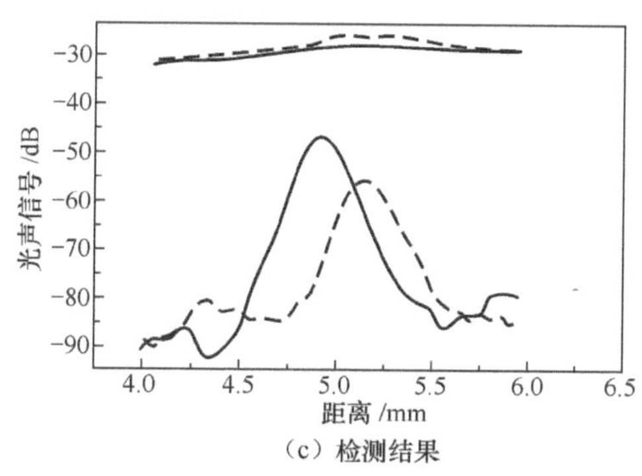

（c）检测结果

图 6.53　非线性混频法对裂纹的检测

图 6.53（c）中的实线和虚线分别代表沿图 6.53（b）中实线和虚线路径扫查得到的结果。其中在−30 dB 左右相对平缓的信号为频率为 f_H 处的信号强度，中下方变化较为剧烈的为频率为 f_H+f_L 处的信号强度。可以看出，当光源扫查至裂纹区域时，频率为 f_H 的线性信号强度的变化幅度 $\leqslant 5$ dB，而频率为 f_H+f_L 的非线性信号强度的变化幅度 >30 dB。这一结果很好地证明了在频域内，由裂纹闭合引起的非线性效应远大于由材料自身引起的非线性效应，且由裂纹闭合引起的非线性效应可以作为裂纹检测的一种有效方法。另外根据估算可知，频率为 f_H 的激发光在玻璃材料中激发出的超声波波长为 $\lambda_{ac}(f_H)\approx 1$ cm，因此使用传统的激光超声方法可检测最小裂纹长度将不能超过这一量级。相比于此，在不改变激发超声波波长的前提下，非线性混频激光超声方法的分辨率可达～200μm。

图 6.54（c）给出了激发源和加热源在沿图 6.53（b）中实线路径扫查过程中所得超声信号频谱的变化。从图 6.54（c）中可以看出，只有当两光源扫查至裂纹两侧各 $4a\approx 400$ μm 的区域内，频谱中的谐波信号才会出现。另外需要指出的是，所有的谐波信号频率均在样品的基频共振频率范围内，如图 6.54（a）所示。

实验中测得由低频加热光激发的谐波信号 $nf_L<40$ dB，而当非线性混频信号最强时（图 6.54（c）中自下而上第四组频谱信号），f_H+2f_L 处谐波信号的强度只比 f_H+f_L 处谐波信号的强度小～5dB。据此可知，f_H+nf_L 处的谐波信号并非来自于由加热源强度调制引入的干扰。为了进一步验证这一解释，将加热光的调制信号改为低频方波信号，并将发光源和加热光源移至裂纹上，记录不同加热光功率下探测到的超声信号强度，结果如图 6.54（b）所示。图中自上而下分别为探测点接收到的超声信号强度和加热光的功率。从该图中可以看出，当加热光功率分别由 0 增大和由最大减小时，超声信号强度均会在一个阈值处产生一个阶梯状的突变，类似于“光热调制下裂纹闭合”的透射模式中纵波信号的峰峰值变化，正意味着裂纹的闭合/张开。

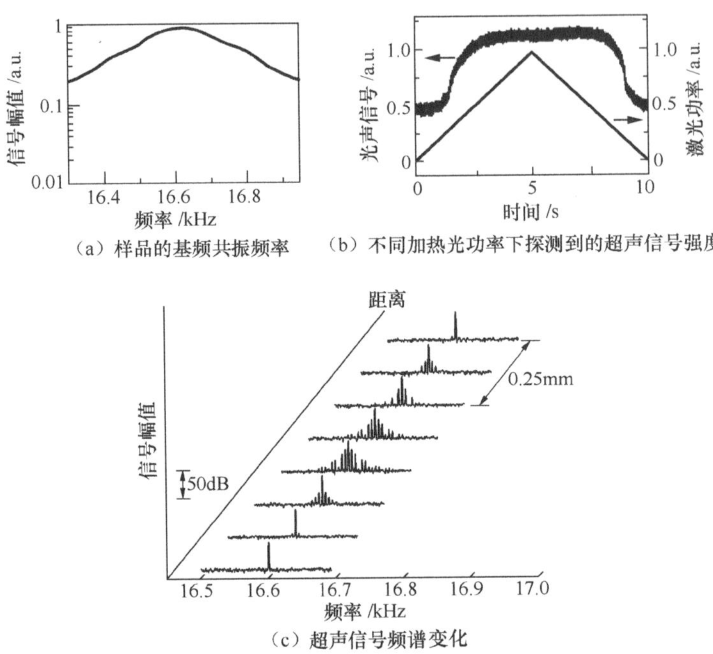

（a）样品的基频共振频率　（b）不同加热光功率下探测到的超声信号强度

（c）超声信号频谱变化

图 6.54　激发加热源扫查结果

虽然非线性混频激光超声方法是近年来提出的较新的裂纹检测方法，但是许多研究仍然在继续进行中，且仍有许多问题尚未明了。尽管如此，由于其对微小裂纹的高度敏感性和出色的信噪比，这一方法在裂纹，尤其是微小的实际裂纹无损检测领域，存在着极其广阔的应用前景。

参考文献

[1] Monchalin J P. Laser-ultrasonics: Principles and Industrail Applications. Chapter of: Ultrasonic and Advanced Methods for Nondestructive Testing and Material Characterization[M]. World Scientific Publishing Company Incorporated, 2007.

[2] Bondarenko A N, D.Y.B., Kruglov S V. Optical Excitation and Detection of Nanosecond Acoustic Pulses in Non-destructive Testing[J]. Soviet Journal of NDT, 1976, 12: 665-659.

[3] Tam A C. Pulsed laser generation of ultrashort acoustic pulses: Application for thin film ultrasonic measurements[J]. Applied Physics Letters, 1984, 45(5): 510-512.

[4] Hayashi Y, et al. Non-contact estimation of thickness and elastic properties of metallic foils by laser-generated Lamb waves[J]. NDT & E International, 1999, 32(1): 21-27.

[5] Gao W, Glorieux C, Thoen J. Laser ultrasonic study of Lamb waves: determination of the thickness and velocities of a thin plate[J]. International Journal of Engineering Science, 2003, 41(2): 219-228.

[6] Dewhurst R J, et al. Estimation of the thickness of thin metal sheet using laser generated ultrasound[J]. Applied Physics Letters, 1987, 51(14): 1066-1068.

[7] Dewhurst R J. Naci L and Shan Q. Polymer film thickness measurement using laser ultrasound techniques[J]. Review of Scientific Instruments, 1990, 61(6): 1736-1742.

[8] Aussel J D, Monchalin J P. Precision laser-ultrasonic velocity measurement and elastic constant determination[J]. Ultrasonics, 1989, 27(3): 165-177.

[9] 董利明，倪辰荫，沈中华，等. 基于激光激发多模态超声波速测量的材料弹性常数测定[J]. 中国激光, 2011, 38(4): 203-207.

[10] Castagnede B Wolfgang Sachse K Y K, Thompson M O. Determination of the elastic constants of anisotropic materials using laser generated ultrasonic signals[J]. J. Appl. Phys, 1991, 70: 105-157.

[11] Every A, Sachse W. Determination of the elastic constants of anisotropic solids from acoustic-wave group-velocity measurements[J]. Physical Review B, 1990, 42(13): 8196-8205.

[12] Audoin B. Non-destructive evaluation of composite materials with ultrasonic waves generated and detected by lasers[J]. Ultrasonics, 2002, 40(1-8): 735-740.

[13] Bescond C, et al. Measurement by laser generated ultrasound of the stiffness tensor of an anisotropic material[J]. Acta Acustica, 2002, 88(1): 50-58.

[14] Audoin B, Reverdy F. Anisotropic layer characterization using phase velocities of ultrasonic bulk waves generated and detected with lasers[J]. Review of Progress in Quantitative Nondestructive Evaluation, Vols 21 & B, 2002, 615: 1180-1186.

[15] Pan Y, Rossignol C, Audoin B. Acoustic waves generated by a laser line pulse in cylinders; application to the elastic constants measurement[J]. The Journal of the Acoustical Society of America, 2004, 115(4): 1537-1545.

[16] Johal A S, Dunstan D J. Reappraisal of experimental values of third-order elastic constants of some cubic semiconductors and metals[J]. Physical Review B, 2006, 73(2): 024106.

[17] Dong L M, et al. Evaluation of third-order elastic constants using laser-generated multi-type ultrasound for isotropic materials[J]. Ultrasonics, 2013, 53(6): 1079-1083.

[18] Duquennoy M, et al. Influence of natural and initial acoustoelastic coefficients on residual stress evaluation: Theory and experiment[J]. Journal of Applied Physics, 1999, 86(5): 2490-2498.

[19] Wang H, Li M. Ab initio calculations of second-, third-, and fourth-order elastic constants for single crystals[J]. Physical Review B, 2009, 79(22): 224102.

[20] Yu Z, Boseck S. Propagation of surface waves in deformed, anisotropic thin layered solids[J]. Nondestructive Testing And Evaluation, 2002, 18(2): 51-73.

[21] Shen Z H, et al. Mechanical properties of nanocrystalline diamond films[J]. Journal of Applied Physics, 2006, 99(12): 124302.

[22] 徐晓东，等. 利用光差分技术检测激光激发声表面波定征薄膜材料[J]. 声学学报，2003, 28(3): 201-206.

[23] Bennis A, et al. Laser-based measurement of elastic and mechanical properties of layered polycrystalline silicon structures with projection masks[J]. Applied Physics Letters, 2006, 88(10): 101915-101915-3.

[24] Philip J, et al. Elastic, mechanical, and thermal properties of nanocrystalline diamond films[J]. Journal of Applied Physics, 2003, 93(4): 2164-2171.

[25] Khan A, Philip J, Hess P. Young's modulus of silicon nitride used in scanning force microscope cantilevers[J]. Journal of Applied Physics, 2004, 95(4): 1667-1672.

[26] Jiang X, et al. Hardness and Young's modulus of high-quality cubic boron nitride films grown by chemical vapor deposition[J]. Journal of Applied Physics, 2003, 93(3): 1515-1519.

[27] Shen Z H, et al. Influence of oxygen on the elastic properties of nanocrystalline diamond films studied by laser-induced surface acoustic waves[J]. Ultrasonics, 2006, 44: e1229-e1232.

[28] Shen Z H, et al. Multimode photoacoustic method for the evaluation of mechanical properties of heteroepitaxial diamond layers[J]. Journal of Applied Physics, 2010, 108(8): 083524.

[29] Dubois M, et al. A new technique for the quantitative real-time monitoring of austenite grain growth in steel[J]. Scripta Materialia, 2000, 42(9): 867-874.

[30] Lim C S, et al. Development of a System to Measure Austenite Grain Size of Plate Steel Using Laser Based Ultrasonics[J]. AIP Conference Proceedings, 2007, 894(1): 1175-1182.

[31] Smith A, et al. Laser-ultrasonic Monitoring of Austenite Recrystallization in C-Mn Steel[J]. ISIJ International, 2006, 46(8): 1223-1232.

[32] Dewhurst R, et al. A remote laser system for ultrasonic velocity measurement at high temperatures[J]. Journal of Applied Physics, 1988, 63(4): 1225-1227.

[33] Dubois M, Moreau A Bussière J F. Ultrasonic velocity measurements during phase transformations in steels using laser ultrasonics[J]. Journal of Applied Physics, 2001, 89(11): 6487-6495.

[34] Fomitchov P A, et al. Laser ultrasonic array system for real-time cure monitoring of polymer-matrix composites[J]. Journal of Composite Materials, 2002, 36(15): 1889-1901.

[35] Cooper J, et al. Characterization of Surface-Breaking Defects in Metals with the Use of Laser-Generated Ultrasound [and Discussion][J]. Philosophical Transactions of the Royal Society of London. Series A, Mathematical and Physical Sciences, 1986, 320(1554): 319-328.

[36] Padioleau C, Bouchard P, Héon R, et al. Laser ultrasonic inspection of graphite epoxy laminates[M]. Springer US, 1993.

[37] Sun K, et al. Non-destructive Detection of Small Blowholes in Aluminum by Using Laser Ultrasonics Technique[J]. International Journal of Thermophysics, 2014: 1-8.

[38] Scruby C B, Drain L E. Laser ultrasonics techniques and applications[M]. CRC Press, 1990.

[39] Pei C, et al. A study of internal defect testing with the laser-EMAT ultrasonic method[J]. Ultrasonics, Ferroelectrics, and Frequency Control, IEEE TUFFC, 2012, 59(12): 2702-2708.

[40] Pei C, et al. Cracks measurement using fiber-phased array laser ultrasound generation[J]. Journal of Applied Physics, 2013, 113(16): 163101.

[41] Ni C, et al. A study of surface breaking crack evaluating by using Scanning Laser Source-Dual Laser Source technique[J]. Nondestructive Testing and Evaluation, 2010, 25(2): 111-123.

[42] Jian X, et al. Rayleigh wave interaction with surface-breaking cracks[J]. Journal of Applied Physics, 2007. 101(6): 064906.

[43] Lomonosov A M, Grigoriev P V Hess P. Sizing of partially closed surface-breaking microcracks with broadband Rayleigh waves[J]. Journal of Applied Physics, 2009, 105(8): 084906.

[44] Ni C, et al. Study of dual-laser-generated surface acoustic waves interacting with multiangled surface breaking cracks by finite element method[J]. Japanese Journal of Applied Physics, 2010, 49(4R): 046603.

[45] Ni C, et al. An analysis of angled surface-breaking crack detection by dual-laser source generated ultrasound[J]. NDT & E International, 2010, 43(6): 470-475.

[46] Arias I, Achenbach J D. A Theoretical Model for the Ultrasonic Detection of Surface-Breaking

Cracks with the Scanning Laser Source Technique[C]//AIP Conference Proceedings. IOP INSTITUTE OF PHYSICS PUBLISHING LTD, 2003 (A): 281-288.

[47] Arias I. Modeling of the Detection of Surface-Breaking Cracks by Laser Ultrasonics[D]. Northwestern University, 2003.

[48] Niethammer M, et al. Time-frequency representation of Lamb waves using the reassigned spectrogram[J]. The Journal of the Acoustical Society of America, 2000, 107(5): L19-L24.

[49] Clough A R, Edwards R S. Lamb wave near field enhancements for surface breaking defects in plates[J]. Journal of Applied Physics, 2012, 111(10): 104906.

[50] Clough A, Edwards R S. Scanning laser source Lamb wave enhancements for defect characterisation[J]. NDT & E International, 2014, 62: 99-105.

[51] Zaitsev V, Gusev V, Castagnede B. Luxemburg-Gorky effect retooled for elastic waves: A mechanism and experimental evidence[J]. Physical Review Letters, 2002, 89(10): 105502.

[52] Ni C Y, et al. Probing of laser-induced crack modulation by laser-monitored surface waves and surface skimming bulk waves[J]. The Journal of the Acoustical Society of America, 2012, 131(3): EL250-EL255.

[53] Chigarev N, et al. Nonlinear frequency-mixing photoacoustic imaging of a crack[J]. Journal of Applied Physics, 2009, 106(3): 036101.

[54] Ni C, et al. Probing of laser-induced crack closure by pulsed laser-generated acoustic waves[J]. Journal of Applied Physics, 2013, 113(1): 014906.

[55] Li J, et al. Application of ultrasonic surface waves in the detection of microcracks using the scanning heating laser source technique[J]. Chinese Optics Letters, 2012, 10(11): 111403-111403.

[56] 李加, 倪辰荫, 张宏超, 等. 基于激光辅助加热的激光超声投捕法识别微裂纹[J]. 中国激光, 2013 (4): 206-212.

[57] Gusev V, Chigarev N. Nonlinear frequency-mixing photoacoustic imaging of a crack: Theory[J]. Journal of Applied Physics, 2010, 107(12): 124905.

[58] Mezil S, et al. All-optical probing of the nonlinear acoustics of a crack[J]. Optics letters, 2011, 36(17): 3449-3451.

[59] Mezil S, et al. Two dimensional nonlinear frequency-mixing photo-acoustic imaging of a crack and observation of crack phantoms[J]. Journal of Applied Physics, 2013, 114(17): 174901.

结束语

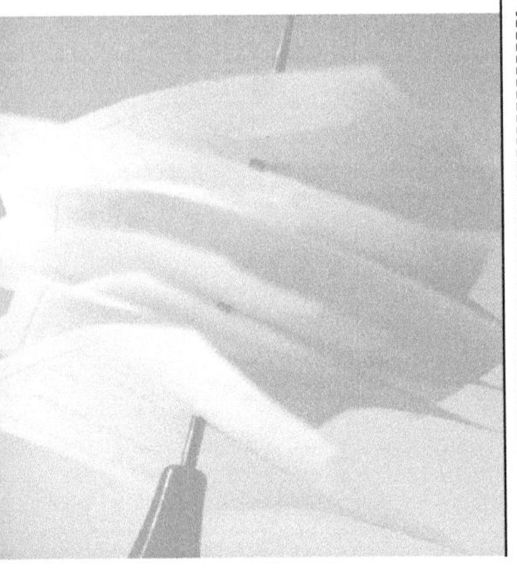

本书向读者介绍了激光与超声结合的激光超声技术中涉及的基本原理、研究方法和诸多应用。概括了固体中激光激发超声的两种主要机制：热弹机制和融蚀机制，给出了这两种不同激发机制下的超声力源的特征、超声场的方向性和特征以及激光激发方式、材料结构、材料的光学、热学等物理参数对这些特征的影响等。介绍了激光热弹激发超声的理论模型和理论研究中常用的几种数值和半数值模拟方法，包括有限元方法、双积分变换法、传递矩阵法、正交模态展开法等，以算例的方式给出了几种典型结构固体中激光激发的声表面波、体波、兰姆波等的时域波形和传播特征。概括了超声的两大类光学探测技术：强度调制技术和相位（频率）调制技术，重点介绍了相位调制技术中的零差干涉技术、外差干涉技术、法布里-珀罗干涉技术和双波混合技术，说明了这些技术的探测原理和相应的优缺点。本书向读者展示了激光超声的多种无损检测和评价应用，重点是力学性质表征和缺陷检测，介绍了这些应用基于的检测原理、所采用的检测方法和目前的进展情况等。本书也概括了与传统的压电超声相比，激光超声用于无损检测和评价的优缺点。这些优缺点实际上是与激光超声的两个基本特征相联系的：一是用激光来激发和探测超声，二是材料本身实际就是一个超声发射换能器。

应该说，激光超声技术已经逐渐开始从实验室走向工业现场应用。目前已成功应用于工业现场的有聚合物基复合材料的飞机结构检测、无缝钢管的在线测厚以及微电子器件薄层的厚度和力学性质表征。但是，相对于传统压电超声来说，激光超声技术要复杂得多，并且费用也要昂贵得多，这些都限制了其走向工业应用的脚步。但是，本书中介绍的晶粒尺寸的在线测试、金属结构的失效探测，比如疲劳裂纹、应力腐蚀裂纹以及飞机构件的腐蚀减薄[1][2]以及纸张质量的在线检测[3]~[5]等有可能将相对快速地走向工业现场应用。当然，提高激光超声技术的灵敏度、保证探测的鲁棒性和操作的可靠性对于实际工业应用是至关重要的。除了探测激光器的功率、脉宽等硬件考虑外，像其他超声技术一样，数字信号处理是提高激光超声检测灵敏度的一种有效的方法，包括自适应滤波、分裂谱处理及小波去噪等。另外，传统的合成孔径聚焦技术（Synthetic Aperture Focusing Technique，SAFT）以及基于平面波展开和传播反演算法的傅里叶变换域合成孔径聚焦技术（F-SAFT）应用于激光超声技术中可以得到高质量的图像[6]~[9]。相信随着激光超声技术的发展，会有越来越多的应用可以走向工业现场。

需要说明的是目前本书内容涉及的主要是固体中 GHz 以下的激光超声及其应用，而以飞秒激光激发的声脉冲频谱可以扩展到几个 THz 的皮秒超声近些年发展迅速。皮秒超声方向最早的研究工作由 Thomsen 等人于 1984 年报道[10]，这种声脉冲相应的波长可以短至几个纳米，因此可以用于纳米尺度的成像、薄膜力学性质表征和缺陷探测等[11]~[16]以及包含量子阱和量子点的半导体纳米结构的探测等[17]~[19]，有兴趣的读者可以参考阅读相关文献。

参 考 文 献

[1] Lee J R, Chong S Y, Jeong H, et al. A time-of-flight mapping method for laser ultrasound guided in a pipe and its application to wall thinning visualization[J]. NDT & E International, 2011, 44(8): 680-691.

[2] Song B M, Kim J H, Lee J H. Application of laser-generated ultrasound to evaluate wall thinned pipe[J]. Nondestructive Testing in Progres, 2007, 5(1): 187-195.

[3] Ridgway P L, Hunt A J, Quinby-Hunt M, et al. Laser ultrasonics on moving paper[J]. Ultrasonics, 1999, 37(6): 395-403.

[4] Balakhnina I A, Brandt N N, Chikishev A Y, et al. Optoacoustic measurements of the porosity of paper samples with foxings[J]. Applied Physics Letters, 2012, 101(17): 174101.

[5] Zhang X, Jackson T, Lafond E. Stiffness properties and stiffness orientation distributions for various paper grades by non-contact laser ultrasonics[J]. NDT & E International, 2006, 39(7): 594-601.

[6] Blouin A, Levesque D, Neron C, et al. Improved resolution and signal-to-noise ratio in laser-ultrasonics by SAFT processing[J]. Optics Express, 1998, 2(13): 531-539.

[7] Mitter T, Grün H, Roither J, et al. Detection and reconstruction of solidification cracks–Laser ultrasonic measurements during the continuous casting process of aluminum[C]//11th international conference on vibration measurements by laser and noncontact techniques-aivela 2014: Advances and Applications. AIP Publishing, 2014, 1600: 384-389.

[8] Mayer K, Marklein R, Langenberg K J, et al. Three-dimensional imaging system based on Fourier transform synthetic aperture focusing technique[J]. Ultrasonics, 1990, 28(4): 241-255.

[9] Lévesque D, Blouin A, Néron C, et al. Performance of laser-ultrasonic F-SAFT imaging[J]. Ultrasonics, 2002, 40(10): 1057-1063.

[10] Thomsen C, Strait J, Vardeny Z, et al. Coherent phonon generation and detection by picosecond light pulses[J]. Physical Review Letters, 1984, 53(10): 989.

[11] Maris H. Picosecond ultrasonics[J]. Scientific American, 1998, 278(1): 86-89.

[12] Lin K H, Lai C M, Pan C C, et al. Spatial manipulation of nanoacoustic waves with nanoscale spot sizes[J]. Nature Nanotechnology, 2007, 2(11): 704-708.

[13] Hao H Y, Maris H J. Experiments with acoustic solitons in crystalline solids[J]. Physical Review B, 2001, 64(6): 064302.

[14] Perton M, Rossignol C, Chigarev N, et al. Picosecond Acoustic Measurement of Anisotropic Properties of Thin Films[C]//Review of Progress in Quantitative Nondestructive Evaluation.

AIP Publishing, 2007, 894(1): 1148-1158.

[15] Wright O B. Nanoscale Characterization with Laser Picosecond Acoustics[C]//Advances in Nanophotonics II: International Summer School on Advances in Nanophotonics II. AIP Publishing, 2007, 959(1): 105-123.

[16] Abbas A, Guillet Y, Rampnoux J M, et al. Picosecond time resolved opto-acoustic imaging with 48 MHz frequency resolution[J]. Optics Express, 2014, 22(7): 7831-7843.

[17] Matsuda O, Tachizaki T, Fukui T, et al. Acoustic phonon generation and detection in GaAs/ Al 0.3 Ga 0.7 As quantum wells with picosecond laser pulses[J]. Physical Review B, 2005, 71(11): 115330.

[18] Devos A, Poinsotte F, Groenen J, et al. Strong generation of coherent acoustic phonons in semiconductor quantum dots[J]. Physical Review Letters, 2007, 98(20): 207402.

[19] Akimov A V, Scherbakov A V, Yakovlev D R, et al. Picosecond acoustics in semiconductor optoelectronic nanostructures[J]. Ultrasonics, 2015, 56: 122-128.

www.ingramcontent.com/pod-product-compliance
Ingram Content Group UK Ltd.
Pitfield, Milton Keynes, MK11 3LW, UK
UKHW061029310726
14090UKWH00027B/365

* 9 7 8 7 1 1 5 4 1 2 0 3 4 *